161

新知
文库

XINZHI

Naturalists at Sea:

Scientific Travellers from Dampier to Darwin

NATURALISTS AT SEA

Originally published by Yale University Press

从丹皮尔到达尔文

博物学家的远航科学探索之旅

[英] 格林・威廉姆斯 著　珍栎 译

生活·讀書·新知 三联书店

图书在版编目（CIP）数据

从丹皮尔到达尔文：博物学家的远航科学探索之旅 / (英) 格林 · 威廉姆斯著；珍栎译. —北京：生活 · 读书 · 新知三联书店，2023.6
（新知文库）
ISBN 978-7-108-07596-3

Ⅰ. ①从… Ⅱ. ①格… ②珍… Ⅲ. ①博物学－普及读物 Ⅳ. ① N91-49

中国国家版本馆 CIP 数据核字 (2023) 第 011655 号

责任编辑 曹明明
装帧设计 陆智昌 刘 洋
责任校对 张 睿
责任印制 卢 岳
出版发行 生活 · 讀書 · 新知 三联书店
（北京市东城区美术馆东街 22 号 100010）
网 址 www.sdxjpc.com
图 字 01-2018-4884
经 销 新华书店
印 刷 河北松源印刷有限公司
版 次 2023 年 6 月北京第 1 版
2023 年 6 月北京第 1 次印刷
开 本 635 毫米 × 965 毫米 1/16 印张 23.5
字 数 270 千字 图 39 幅
印 数 0,001－8,000 册
定 价 69.00 元
（印装查询：01064002715；邮购查询：01084010542）

新知文库

出版说明

在今天三联书店的前身——生活书店、读书出版社和新知书店的出版史上，介绍新知识和新观念的图书曾占有很大比重。熟悉三联的读者也都会记得，20世纪80年代后期，我们曾以“新知文库”的名义，出版过一批译介西方现代人文社会科学知识的图书。今年是生活·读书·新知三联书店恢复独立建制20周年，我们再次推出“新知文库”，正是为了接续这一传统。

近半个世纪以来，无论在自然科学方面，还是在人文社会科学方面，知识都在以前所未有的速度更新。涉及自然环境、社会文化等领域的新发现、新探索和新成果层出不穷，并以同样前所未有的深度和广度影响人类的社会和生活。了解这种知识成果的内容，思考其与我们生活的关系，固然是明了社会变迁趋势的必需，但更为重要的，乃是通过知识演进的背景和过程，领悟和体会隐藏其中的理性精神和科学规律。

“新知文库”拟选编一些介绍人文社会科学和自然科学新知识及其如何被发现和传播的图书，陆续出版。希望读者能在愉悦的阅读中获取新知，开阔视野，启迪思维，激发好奇心和想象力。

生活·讀書·新知三联书店

2006年3月

献给索菲·福尔根（Sophie Forgan）

目　录

导　言

15 世纪下半叶，欧洲人发现了美洲新大陆，从而打开了通往东方的海上贸易航道，改变了欧洲的经济和文化生态。银制品虽然华丽耀目，但在早期冒险者和商人从美洲带回的产品中，它们并不是最主要的。而美洲的粮食作物——玉米、土豆、红薯、豆类和木薯，连同亚洲的香料，成为人口日益增长的旧大陆日常饮食的重要组成部分。在另一个层面上，人们对新发现地区的动植物物种产生了强烈的好奇心，部分原因是对比比皆是的奇特生命形式着迷，但更重要的是期望发现和利用一些具有商业或药用价值的植物。1492 年 10 月，克里斯托弗·哥伦布（Christopher Columbus）登上了安的列斯群岛，几天之内，大自然的景色和音响——郁郁葱葱的树木，五彩斑斓的鱼儿，婉转动听的鸣禽——令他产生了“无比敬畏的、超乎寻常的愉悦感”。他在 10 月 19 日的航海日志中写道，“美丽的景色令人目不暇接，我不知该先去哪里好”，接下来，他悔叹自己无法辨识许多草卉和树木，而它们的染料、药用和香料价值或许能给西班牙人带来丰厚的收益。[①] 16 世纪 20 年代，费尔南德斯·奥维多·巴尔德斯（Fernández Oviedo y Valdés）在《印第安自然史》（*Historia general y natural de las Indias*）一书中，收入了加勒比海地区植物区系的描述和绘画，于 1535 年出版。在菲利普二世（Philip Ⅱ）统治时期，弗朗西斯科·埃尔南德斯（Francisco Hernández）对新西班牙（New Spain）[②] 的自然史 [③] 做了开创性研究，描述了约二百种飞禽和野兽、一千余种植物。他的工作在很大程度上预示了后来自然史研究领域的发展，但当时没有出版著述。1671 年，他在埃斯科里亚尔（Escorial）写的手稿不幸毁于火灾。[④] 除了海外的搜集活动，国内的植物考察也受到了同等关注。早在 16 世纪，意大利就建立了好几座植物园，通常附属于大学的医学院；奥地利、德国、荷兰和西班牙随后纷纷效仿。1621 年，英国第一座植物园在牛津开放。1635 年，法国颁布王室法令，在巴黎建立了皇家植物园。至此，园丁们主要关注的是各种植物的药用性，正如塞缪尔·哈特利布（Samuel Hartlib）1651 年宣称的："在任何地方病或自然疾病流

---

① Stephen Greenblatt, *Marvelous Possessions: The Wonder of the New World*, Chicago, 1991, pp. 76, 78; J. H. Parry ed., *The European Reconnaissance*, New York, 1968, p. 168.

② 指西班牙帝国的部分海外领土。在其全盛期，包括整个墨西哥，延至巴拿马地峡的中美洲，今天的美国西南部和佛罗里达州，以及大部分西印度群岛（加勒比海诸岛）。——译者注

③ 自然史（Natural History）是本书的核心概念。在古代，自然史基本涵盖与自然有关的所有事物，包括天文学，地理学，人类及其技术、医学和迷信，以及动植物。或许因此，钻研自然史的人被称为"博物学家"（本书正是采用了这一古色古香的称呼）。到了文艺复兴时期，自然史成为学术知识的一个分支，细分为描绘自然史、自然哲学和分析自然研究。从现代意义上讲，自然哲学与现代物理、化学大致对应，而自然史则包括生物和地质科学，两者有着密切的联系。本书涉及的"自然史"概念中有些是广义的（博物学），有些是狭义的（仅指动植物研究）。——译者注

④ David Goodman, 'Philip Ⅱ's Patronage of Science', *British Journal for the History of Science*, 16, 1983, pp. 49-66.

行之处，上帝都相应地创造了一种可治愈它的植物。”①

有时候，偶然出现的自然史酷爱者是令人意想不到的。16世纪70年代，据弗朗西斯·德雷克（Francis Drake）②的一名俘虏回忆，在环球劫掠的航海过程中，德雷克总是带着一个大笔记本，随时随地记录和描绘各种鸟类、树木和海狮③；几年后，美国的约翰·怀特（John White）创作了描绘当地动植物及土著居民的杰出画作。他当时是后来“失踪的”罗阿诺克殖民地④（地处今北卡罗来纳州）的总督。在加拿大，生活在“野蛮人”（les sauvages）之中的耶稣会传教士们通过《关系》（*Relations*）期刊，每年将有关易洛魁人（Iroquois）和休伦人（Huron）及其自然生存环境的详细记录送至法国。不过，系统的新大陆自然史首次出版应当归功于荷兰西印度公司（Dutch West India Company）。1638—1644年，在巴西的拿骚－西根（Nassau-Siegen），该公司主管约翰·毛里茨伯

---

① Richard Drayton, *Nature's Government: Science, Imperial Britain, and the 'Improvement' of the World*, New Haven and London, 2000, p. 12.

② 弗朗西斯·德雷克爵士（1540—1596），英国伊丽莎白时代的探险家、私掠船长、奴隶贩子、海军军官和政治家。德雷克最出名的是他在1577年至1580年的一次探险中环游世界，包括进入太平洋（此前这是西班牙独有的利益区域），以及他为英格兰取得了新阿尔比昂（New Albion，今美国加利福尼亚州）的主权。他的探险开启了同西班牙人在美洲西海岸发生冲突的时代，那里以前是基本上未被西方航运开发的地区。——译者注

③ Zelia Nuttall ed., *New Light on Drake*, 1914, p. 303.

④ 罗阿诺克殖民地（Roanoke colony）是新大陆的第一块英国殖民地，由英国探险家沃尔特·罗利爵士（Sir Walter Raleigh）于1585年8月建立。第一批罗阿诺克移民因食物供应减少和遭到印第安人袭击而处境不利，故于1586年乘坐弗朗西斯·德雷克船长的船返回了英国。1587年，罗利又派去了由约翰·怀特率领的一百名移居者。后怀特去英国获取补给，英国与西班牙的战争推迟了他返回的日程。当他终于在1590年8月返回时，发现所有的移民都失踪了。1998年，考古学家通过研究树木年轮数据发现，1587年至1589年间维吉尼亚一带极其干旱，这无疑导致了这块殖民地的消失，但移民们离开罗阿诺克后去了哪里仍是一个谜。有一种理论认为，他们被一个叫作“克罗托”（Croatoan）的印第安部落同化了。——译者注

爵（Count Johan Maurits）雇用了一批学者和艺术家，他们的研究结果于1648年在莱顿（Leiden）发表。过了不久，荷兰东印度公司（Dutch East India Company）的搜集热升温，它的垄断触角延伸到整个东方，北至日本，南至帝汶岛（Timo），通过远航船带回了数以千计的标本、报告和绘画，其中一些上交公司高层，另一些出售给了私人收藏家，陈列在"珍奇屋"里。搜集活动逐渐达到了狂热的程度，导致在远航船上占用了过多的空间和稀缺的饮用水。1675年，该公司被迫采取行动来限制这种"漂浮植物园"①。荷兰共和国建造了五座植物园，最早的一座于16世纪末建在莱顿大学；1650年在巴达维亚［Batavia，今雅加达（Jakarta）］也建了一座。荷兰公司搜集新植物的主要动力是寻找潜在的商业产品，扩大已有的香料品种或发现它们的治疗用途。不过，下述人士从事的调查工作具有更广泛的学术价值：驻安汶岛（Amboina）的乔治·埃伯哈德·伦菲斯（George Eberhard Rumphius），驻锡兰（Ceylon）的保尔·赫尔曼（Paul Hermann），驻日本的恩格柏特·肯普弗（Engelbert Kaempfer），以及驻好望角（Cape of Good Hope）的阿德里安和西蒙·范·德斯塔尔（Adriaan and Simon van der Stel）父子。不过，荷兰公司的保密做法在一定程度上阻碍了植物学信息的传播。

在17世纪，法国人和英国人加入了荷兰人的活动，开始探索和开发海外领地。欧洲人了解的异域植物数量剧增，原有的描述和排列植物的方法远不足以应付，因而迫切需要创造出一种更为

① Johannes Heniger, 'Dutch Contributions to the Study of Exotic Natural History in the 17th and 18th Centuries', in William Eisler and Bernard Smith eds., *Terra Australis: The Furthest Shore*, Sidney, 1988, pp. 59-66.（"Terra Australis"是拉丁语，意为"South Land"，即南方大陆。直到1817年，这块大陆才正式被称作"Australia"——澳大利亚。本书多采用旧称。——译者注）

合理的新分类系统。英国植物学家约翰·雷（John Ray）在《植物通史》（*Historia plantarum generalis*）一书中谈及荷兰的马拉巴尔（Malabar）殖民地时，指出了这一问题的严重性："谁能相信，在一个面积不大的省份里，竟有三百种独特的本土树木和水果。"[①] 1680年，汉斯·斯隆（Hans Sloane）医生在牙买加停留的十五个月中，搜集了八百件植物及其他标本。进入18世纪后，当几乎未知的、覆盖地球表面三分之一的太平洋地区成为欧洲新一波探索远航的重点（这是本书的主题），分类问题变得更加紧迫了。探险家们的动机是多种多样的：商业的、战略的和科学的。政府赞助远航本身并不是为了促进科学，但较易受到来自学术团体施加的压力，尤其是伦敦皇家学会（Royal Society of London）和法国科学院（Académie des Sciences），以及一些专业收藏家，如荷兰的尼古拉斯·温斯顿（Nicolas Witsen）和英国的约瑟夫·班克斯（Joseph Banks）等的压力。远航者们，无论是否接受了正式的命令，通常会记述并描绘天涯海角的自然景观和居民形象，并将自然史标本和民族志材料带回母国，出售或做进一步的研究。

官方态度的转折点出现在18世纪中叶，英国、法国、俄国和西班牙派出的太平洋探险队均吸收了"实验绅士"（experimental gentlemen）[②] 参加。其中最突出的是博物学家，他们渴望去大洋地区的陆地搜集动植物。早期"博物学家"的定义是"研究自然而不是精神事物的人"，他们"遵循自然的指引，而非恪守《启示录》的教义"[③]。此时，这一称呼已演变为具有现代的含义，即"对植物和动物有兴趣和做专门研究的人"。发展中的植物学和动物学，以

---

① Drayton, *Nature's Government*, p. 18.

② 见本书124页注释②。——译者注

③ *Oxford English Dictionary*.

及新兴的地质学和民族学，为参加探索远航的学者们提供了重要的工具。简易显微镜的发明，卡尔·林奈（Carl Linnaeus）、乔治斯·路易·勒克莱尔（Georges Louis Leclerc）和孔德·德·布封（Comte de Buffon）等人的学术专著，对博物学家们也是有力的帮助——尽管他们往往不同意将布封视为推进自然史系统化的关键人物。从漫长的海上航行中带回的标本数量如此之大，以至于欧洲学者对太平洋诸岛的物产和居民的熟悉程度超过了对亚洲、非洲甚至美洲大陆的了解。相比之下，在广袤的大陆进行考察有诸多的不利因素，譬如，搜集者不得不徒步或至多是骑马旅行，很难携带足够的科学设备；附近没有停泊武装船舰的可能，人身安全缺乏保障；等等。

本书讲述了一批热诚，甚或古怪的博物学家远离家乡的冒险历程，他们当中有人比较幸运，有人则厄运缠身。这些学者要完成任务远非易事，除远洋航程异常艰辛和登上未知海岸面临的潜在危险之外，他们还很容易同探险队的指挥官发生矛盾。其他的科研人员，如水文学家和天文学家则比较合群，因为他们的观测工作同航海的船舶业务密切相关。相比之下，博物学家需要长时间待在岸上考察，还要占用船上的空间来存放和照管搜集的东西，这种工作方式往往以牺牲船只的日常运行为代价。他们常常处于"茫然不知所措"的境地，同船上的官员争论不休，矛盾甚至达到白热化。探险队的航线和登陆点很少是博物学家们愿意选择的，而导致船上各种冲突的原因主要是人们之间的文化鸿沟及年龄差异，譬如军官和平民之间，科学家和非科学家之间。在航海史上，仅有威廉·丹皮尔（William Dampier）身体力行，弥合了海员与博物学家之间的裂痕，那是在太平洋探险的经典时代开始之前。德国博物学家乔治·威廉·施特勒（Georg Wilhelm Steller）参加了由维特斯·白令（Vitus

Bering）指挥的俄国探索远航，他抱怨说，花了十年的时间准备，结果总共只在阿拉斯加的一个偏僻岛屿上考察了十个小时！更有甚者，库克船长在最后一次远航中竟然拒绝任何平民博物学家随行。他诅咒说："让科学家和科学统统见鬼去吧！"

除了应对船上的紧张局势，博物学家们还面临着一项更艰巨的任务——保护搜集来的脆弱植物和其他标本，减少自然灾害造成的损失。19 世纪 20 年代发明了一种密封的玻璃容器，称作沃德箱（Wardian case）[①]，可调节湿度和温度，鲜活植物才有可能在长期的海上航行中幸存；在采用砷做防腐剂之前，动物标本一直受到昆虫、潮湿和腐烂的严重威胁。即使标本被顺利地运抵欧洲，使命远未完成。标本必须被分类、绘制和永久地保存起来，其任务艰巨繁重，但途中并不总是具备这样的人力资源。18 世纪末，亚历杭德罗·马拉斯皮纳（Alejandro Malaspina）的远航结束后，将近 1.6 万株植物及其他标本被运至马德里皇家植物园。据该探险队的资深博物学家塔德奥·汉克（Tadeo Haenke）估算，这两艘船带回的植物标本使世界上已知植物的数目增加了三分之一。汉克来自波希米亚，他搜集的一些植物直到最近才在布拉格完成鉴定。五湖四海的人士寄送给约瑟夫·班克斯的植物日益增加，他伦敦家中的标本馆容纳不下，不得不移至皇家植物园——邱园（Kew Gardens）的大标本馆。然而，班克斯的一项计划——将库克的奋进号（*Endeavour*）远航中搜集的全部植物编目出版——直到 20 世纪 80 年代才得以实现。19 世纪初，法国的尼古拉斯·鲍丁（Nicolas Baudin）探险队带回了 70 箱鲜活植物，包括近 200 个不同的物种，

① 发明者为英国医生纳撒尼尔·巴格肖·沃德（Nathaniel Bagshaw Ward，1791—1868）。——译者注

其重大意义简直好像是又发现了一块新大陆。

到了18世纪末叶，植物和动物的运输旅程是双向的，欧洲的植物和动物也被运往海外，期望它们能在偏远的地域生根繁殖，以造福土著居民并增强宗主国的权力。植物学仍然是休闲绅士和好奇学者的时髦消遣，还吸引了政府首脑和商人的注意力。邦蒂号（*Bounty*）船长威廉·布莱（William Bligh）将太平洋探索与采集面包果树（*Artocarpus altilis*）的使命[①]结合了起来，他略带夸张地宣称："此次远航的目的是从偏远地域的探索发现中获得（经济）利益，这将是史无前例的。"[②]官方对博物学家的任命通常带有商业或政治动机，无论他们个人关注的是什么。公用事业利益和科学兴趣均十分明显，两者并行不悖。从这个意义上说，不列颠计划在澳大利亚建立的第一个定居点被命名为"植物学湾"（Botany Bay）是再恰当不过的了。

远洋航行的博物学家们取得了巨大的成就，但也并非没有引发异议。约翰·莱因霍尔德·福斯特（Johann Reinhold Forster）参加了库克率领的第二次远航，他是一位才华出众却经常招惹是非的学者。在后来的岁月里，福斯特反思说，他和同伴们"过于微观地看待自然史"，把大量的时间花在"模糊地四处搜寻"，细数毛发、羽毛和鱼鳍上。这正是亚历山大·冯·洪堡（Alexander von Humboldt）在19世纪初去美洲中南部陆路旅行后提出的问题。尽管这位普鲁士博学大师自称"酷爱植物学"，但他对当时远航博物学家的行为方式不以为然。他不满意地说："这类人士从未冒险地远离船只，他们的研究范围仅限于岛屿和海岸；他们感兴趣的只是

① 英国皇家海军舰艇邦蒂号于1787年从英国出发，任务是去太平洋的塔希提岛采集面包果植物，然后将它们运往西印度群岛的英国殖民地。——译者注

② William Bligh, *A Voyage to the South Sea*, 1792, p. 5.

机械性地搜集和编目。最重要的是，他们忽略了在迅速变幻的现象中显现的伟大而永恒的自然法则。”[①] 二十多年后，洪堡的崇拜者之一查尔斯·达尔文（Charles Darwin）将接受这一挑战，参加小猎犬号（*Beagle*）探索远航，去发现伟大而永恒的自然法则。

① Michael Dettelbach, ‘Global Physics and Aesthetic Empire: Humboldt’s Physical Portrait of the Tropics’, in David Philip Miller and Peter Hanns Riel eds., *Visions of Empire: Voyages, Botany and Representations of Nature*, Cambridge, 1996, p. 260.

第一章

自学成才的博物学家

——威廉·丹皮尔的“海上漫游”

对于欧洲的海洋国家来说，在16世纪的远征探险和库克时代的系统探索远航之间存在一段很长的间隔。17世纪下半叶属于“太平洋史学的黑暗时代”[①]。浩瀚无际的大洋，不精确的航海仪器，坏血病的折磨，飓风的威胁和洋流的阻隔等，给系统性的探索带来了巨大的困难。17世纪40年代荷兰的塔斯曼[②]远航之后，太平洋探险的缓慢进程戛然而止。在伊丽莎白一世（Elizabeth I）统治时期，英国海上企业活动的代表是弗朗西斯·德雷克和卡文迪什[③]的掠夺性远航；太平洋探险在17世纪70年代复活，动机与都铎时代的冒险家相同：贸易和掠夺。太平洋吸引英国人的想象力之处，不

① O. H. K. Spate, *The Pacific since Magellan* Ⅱ, *Monopolists and Freebooters*, Canberra, 1983, p. Ⅶ.

② 阿贝尔·扬松·塔斯曼（Abel Janszoon Tasman，1603—1659），荷兰航海家、探险家和商人。他是第一个到达范迪门地和新西兰群岛的欧洲探险家，并看到了斐济群岛（Fiji）。——译者注

③ 托马斯·卡文迪什爵士（Sir Thomas Cavendish，1560—1592），英国探险家、海盗，外号“航海家”，因为他是第一个刻意模仿弗朗西斯·德雷克爵士袭击太平洋地区的西班牙城镇和船只，并完成环球航行返回的人。——译者注

是广袤无边的海洋，而是它的西海岸——富饶的西班牙美洲帝国。此时英国企业和文学中开始出现的“南海”（South Sea）一词，局限于指智利、秘鲁和墨西哥海岸的水域，那里是贪婪海盗们[①]的狩猎场。

这类劫掠者最初的入侵是毫无秩序的冒险。他们艰难跋涉，穿过巴拿马地峡，抵达南海后便依赖于强占当地居民的船只谋生；到了17世纪80年代，欧洲装备的海盗船通过麦哲伦海峡或绕航合恩角（Cape Horn）进入太平洋。海盗船的优先目标既不是探索发现，也不是合法贸易。有人曾说，“黄金是我们这帮快乐男人的诱饵”[②]。这些人的形象是暴力、争战和无政府主义，从瓦尔迪维亚（Valdivia）到阿卡普尔科（Acapulco），沿着太平洋海岸掠夺财产、焚烧房屋。海盗生活充满艰难困苦。他们往来于海上和陆地，驾驶小船或简陋的独木舟，时常更换船只。由于所有的港口都拒绝海盗船停泊，他们可能连续几个月被困在窄小拥挤的船上，缺乏食物和饮水，坏血病也是无时不在的威胁。海盗船员没有固定的薪水，而是“有钱分光，没钱拉倒”。船员由多种族裔组成，由于在跟西班牙人作战中表现英勇，加上“从一文不名到腰缠万贯”的跌宕人生，使得他们在英国民众的心目中获得了某种值得钦羡的地位。英雄传说主要是海盗们的自述。引人注目的是，在非常艰苦的条件下，少数人设法撰写并保存了旅行笔记，它们比常规的航海日志更为丰富有趣。其中一人是巴兹尔·林罗斯（Basil Ringrose），他

---

① 原文“buccaneers”，它不是指一般统称的海盗（pirate），而是特指17世纪下半叶一些冒险劫掠者，他们专门挑战西班牙的海上霸主地位，袭击西班牙殖民地和沿美洲大陆航行的船只。其中最著名的当属亨利·摩根爵士（Sir Henry Morgan）。——译者注

② Philip Ayres, *The Voyages and Adventures of Captain Barth. Sharp and Others in the South Sea*, 1684, preface.

具有足够的古典文学知识，能够用拉丁语同西班牙人对话。他的记述被收入 1685 年出版的《美洲海盗史》（*History of the Bucaniers of America*）英文第二版，作者是荷兰作家奥列维尔·埃克斯昆梅林（Olivier Exquemelin）。另一位是巴塞洛缪·夏普（Bartholomew Sharpe），他是第一位自东面绕合恩角航行的英国人。还有一位外科医生——莱昂内尔·威尔（Lionel Wafer），他撰写的有关巴拿马东南部库纳印第安人（Cuna Indians）的笔记，直到 20 世纪，人类学家们仍然很感兴趣。最为杰出的要数威廉·丹皮尔，“一个精确观察世间万物的人，包括地球、海洋和空气”[①]。他的《新环球远航》（*A New Voyage round the World*）一书于 1697 年出版，成为旅行和冒险主题的经典之作。

丹皮尔于 1651 年出生在英国萨默塞特（Somerset）的东库克尔（East Coker），在当地的一所文法学校接受教育，18 岁时第一次参加远航去纽芬兰岛，1671 年又随东印度公司商船去了爪哇岛。回国后，丹皮尔加入了皇家海军，在第三次荷兰战争（Third Dutch War）中服役，1673 年受伤住院。下一年，他驶往牙买加，在那里待了几个月，帮人管理种植园。史料表明，丹皮尔在准备去牙买加时，曾打算记录自己的活动，因为除了一双结实的鞋和用于制造潘趣酒的配料之外，他还索要了纸张、墨水和羽毛笔。[②] 不久，丹皮尔便与管理人发生了矛盾。后者称他是个“几乎一无所知的自负青年，在哪里都待不长的天生漫游者”[③]。辞职离开种植园后，丹皮尔

---

① 部分文字被镌刻在丹皮尔的纪念铜碑上，于 1908 年安放在东库克尔的圣米迦勒教堂（St Michael's Church）。

② Diana and Michael Preston, *A Pirate of Exquisite Mind: The Life of William Dampier*, 2004, p. 42.

③ Anton Gil, *The Devil's Mariner: A Life of William Dampier*, 1997, p. 36.

航行到墨西哥湾南部的坎佩切湾（Bay of Campeche），在那里住了三年，大部分时间以伐木为生。这是个危险和艰苦的职业，尽管在从树木提取红色染料中赚取的利润颇为丰厚。密林中蚊虫猖獗；伐木工住在用棕榈叶搭盖的简陋棚屋里，每逢雨季，“水漫到床边，根本无法入睡，只能站着等待积水退去”[1]。1678 年，丹皮尔带着一些积蓄返回英国，结了婚。他必定也将伐木工日记带了回去，后来成为《坎佩切之旅》（*Voyages to Campeachy*）的部分内容。

直到 1699 年，《坎佩切之旅》才作为《远航和描述》（*Voyages and Descriptions*）的第二卷出版，但未获得应有的重视，首先是由于《新环球远航》的光环过于耀眼，其次它记录的生活较少戏剧性。几乎可以肯定，这部书是在《新环球远航》之后写的，打算借助前一本书的成功继续获益。它的内容表明，丹皮尔自 20 多岁始，在成为海盗之前，就养成了做详细笔记的习惯。他记录了危险的伐木生涯，遭遇鳄鱼、蟒蛇、飓风和对抗西班牙敌人的惊险经历。1676 年 6 月，一场飓风席卷了砍伐者的茅屋和设备，摧毁了树林，淹没了村庄，沿海地区成为一片废墟。在混乱之中，丹皮尔沉着冷静地保住了笔记本，它成为最早的有关那场飓风的历史文献之一。在其他章节中，丹皮尔平实地描述了海湾地区和印第安居民的风情，以及飞禽走兽、鱼类、昆虫和植被等。第二章的内容摘要说其中“描述了一些动物：壁虎、大长尾猴、巨型食蚁兽、树懒、犰狳、山猫、三种蛇类、蜥蜴、巨蚁及其巢穴、小蚂蚁、蜂鸟、黑鸟、斑鸠”——这仅是一部分。

1679 年，丹皮尔回到牙买加，在那里加入了一支海盗队，他们在第二年 4 月穿越了巴拿马地峡。从此，丹皮尔开始了当海盗

---

① William Dampier, *Voyages and Descriptions II*, *Voyages to Campeachy*, 1699, p. 80.

和周游世界的漫长生涯，直到1691年才返回英国。六年后，詹姆斯·纳普顿（James Knapton）公司出版了丹皮尔的旅行札记。书名《新环球远航》揭示了他的旅行范围，这不是一次巡航，而是一系列的漂流和改道绕行："美洲地峡，西印度群岛的几条海岸和岛屿，佛得角群岛（Cape Verde Islands），沿火地岛（Terra del Fuego）、智利南海沿岸、秘鲁和墨西哥，关岛（Guam），盗贼群岛（Ladrones）之一、棉兰老岛（Mindanao），邻近柬埔寨、中国、洛克尼亚（Luconia）和西里伯斯（Celebes）的其他菲律宾和东印度群岛，以及新荷兰（New Holland）[①]、苏门答腊岛、尼科巴群岛（Nicobar Isles）、好望角和圣海伦娜岛（Santa Hellena）。"这一断断续续的环球航行花了13年的时间，丹皮尔将这个事实视为自身的优势："一个四处漫游的人通常能够更可靠地记录地方的见闻，而不是像一个从未离开大路、径直入住客栈的旅人。"[②] 他所谓"更可靠地记录"显然试图不同于埃克斯昆梅林、夏普和林罗斯描写的血腥故事，而是"地方与行动的混合关系"，描述了"土壤、河流、港湾、植物、水果、动物和居民"；报道了各地的习俗、宗教、政府和贸易情况等。地图出自当时杰出的绘图家赫尔曼·莫尔（Herman Moll）之手，无疑为该书增色不少。书中确实也描写了大量的"行动"，对大多数读者来说，这可能是最有吸引力的内容。

丹皮尔先后在好几艘船上效力，参加了袭击智利、秘鲁和墨西哥沿岸西班牙人的船只和居住点的行动。他记述的海盗暴力活动

---

① 新荷兰（荷兰语：nieuw holland）是欧洲人对今天澳大利亚大陆的旧称。1644年，荷兰航海家阿贝尔·塔斯曼首次使用这个地名，直到19世纪50年代中期，"新荷兰"一直被半官方地普遍用作整个澳大利亚大陆的名称。本书在提及那块大陆时，有时用旧称"新荷兰"，有时用今称"澳大利亚"。中译均保留原文。——译者注

② Dampier, *A New Voyage round the World*, with introduction by Albert Gray, 1937, p. 4.

生动逼真，但很少提到亲身参与的细节。丹皮尔通常尽力暗示，他加入海盗的动机跟那些同伙是不一样的，他追求的是知识而不是财富。譬如他解释说，1686 年待在海盗船小天鹅号（*Cygnet*）上的原因是它从南海出发，向西穿越太平洋，驶向关岛和棉兰老岛，“对我来说是一条非常中意的航线，将满足我的探索欲”①。

1687 年，小天鹅号先到了中国北海，然后向南，经荷属东印度群岛，驶向帝汶岛，接着继续向南，到达罕为人知的新荷兰海岸，“去试试那个国家能给我们带来什么运气”②。1688 年 1 月，小天鹅号停靠在金湾（King Sound）的卡拉卡塔湾（Karrakatta Bay），位于澳大利亚的西北部，待了五个星期，之后进入印度洋，到达尼科巴群岛。在那里，丹皮尔离开了小天鹅号，但他的冒险远未结束，他同一两个伙伴乘独木舟到了苏门答腊岛，然后又去了阿钦岛（Achin）。在苏门答腊岛附近的海上，他们遇到了一场大风暴：“大海在四周咆哮，喷吐着白色泡沫；黑色的夜幕迅速地笼罩了一切，看不到任何陆地，我感觉死亡在逼近，逃生的希望渺茫；不得不承认，我一直鼓起的勇气消失殆尽了。”③ 此次侥幸生还之后，丹皮尔在阿钦岛病倒了，病得很重。他描述了大麻植物，但不承认自己尝试过：“这里有一种植物叫作‘干葛’（ganga）或是‘半地’（band）。据说，如果把它浸在任何酒里，喝下去头脑就会变得麻木，但它导致的反应因人而异。有的人沉睡不醒，有的人活像个快乐的笑柄，也有的人会变得疯疯癫癫。”④ 病愈之后，丹皮尔重返旅途，在马六甲、北部湾（Tonkin，地处越南）、柬埔寨和马德拉斯

① Dampier, *A New Voyage round the World*, p.157; British Library: Sloane MS 3236, fo.188.

② Ibid., p.310.

③ Ibid., p.332.

④ Dampier, *Voyages and Descriptions*, Ⅱ, p.136.

（Madras）逗留了一段时间，还在苏门答腊当过枪手。最终，他感到疲倦了，“经过如此漫长乏味的背井离乡，我开始思念故土”[①]。1691 年 1 月，他乘坐东印度公司的商船，从苏门答腊岛出发，于 9 月回到了家乡。他带着一个被迫的同行者——在棉兰老岛附近的一个小岛上俘获的“彩绘［刺青］王子”，名叫约利（Jeoly）。丹皮尔回到英格兰后，因生活资金短缺，将约利卖作街头杂耍，供人观赏。可怜的约利最后死于天花。

在回到英格兰和六年后出版《新环球远航》之间，丹皮尔的活动鲜为人知。新近的研究表明，1694—1695 年，他在西班牙北部的拉科鲁尼亚（La Coruña）参与了一项去美洲海域打捞西班牙沉船的行动。[②] 这场冒险最终夭折了，原因是亨利·埃弗里（Henry Every）率领船员哗变，驾旗舰去东部水域从事掠夺活动，他不久便获得了“海盗船长约翰·埃弗里”的头衔。大约是在拉科鲁尼亚的闲散日子里，丹皮尔开始修订和润色自己的日记，准备出版。在写作和保护笔记方面，他的细心谨慎是毋庸置疑的。1688 年 5 月在尼科巴群岛逃离小天鹅号后，丹皮尔乘坐的一只独木舟翻了，“我最珍贵的日记和亲手绘制的一些地貌草图”都泡在了水里，在“熊熊的篝火”前烘干才挽救了它们。在乘独木舟航行中，丹皮尔还提到了他的“袖珍笔记本”，里面记录了在小天鹅号上的航海细节。[③] 三年后，他描述了另一次脱险经历：“我是偷偷地从明古连（Benkulen）溜走的，所有的书籍、绘图、被褥和设备都留在了身后……连薪水都没领。我只带上了这本日记和‘彩绘王子’。”[④] 丹

① Dampier, *A New Voyage round the World*, p.347.

② Joel H. Barr, 'William Dampier at the Crossroads: New Light on the "Missing Years", 1691-1697', *International Journal of Maritime History*, 8, 1996, pp.97-117.

③ Dampier, *A New Voyage round the World*, pp. 327, 330.

④ British Library: Sloane MS 3236, fo.232v.

皮尔在海外漂流多年，这意味着他不只有一本日记。1681年，当他穿过巴拿马地峡的河流和沼泽时，将“日记和其他文字”放在一个蜡封的竹筒里以保持干燥。[1] 丹皮尔带回英国的“日记”可能包括许多不同的日志、笔记本和散页。鉴于丹皮尔的旅行方式很不固定，时而在陆地，时而在水上，经常换乘船只，过着勉强糊口的生活，他能写作并保存这些文字是非常了不起的。他设法获得了必要的书写材料，坚持详细的记录，并保护它们免受蛀虫、粗心船员和敌人的毁坏。丹皮尔的原始手稿已经遗失，尽管大英图书馆收藏的“斯隆手稿”（Sloane Manuscripts）[2] 里收入了丹皮尔的一本航海日志，但其中有证据表明，那是他回到英国后的作品。其主要文字由一位不知名的书记员执笔，但丹皮尔亲自加了许多补充和修正。它的篇幅比1697年出版的《新环球远航》要短得多，而且缺乏《新环球远航》具有的独特价值——丹皮尔涉足之处的自然史信息。

在有关丹皮尔的《新环球远航》与斯隆藏本的考证中，最令人困惑的一点是它们对新荷兰土著人（Aborigines）[3] 的不同描述。1688年初，小天鹅号在金湾停泊了五个星期，那是欧洲人在大洋洲大陆停留时间最长的一次。[4] 早些时候，荷兰人登陆至多待几天，有时仅几个小时，而且往往与当地人没有任何接触。相比之下，丹

① Dampier, *A New Voyage round the World*, p.21.

② 英国医生汉斯·斯隆爵士（Sir Hans Sloane，1660—1753）收藏的一批历史文献，涵盖广泛的主题：医学、炼金术、化学、植物学和园艺、探险和旅行、数学和自然历史、魔法和宗教。现存大英图书馆。——译者注

③ “Aborigines”（首字母大写）一词特指澳大利亚（旧称“新荷兰”）的原住民。由于本书记述的事件和引用的文献绝大多数是17—19世纪的，为了保留历史原貌，均直译为“土著人”“原始人”“野蛮人”或“岛民”等称呼（偶尔译为“当地居民”），而不是一律采用今天的政治正确名称“原住民”。——译者注

④ 关于丹皮尔1688年沿澳大利亚海岸航行的路线和登陆的细节，见 Leslie R. Marchant, *An Island unto Itself: William Dampier and New Holland*, Carlisle, WA, 1988, pp.101-121。

皮尔充分地观察了土著人，并在《新环球远航》里做了详细的描述，在欧洲人的头脑中刻下了长久的印记：他们赤身裸体，肤色黑黝，没有住所。

> 这个地方的居民是世界上最可怜的人，撇开他们的人类形态，实际上与畜生相差无几。他们身材高大，结实瘦削，四肢很短，眼睑总是半闭的——为避免苍蝇飞入；他们的长形脸很不讨人喜欢，没有任何优雅的神色。他们的头发像黑种人的那样短而卷曲，而不像印第安人的那样长而直。他们的头发、肤色、脸和身体的其他部分全都漆黑如炭，类似几内亚黑人。
>
> 他们没有铁器或工具，唯一的武器是木制矛剑。他们不种庄稼，也不捕猎，似乎仅依赖涨潮时滞留在海滩上的小鱼生存。他们的语言很难懂。有些人被带上了船，在船上，他们对周围的新环境毫无好奇心。人们试图把他们塞进水桶里，但是所做的一切都毫无意义，他们仿佛是些木雕，站着一动不动，却像一群猴子似的互相凝视。[1]

这些令人不快的文字描述，影响了一代又一代读者和学者对土著人的认识。18 世纪中叶，欧洲著名的自然科学家布封在对新荷兰土著人进行分类时，便直接引用了丹皮尔的描述。丹皮尔在此登陆七十多年之后，詹姆斯·库克和约瑟夫·班克斯乘奋进号又来到这里，随身便带着《新环球远航》一书。在澳大利亚东南海岸，当他们第一次心情紧张地看到人类生命的迹象时，班克斯写道："我们站在较近的陆地上，通过眼镜依稀看见五个人形，肤色黝黑。由

① Dampier, *A New Voyage round the World*, pp.312-313, 315.

于一直受到丹皮尔记录的影响而形成了偏见，我们不能判定他们是不是人类。”[1] 丹皮尔在早期的手稿中使用的语言比较简明而准确，譬如谈到澳大利亚土著人头发的特征：“他们身材矮小而瘦弱，我判断是因为缺乏食物。他们的肤色黝黑，我相信他们的头发可能会长得很长，但因为没有梳子，便像黑鬼的头发那样缠结起来了。”此处丹皮尔没有提到他们的外表像兽类，也没有称他们是“世界上最可怜的人”，他们的生活简单，无忧无虑，“对家用物品和衣着毫无概念”[2]。

“斯隆手稿”中的《丹皮尔日志》似乎是压缩和修订版。从首页引人入胜的标题“威廉·丹皮尔……南海历险记”和文中提到“我的书”可以看出，丹皮尔早就有了出版日志的打算。[3] 他在某个阶段做出了决定，或是有人说服他出版一本更为完整的远航记录，以海盗生涯为中心，还包括对自然史的观察。丹皮尔似乎更有可能接受了他人的建议，因为他后来承认，“由朋友们来修改和更正我的日志，远不是对我的教育和职业的一种贬损”[4]。据猜测，协助他的人包括乔纳森·斯威夫特（Jonathan Swift），他在《格列佛游记》（*Gulliver's Travels*）的第一页里提到“我的表兄丹皮尔”；丹尼尔·笛福（Daniel Defoe），此时开始对南半球的海域感兴趣，关注时间长达四分之一世纪，他撰写的《一次前所未有的环球远航》（*New Voyage round the World by a Course Never Sailed Before*, 1724），是向丹皮尔表达敬意的一本专著；更有可能的助力来自出版商詹姆斯·纳普顿，他很关注“地方风情与冒险活动相交融”类

---

① J. C. Beaglehole ed., *Beaglehole, ed., Banks's Journal, 1768-1771*, Sydney, 1962, Ⅱ, p. 50.

② British Library: Sloane MS 3236, F.222.

③ Ibid., fos. 1, 116.

④ Dampier, *A Voyage to New-Holland, &c. In the Year 1699*, 2 vols, 1703, 1709, preface.

书籍的商业吸引力。此外，编辑也有可能做了一些修改，使得丹皮尔对澳大利亚土著人的描述更加戏剧化了，以满足公众对异族、“亚人类”生物的好奇和着迷心理。（值得顺便一提的是，1692 年的一幅展示“彩绘王子”约利的宣传海报，现存大英图书馆，时而被用于巨人、怪物、矮人和两性人展览的广告。①）

《新环球远航》于 1697 年 2 月问世，到年底已发行第三版。1699 年出了第四版，同一年，纳普顿出版了丹皮尔的《远航和描述》第二卷，其中包括 1697 年版省略的内容。它描写了丹皮尔当海盗前后的活动——年轻时航行到坎佩切，接着是在北部湾、阿钦岛和马六甲的漂泊流荡。最值得注意的是，第二卷“全面讲解了航海专业知识，包括风向、微风、暴风和四季描述，以及全球热带海域的水流和潮汐等”，是充满洞察力的开创性著述，堪称“前科学时代的经典”，被收入《海军部航海指南》（*Admiralty Sailing Directions*），一直沿用到 20 世纪。② 在英格兰《书评月刊》（*Monthly Reviews*）的“学术著作”专栏中，一位未署名作者热情地赞扬了这本书。他在概括介绍之后归纳说：“通过这本有益的书，心存好奇的人们可了解船长多年在海上忍受的艰辛和经历的危险；其中栩栩如生的描述和出人意料的事件，连久坐不动的宅男都会被深深地吸引。”③

丹皮尔的书满足了两类不同读者的需要。一方面，书中的冒险经历和不幸遭遇吸引了大众，经常重印廉价本或被盗版；另一方面，他对偏远地域自然史的密切观察满足了学术界对翔实旅行报

① British Library: N TAB 2026 (25).

② Joseph C. Shipman, *William Dampier: Seaman-Scientist*, Lawrence, KS, 1962, p. 8; Gill, *Devil's Mariner*, pp. 232-233.

③ *The Works of the Learned*, February 1699, p. 98.

告的需求。相比之下，早期的日志通常是流水账加众所周知的航线点缀。1667 年，英国皇家学会（五年前成立的）强调海员观察自然地理现象的重要性和必要性，肯定了丹皮尔的做法。学会的首位历史学家托马斯·斯普拉特（Thomas Sprat）表示，希望“泰晤士河上的每一艘船都能满载着实验成果返航”①；学会刊物《哲学交流》（*Philosophical Transactions*）张臂欢迎航海日志类的稿件，甚至到了来者不拒的地步。1694 年，在《最新的数次远航和发现》（*An Account of Several Late Voyages & Discoveries*）一书的导言中，学会成员坦科雷德·鲁宾逊（Tancred Robinson）抱怨，他无法讨论最近英国到南海的远航情况，因为没有看到任何有关日志（丹皮尔的长篇笔记当时尚未公开发表）。他写道：“令人悲哀的是，英国没有派出技术娴熟的画家、博物学家和机械师随航海家同行。”② 皇家学会发表了约翰·伍德沃德（John Woodward）博士的著作《为促进自然史研究在世界各地进行观察工作的简要指南》（*Brief Instructions for Making Observations in All Parts of the World in Order to Promote Natural History*），它突出论述了气候、地况和自然史，同下一年出版的《新环球远航》的内容完全吻合。虽然丹皮尔对于学术界来说“是个陌生人”，他却做了一件恰如其分的事——将《新环球远航》呈送给了皇家学会主席蒙塔古勋爵（Lord Montagu），期待这本书能够满足社会“对增进知识的热望，以及发挥可能推动国家进步的作用”。

丹皮尔同皇家学会秘书长汉斯·斯隆的关系更值得一提。斯隆是一位与时俱进的医生，也是一位狂热的收藏家，他在 1687 年出

---

① Thomas Sprat, *History of the Royal Society*, 1667, p. 86.

② Sir John Narborough et al., *An Account of Several Late Voyages & Discoveries*, with introduction by Tancred Robinson, 1694, p.v.

版的关于西印度群岛之行的著作为博物学家提供了一个信息宝库。[①] 他后来当选为皇家学会主席，1753 年去世时，丰富的私人收藏为建立大英博物馆奠定了基础。根据议会法案，该博物馆于当年 6 月成立，并由国家发行彩票资助。大约在《新环球远航》出版时，斯隆聘请托马斯·穆雷（Thomas Murray）绘制了丹皮尔的肖像；之后又获得了丹皮尔日记的复制件，以及他在南海的几个海盗同伙的日记。由此可以想象，如果不是詹姆斯·纳普顿说服丹皮尔在日记中增加自然史的观察，那么很有可能是汉斯·斯隆。

丹皮尔十分注重实际，正如书的献词所显示的，在描述自然史的同时，他经常思考英国企业可能发挥的优势。至少在这方面，他跟约瑟夫·班克斯十分相近，均堪称具有企业家精神的博物学家先驱。譬如 1686 年在关岛，丹皮尔足足写了六页笔记，详述椰子的各种用途。除了作为饮料和食物，它的外壳还可做容器，果荚可编绳索——他解释说，他对这个问题琢磨了很久，因为在西印度群岛，椰子树“很少引起人们的注意，我想知道椰子树能带来什么收益”。“我絮絮叨叨地说了这么多，部分是为美洲种植园的乡亲们着想。”[②] 同样是在关岛，丹皮尔首次描述了面包果及其作为主食的重要性：“岛上的土著用它来做面包。当果实呈绿色并变硬时，把它采摘下来，放进烤炉烘焙，直到果皮烤焦变黑，然后刮掉黑色的外壳……便露出柔软鲜嫩的雪白面瓤，就像一便士面包一样。”[③] 1742 年，当海军准将安森率领的百夫长号（*Centurion*）抵达马里亚纳群岛和天宁岛（Tinian）时，相比船上供应的面包，船员们更喜欢食

---

① Hans Sloane, *A Voyage to the Islands Madera, Barbados, Nieves, S.Christophers and Jamaica, with the Natural History*, 2 vols, 1707, 1725.

② Dampier, *A New Voyage round the World*, p. 204.

③ Ibid., p. 205.

用当地的面包果；在佩希·布雷特（Peircy Brett）上尉的绘画《天宁岛海岸风光》（*A View of the Watering Place at Tinian*）中，前景的主角是一株面包果树（图 1）。通过丹皮尔的描述和布雷特的绘画，欧洲人形成了对遥远南海的印象：塔希提、布莱船长和邦蒂号。

丹皮尔煞费苦心地避免许多早期航海日志采用的夸张笔法。他声称："我一直坚持严谨地描述事物的真实关系。"在关岛，他被一种大型独木舟或称"三角帆船"吸引了，亲自驾驶来检验它的速度。他用了一根测速绳，测出其时速为两英里[①]，但假如用力划动，可达到两倍的时速。丹皮尔未受过正规教育，他不是采用分类的方法，而是凭本能和直觉观察和描述，加上生动的感性体验，他的书读起来趣味盎然。在他早期去坎佩切湾时的日志（于 1699 年出版）中，这一写作特征已很明显。以下是他笔下的巨型食蚁兽：

> 它的鼻子朝下，平躺在地上，靠近蚂蚁行进的路径（这个地方蚂蚁奇多），将长舌伸出横放在路上：成群的蚂蚁川流不息地来往，碰到拦路的舌头便被迫停下脚步，不出两三分钟，舌头上就布满了蚂蚁。食蚁兽感觉是时候了，便把舌头抽回，吃掉所有的蚂蚁，然后再伸出舌头继续捕捉。食蚁兽的身上散发出强烈的蚂蚁气味，肉的味道比较重，因为我吃过。

丹皮尔对蜂鸟有一段经典的描述，采用了诱人的非技术性语言：

> 蜂鸟是一种小巧的羽毛动物，尚不及一根小针大，它的腿和

---

① 1 英里大约相当于 1.6 公里。——译者注

脚同身体成比例。这种生物在飞行时不像其他鸟类那样展开和挥动翅膀，而是像蜜蜂和其他昆虫似的持续飞速扇翅，不停地发出嗡嗡声。它的动作迅疾，围绕着花朵和果实，像蜜蜂采蜜那样从四面八方探访令它垂涎的美味，亲密地对着它们絮语，但一刻不停地运动，忽而在这一边，忽而在另一边，有时突然跳一两英尺高，旋即又反弹回来。如此这般，在一朵花上流连五六分钟或更久。

丹皮尔笔下的坎佩切蜘蛛可能会令比较胆小的读者退避三舍："蜘蛛的体形巨大，有些像男人的拳头那么大。"它们有"两颗牙齿，还有四五厘米长的角……小尾部像荆棘一样锋利"。不过，丹皮尔的同伴并不惧怕这种尖利武器，它们被派上用场："有些人把它们装在烟袋里，用来清理烟嘴。还有一些人把它们存起来当牙签，尤其是经常牙痛的人，据说能止痛。尽管我的知识有限，无法解释其原因。"丹皮尔从不放过讲故事的机会，在不吝笔墨地描述了鳄鱼之后，他记述了一位爱尔兰伙伴的遭遇：

夜晚，丹尼尔（Daniel）去池塘边，绊到一条匍匐在小路上的短吻鳄，鳄鱼攫住了他的膝盖，他大声地呼叫"救命！救命！"。同伴们不知发生了什么事，纷纷跑出小棚屋，以为他落入了西班牙人的魔掌。没有人能够解救可怜的丹尼尔，直到那只野兽张了一下嘴巴（为了把猎物咬得更紧，鳄鱼常这样做），他才将腿挣脱出来，并将手中的枪托塞进了鳄鱼的血盆大口……他的膝盖被鳄鱼的牙齿撕烂了，无法站立，情形十分悲惨。第二天，人们发现了那杆枪，离鳄鱼咬住丹尼尔的地方有十来步，枪托末端有两个大洞，一边一个，深约一英寸。我后来亲眼看到了那杆枪。[①]

1684年6月，丹皮尔乘海盗船单身汉之乐号（*Bachelor's Delight*）到达了神秘的加拉帕戈斯群岛，在那里待了12天。西班牙人一直对这个岛的位置甚至其存在严格保密。四年前，一位被俘的西班牙军官告诉海盗船长巴塞洛缪·夏普："假如我们真的去了加拉帕戈斯群岛的话，正如我们曾下决心要做的，航行中将遇到平静的天气和海流，然而很多船会莫名其妙地在那里消失，杳无踪迹。"[②] 据单身汉之乐号的航海官安布罗斯·考利（Ambrose Cowley）记载："西班牙囚犯嘲笑我们说，那不是真正的岛屿，而是魔境和幻影。"[③] 这番话更令人对那个地方感到恐惧。西班牙人的这种表现是可以理解的。太平洋东端最近的岛屿距此也有六百英里之遥，因而，无人居住的加拉帕戈斯群岛可为海盗们提供一个安全的避风港，躲开西班牙人的搜索船，而且岛上有充足的食物来源——巨型海龟，如丹皮尔估计的："这里的海龟如此之多，乃至在没有其他任何食物的情况下，仅海龟肉就够五六百人吃几个月。"

丹皮尔用数千字描述了四种海龟：棱皮龟、大头龟、鹰喙龟和绿海龟。它们的外表有鲜明的区别：

> 棱皮龟，一般来说块头比其他种类的要大，背部较高较圆，肉的味道很差。大头龟，顾名思义，脑袋奇大，比其他种类的大得多。它们的肉并不可口，很少有人吃，除非万不得已。鹰喙龟

① 关于食蚁兽、蜂鸟、蜘蛛和鳄鱼的描述，参阅 Dampier, *Voyages to Campeachy*, pp. 60-61, 65-66, 64, 77-78。

② Basil Ringrose, *Bucaniers of America*, 1685, Ⅱ, p. 38.

③ British Library: Sloane MS54, fo.7v.

的个头排末尾，嘴又长又小，很像老鹰喙。它们的背壳很贵重，多用来制作橱柜和发梳等。绿海龟的颜色比其他任何一种更绿，壳轻薄透明，比鹰喙龟的颜色漂亮，但因为非常薄，仅用于镶嵌装饰。绿海龟一般比鹰喙龟大，一只可重两三百磅。[①]

更重要的是，丹皮尔把这里的绿海龟称为“杂种”，“它们的壳比西部的或东印度群岛的其他绿海龟的要厚些，肉也没那么好吃”。言下之意，物种间的差异取决于它们的生存环境。当150年后查尔斯·达尔文带着《新环球远航》一书访问加拉帕戈斯群岛时，他的观察进一步强化了这一认识。达尔文对丹皮尔的描述做了重要的补充，他报告说：“该群岛中不同岛屿的海龟在形态上略有不同，当地人能够立即分辨出它们来自哪个岛。”[②] 由于丹皮尔在每个岛上停留的时间不超过一天，很难指望他注意到这一细节；那时岛上没有任何居民，没有人能将野生动物的知识告诉他。达尔文承认，他是离开那里之后才意识到这些差异的意义的。

《新环球远航》的目标读者是普通大众，而不是自然史专家。尽管丹皮尔是一位有洞察力的观察者，但大概除气象学之外，他并未自许是其他任何专门领域的权威。他的日记手稿里存在不规则的拼写，而且缺少标点符号，这表明最后发行的版本经过了全面的编辑加工。他在整个航程中只是个次要角色，竟然勇于撰写航海日志，从手稿的最后一页可以看出，他受到了一些人的贬斥，或是他认为自己将受到苛评：

① Dampier, *A New Voyage round the World*, pp. 77-79.

② Charles Darwin, *Journal and Remarks 1832-1836*, Vol. Ⅲ of *Narrative of the Surveying Voyages of His Majesty's Ships Adventure and Beagle*, 3 vols, 1839, p. 465.

也许某些人会问，为什么称之为“我的”航海和发现？我从没当过船长，也不是任何助理；对此我的回答是：我能够胜任船长，假如我最初愿意接受这个职务的话。在海上，很多人都知道我有一本日志，所有了解我的人都知道我的记录很准确。我仍在仔细审阅自己的笔记。大多数人，即使不是所有的人，没能将自己的日记保留下来，或是在回到欧洲之前丢失了，或是连人都没有返回欧洲。因而我断定，我所保存的记录是比较完整的，我比其他人更有资格挑战这些探索发现的所有权……遗憾的是，大多数人认为，除非出自写作高手（尽管他们的实际能力极低），任何记录都不能令人满意。[①]

丹皮尔的断言是探险远航观察员的一项重要声明，《新环球远航》的实际文本为未来的航海日志建立了模式——不仅叙述事件，而且提供更多的信息。丹皮尔对“写作高手”的斥评很快就引起了不同的反响，该书的出版使他小有名气，踏入了新的社会圈子。1698 年 8 月的一天，他和塞缪尔·佩皮斯（Samuel Pepys）[②]一起进餐，在场的还有另一位著名的日记作家约翰·伊夫林（John Evelyn）。伊夫林对丹皮尔“极其与众不同的”冒险和“很有价值的”的观察印象深刻，认为他是“一个谦逊的人，同人们想象的不一样（通过他与船员的关系来判断）”[③]。除了这些社会交往，同样重要的是，蒙塔古勋爵把丹皮尔介绍给了海军大臣奥弗德伯爵（earl of Orford），他请丹皮尔“提交一项可为国家服务的航行建

---

① British Library: Sloane MS 3236, fo.233.

② 塞缪尔·佩皮斯（1633—1703）是英国海军官员和国会议员，并且是著名日记家，他的日记精确记录了 17 世纪英国的生活画面。——译者注

③ D. and M. Preston, *A Pirate of Exquisite Mind*, pp. 348-349.

议”。于是，丹皮尔拟制了“去东印度群岛更偏远地区和澳大利亚沿海地带”考察的计划，他的论据是，“有理由相信，在如此广袤的地域必定存在非常有价值的物产”。1698 年，海军部予以接受。这位特立独行的观察家，曾经拒绝在远航中担任有权威的官职，此时被任命为皇家海军的舰长。他请求海军部预付一百英镑薪水，因为“我目前的状况十分窘迫”[①]。由此可以推想，《新环球远航》给他带来的经济收益并不丰厚。

指令要求丹皮尔仔细观察和搜集标本，并带回“一些当地人，只要他们愿意来”。此外，要记录“精确的日志”，这对丹皮尔来说是毋庸赘言的。接着是一个有趣的提醒：返回英格兰后要将日志交给海军部，“而不是其他人”。为了协助他完成任务，海军部提供了“具绘画技能的人”，这预示了后来的发现之旅中艺术家的参与，他们的绘画，诸如帕金森和威廉·霍奇斯（William Hodges）的作品，大大增进了欧洲人对太平洋的了解。海军部先是同意组织一次正式的探索远航——这本身就是罕见的举措，之后似乎又降低了兴趣，仅给丹皮尔提供了一艘船——雄狍号（*Roebuck*），而不是他所要求的两艘船；而且，这艘 290 吨的船年久失修，配备的船员中只有两名曾经“穿过赤道”。不管丹皮尔具有多么丰富的航海经历和擅长写作，但是他缺乏指挥经验。在航行中，他跟一名海军上尉发生了矛盾，这位正规军官视船长为“一条老海盗狗”。丹皮尔时刻担心出现哗变：“因为手下的人心怀不满，所以独自躺在舱里很不安全，我不得不高度戒备，跟我信赖的军官们睡在一起，并把小型武器放在后甲板上。”[②]

---

① 丹皮尔与海军部的通信保存在 National Archives：ADM 2/1692（no folio numbers）；主要文件参阅 John Masefield ed., *Dampier's Voyages*, 2 vols, 1906, Ⅱ, pp. 325-330。

② *Dampier to Admiralty*, 22 April 1699; printed ibid., Ⅱ, p. 333.

终于有一天，丹皮尔强行处理了那个上尉，把他铐了起来，遣返回英格兰。此后，他设法率领全体船员穿越大西洋南部和印度洋，远至新荷兰西海岸，又去了帝汶岛和新几内亚岛，最后到达"新不列颠尼亚"（Nova Britannia）——这是他的主要地理发现。接下来，丹皮尔本打算向南航行，去探索未知的澳大利亚东海岸，但鉴于船只和船员的状况都很糟糕，他决定返航。这一决策被证明是明智的。一年后，在中大西洋海域，雄狍号的底部脱落了，万幸的是，船员们挣扎着爬上了附近的阿森松岛（Ascension Island），死里逃生。丹皮尔的许多书籍和文件都在恐慌混乱中丢失了。更糟糕的是，当他在 1701 年夏天回到英格兰时，等待他的是军事法庭的审判，第一条罪名是损失了一艘船舰，第二条是对那名上尉的处理方式不当。法庭裁定他"手段非常残忍和野蛮——有罪"，拒绝支付这次远航的薪水，并宣布他"不适合被雇用为皇家海军舰艇的指挥官"[①]。不过，福祸相依，丹皮尔被迫处于这种怠惰的境地至少给了他一些时间来准备出版日志，"尽管有偏见的人对我提出异议"。1703 年，詹姆斯和约翰·纳普顿出版了丹皮尔的《新荷兰远航续记》（*A Continuation of a Voyage to New-Holland*）第一卷，将它献给枢密院长和前海军大臣彭布罗克（Pembroke）伯爵，这一姿态表明，在西班牙王位继承战争爆发后，丹皮尔的耻辱很快就被洗刷干净了。1703 年 1 月，他被任命为圣乔治号（*St George*）的船长，驶往南海。这是一艘 200 吨的私掠船。[②] 4 月，他进一步获得官方的青睐，在乔治亲王的引导下觐见了安妮女王，并亲吻了陛下的纤

---

① *Dampier to Admiralty*, 22 April 1699; printed Masefield ed, *Dampier's Voyages*, Ⅱ, p. 604.

② 原文为"privateer"，指在战争期间获得官方执照的民间船只，它可以合法地袭击敌方船舰并掠取其财物，条件是将战利品按一定比例上交给政府。——译者注

手。[1] 显然，对于帝国来说，丹皮尔掌握的有关西班牙属下美洲水域的知识非常重要，相形之下，他偶犯的轻罪是可以忽略不计的。

直到 1707 年，丹皮尔才结束远航返回故乡，这就可以解释为什么《新荷兰远航续记》第二卷直到 1709 年才出版，因为“我不得不准备另一次远航，比预期的要快”。该书第一卷的扉页几乎和《新环球远航》一模一样。首先列出造访之地的名称，包括“它们的居民、风俗习惯和贸易等；港口、土壤、野兽和鱼类，以及树木、植物和水果等”。附录收入雄狍号上的艺术家所作的插画：“潜鸟，鱼类和植物，奇妙的铜版画”。还附有赫尔曼·莫尔绘制的地图。就其他方面来说，《新荷兰远航续记》缺少《新环球远航》的广泛吸引力，开篇是一些莫名其妙的自卫性语言：“有新发现的人命运几乎总是如此——受到贬低和轻视。蔑视他人者认识不到发现新事物的价值，不具有真正的品位，或者是对发现者抱有偏见。”[2] 这本书里没有丹皮尔和海盗同伙们的历险情节；花了大量篇幅记录如何寻找水源，而不是探寻西班牙人的宝藏。第一卷详细描述了佛得角群岛和巴西的巴伊亚（Bahia），丹皮尔从那里率领雄狍号穿过南大洋，对新荷兰的西海岸进行首次全面勘测。他带有一张地图的手抄件，标出了荷兰航海家阿贝尔·塔斯曼（Abel Tasman）在澳大利亚水域的航线。1699 年 8 月，雄狍号抵达澳大利亚西海岸，停泊在一个海湾，位置是南纬 25°20′，东经 113°30′，在 1688 年丹皮尔登陆点的南面，他当时命名为“鲨鱼湾”（Shark’s Bay，现称 Shark Bay）。[3] 两年前威廉·德·弗拉明哥（Willem de Vlamingh）

---

① *London Gazette*, 16 April 1703; reprinted in Masefield ed., *Dampier's Voyages*, Ⅱ, p. 575.

② Dampier, *A Voyage to New-Holland*, preface.

③ 关于 1699 年丹皮尔在澳大利亚海岸的路线细节，参见 Marchant, *Island unto Itself*, pp. 122-147。

率领荷兰探险队曾访问过这里。经过一个星期的搜寻，雄狍号未能找到饮水，于是向北，再向西北岬（North West Cape）航行，沿着海岸穿过一系列岛屿，后来把它们命名为“群岛”（Archipelago）。接下来往东北方行进，继续寻找饮水，直到再次登陆，地点约在拉格朗日湾（Lagrange Bay），今布鲁姆（Broome）镇的南部。内陆的表面全是沙丘和粗壮的野草，而且他们看见了许多“赤身裸体的高个子黑人”[1]，这是此次远航中第一次观察到澳大利亚土著。在一次追击的小冲突中，一名土著受伤；一名水手被一支木制长矛击中脸部，他担心自己中了毒矛。乔纳森·斯威夫特在《格列佛游记》里生动地描绘了这类场景，主人公乘独木舟到达新荷兰的西南部，遇到了当地的一群居民：

> 我能通过烟雾看到一些人，男人、女人和孩子，全身赤裸，围着火堆。有一个人瞥见了我，告诉了其他人。于是五个男人朝我走来，把妇女和孩子留在篝火旁。我急忙向岸边逃去，跳进独木舟，迅速地划离海岸。观察我的野蛮人继续追赶，我还没来得及划到海里，他们射出的一支箭就击中了我，深深刺入左膝内侧（我要把这个伤疤带进坟墓了）。我意识到箭头可能有毒，便拼命地划桨，逃出他们飞镖的射程（那天风平浪静）。然后，我脱掉衣服，将伤口吸干，竭力把它包扎好。[2]

丹皮尔已在他的《新环球远航》里充分描述了同澳大利亚土著的短暂暴力摩擦，《新荷兰远航续记》里有关的唯一重要内容是提

① Dampier, *A Voyage to New-Holland*, p. 121.

② Jonathan Swift, *Gulliver's Travels*, ed. Peter Dixon and John Chalker, Harmondsworth, 1967, p. 333.

到一位“彩绘王子”（或船长），“他身上多处绘有标记（其他人全然没有），眼睛涂着一圈白色灰浆或颜料（我们认为是一种石灰），从额头直到鼻尖画了一道白色条纹，乳房和手臂的一部分也用同样的颜料涂成白色”。除此之外，丹皮尔观察到，这些“新荷兰人”同他 1688 年在三四英里之外的东北部见到的差不多，正如所料，“相貌极其可憎，是我所见过的最丑陋的人”[①]。由于一些船员正遭受坏血病的折磨，而且几乎没有希望找到食物和饮水，丹皮尔离开了那里，前往帝汶岛。虽然他是皇家海军舰艇的指挥官，但并没有试图占据任何登陆点的土地——这或许是因为他对该地区的悲观评估，或许是因为他假定先前抵达的荷兰人已经索取了所有权（事实上荷兰人并没有获取澳大利亚大陆任何部分的所有权）。

虽然新荷兰令丹皮尔感到失望，但他还是尽可能详细地描述了所见所闻。他的记录本里有好几页鱼、鸟和海岸剖面图，出自船上一位不知名画家的手笔，技艺平平。丹皮尔还搜集了一些植物，并克服重重困难带回了干燥标本，今天在牛津大学的谢里丹植物标本馆（Sherardian Herbarium）里仍可看到 23 种。[②]其中不少是雄狍号逗留在鲨鱼湾的罗特尼斯岛（Rottnest Island）期间搜集的，丹皮尔描述道，“在这个时节（8 月），绝大多数树木和灌木要么正在开花，要么结了浆果。不同种类的花有红、白、黄多色，但大多是蓝色的，气味芬芳甜蜜。除了一些植物，还有药草。有些开花植物高大；有些小巧，精致的花朵覆盖在地面，馨香美丽。在很大程度

① Dampier, *A Voyage to New-Holland*, p. 122.

② Serena K. Marner, 'William Dampier and his Botanical Collection', in Howard Morphy and Elizabeth Edwards eds., *Australia in Oxford*. Oxford, 1988. 这些植物被亚历克斯・乔治（Alex S. George）和阿普林（T. E. A. Aplin）列入 John Kenney, *Before the First Fleet: Europeans in Australia 1606-1777*, Kenthurst, NSW, 1995, pp. 78, 80。

上，这里的景色跟我在其他地方看到的不同”[①]。

在正式出版的日志中，植物绘画十分精细，比书中其他插图的质量要高；它们很可能是英格兰的一位专业艺术家依据丹皮尔带回的标本绘制的（图 2）。[②] 这些标本的意义重大，代表了欧洲人在澳大利亚最早的搜集工作[③]，而且大多数都保存完好，说明在采集后很快就被压制干燥了。正如丹皮尔所述：“我带回了很多植物，它们是被夹在书页之间晾干的。”[④] 其中最著名的是“斯图尔特沙漠豌豆”（Sturt's desert pea），一度被称为“丹皮尔鹦喙花”（*Clianthus dampieri*），彰显了丹皮尔记录和搜集的优先权（图 3）。丹皮尔在前言中注明：它们如今“在天才的伍德沃德博士的手中”，说明他十分清楚这些植物标本价值不凡。伍德沃德是英国皇家学会《观察和收藏简明指南》（*Brief Instructions for Making Observations and Collections*，1696 年出版）的作者，他曾把一些标本借给当时英国最重要的植物学家约翰·雷。正是雷，将物种概念引入了植物分类学。他将物种定义为具有共同特征的一组个体，它们的后代将会重复这些特征。在雷建立的系统中，植物分为三大类：无花植物、单子叶植物（*Monocotyledons*）和双子叶植物（*Dicotyledons*）。这是一种“自然”分类系统，到 18 世纪中叶才被卡尔·林奈发明的更

---

① Dampier, *A Voyage to New-Holland*, p. 108.

② Bernard Smith quoted in *Before the First Fleet*, p. 146. 亚历克斯·乔治在 *William Dampier in New Holland: Australia's First Natural Historian*（Hawthorn, VIC., 1999）中收录了保存在牛津大学的丹皮尔标本的彩色照片（21—98 页），同 *A Voyage to New-Holland* 和伦纳德·普拉肯内特的《植物图谱》里的插图照片作比较，它们显示，随丹皮尔远航的一位不知名艺术家的描绘是准确的。

③ 1697 年，威廉·德·弗拉明哥描述了罗特尼斯岛上的一些植物和野生动物（包括黑天鹅），但显然没有将任何生物标本带回荷兰。

④ Dampier, *A Voyage to New-Holland*, p. 81.

简洁的“人工”分类系统取代。[1]在雷的开创性著作《植物通史》第三卷（1704年出版）中，他用拉丁语描述了丹皮尔从新荷兰带回的11种植物，后又增补了四种巴西的、两种新几内亚的和一种帝汶岛的植物。《新荷兰远航续记》第一卷的末尾列出了18种植物及图片，几乎可以肯定，植物的拉丁学名和图片的详细英文注释是约翰·雷加上去的。在雷看来，无论丹皮尔是否受过正规教育，他的广泛搜集活动都是很有价值的。他在1691年建议：“尽管它们不足以成为书本知识……但是，让我们利用机会来研究这些东西，并将自然和书本结合起来。”[2]安妮女王的御前植物学家伦纳德·普拉肯内特（Leonard Plukenet）也见到了丹皮尔的植物标本，将它们的图片收入了1705年出版的《植物图谱》（*Amaltheum Botanicum*）。通过这种方式，欧洲人前所未知的澳大利亚植物进入了早期英国植物学界的视野。不过，由于丹皮尔采集的标本早于现代植物命名法的引入，今天采用的名称是由后来的收藏家命名的。在丹皮尔的眼里，这些植物和一些“奇异而美丽的贝壳”是新荷兰唯一可取的优点。如上所述，他对澳大利亚土著的蔑视性描述比在《新环球远航》中更甚；对于其他的生命形式，他也难以摆脱极其低级甚至怪诞的感觉。譬如，野狗明显地给他留下了坏印象：“两三只饿狼般的野兽，瘦得像骷髅，只不过有张皮包着骨头而已。”[3]即使是无害的短尾蜥蜴，在他的笔下也十分令人厌恶：

类似鬣蜥蜴，大小与其他鬣蜥蜴一样，但有三点显著的不

① John Ray, *Historiae plantarum*, 1704, pp. 225-226; Robert Huxley, ed., *The Great Naturalists*, 2007, p. 95; Preston, *A Pirate of Exquisite Mind*, p. 409.

② John Ray, *The Wisdom of God*, 1691, cited in Huxley, *Great Naturalists*, p. 92.

③ Dampier, *A Voyage to New-Holland*, p. 125.

同：它们的头更大，嘴脸更丑，臀部没有尾巴，而是一根尾桩，像是另一个头却也不是，因为上面没有嘴和眼睛，不过这种生物就是看似两端都有头……它们像蟾蜍一样呈黑黄色，像鳄鱼那样背上有鳞片或瘤疖……它们的肝脏也带有黑色和黄色斑点。它们伸展身体时散发出一种非常难闻的气味。我从来没有在其他地方见过如此丑陋的生物。[①]

在岸上，树丛里的苍蝇非常恼人，丹皮尔发现的唯一哺乳动物是“一种浣熊，跟西印度群岛上的不同，主要区别是腿，它们的前腿非常短，但也像其他浣熊那样跳来跳去”。这是自然史文献中对袋鼠式跳跃运动的首次描述，尽管他没有提到这种有袋动物的袋囊。这种动物可能是带条纹的兔袋鼠。丹皮尔补充说，如果把它们烹了，“肉的味道很鲜美”[②]。丹皮尔在鲨鱼湾捕获了一条鲨鱼，在它的肚子里发现了一些东西，他称之为“河马的头”，包括下颚、毛茸茸的嘴唇和牙齿。[③]那究竟是什么东西，多年来一直困扰着博物学家们。

丹皮尔最初打算从新荷兰的登陆地向南航行，然后沿南部海岸向东驶，但他放弃了这一计划，转而驶向东北部的帝汶岛和新几内亚，接着再往东航行到欧洲船只从未探访过的水域，在那里他发现了一个大岛，命名为“新不列颠尼亚”（后来发现其实是两个岛，改称“新不列颠岛”和“新爱尔兰岛”）。从此，丹皮尔开始采用王

① Dampier, *A Voyage to New-Holland*, pp. 108, 110.

② Ibid., p. 108, and Steve Simpson, ‘The Peculiar Natural History of New Holland’, in Morphy and Edwards, *Australia in Oxford*, p. 6.

③ Dampier, *A Voyage to New-Holland*, p.111. 九十多年后弗朗索瓦·佩隆（François Péron）确认这种生物是海牛。

室、贵族赞助人和海军将领的名字来命名各个地点，并标注在海图上。与海岸接触的时间是短暂的，离开时，丹皮尔只能概括地报告说："这个岛或许可以像世界上其他任何地方那样提供丰富的商品；可能比较容易带动当地人的商业活动，尽管在目前情况下我无法自许能够做到。"①

丹皮尔两次访问新荷兰的主要贡献是，发现它的西海岸不再是地图上游移不定的线条，而成为一块切实存在的陆地——尽管不那么吸引人。虽然他对早期荷兰人的发现没有多少补充，但返回后不久就出版了远航日志。相比之下，威廉·德·弗拉明哥的航海日志直到1753年才得以完整出版；该探险队艺术家绘制的海岸水彩画遗失多年，重见天日时已是20世纪70年代。②荷兰船员在尼古拉斯·威特森先生③的指令下搜集的自然史标本也未受到重视。考察队返回荷兰后，军官们向威特森展示了"一个小盒子，里面装有贝壳、水果和其他植物等"，是在澳大利亚西海岸搜集的，但他得出结论，它们的"价值不大"④。正如我们所看到的，丹皮尔对澳大利亚土著的描写栩栩如生：那些"世界上最悲惨的人"居住在苍蝇横飞的不毛之地。他的描述和动植物图，以及莫尔的地图和海岸剖面图，证明了一个在人们心目中曾经虚幻缥缈的地方确实存在。七十年后，约瑟夫·班克斯远洋跋涉来到这里，目睹了植物学湾的

---

① Dampier, *A Voyage to New-Holland*, p.224.

② Günter Schilder, *Voyage to the Great South Land: Willem de Vlamingh 1696-1697*, Sydney, 1985.

③ Nicolas Witsen（1641—1717），荷兰政治家，1682年至1706年任阿姆斯特丹市市长，1693年成为联合东印度公司的主管。1689年担任驻英国王室的特派大使，并成为英国皇家学会会员。——译者注

④ Johannes Heniger, 'Dutch Contributions to the Study of Exotic Natural History in the Seventeenth and Eighteenth Centuries', in William Eisler and Bernard Smith eds., *Terra Australis: The Furthest Shore*, Sydney, 1988, p.66.

土著。

在注重商业方面，法国人的探险远远胜过英国人的太平洋远航，他们抓住了战时西班牙海军在智利和秘鲁兵力薄弱的机会。1698 年至 1725 年间，至少有 168 艘船舰从法国驶往南海，但他们出版的远航记录比不上英国的同行。这或是由于商业交易活动比较普通和单调，或是由于他们不愿公开在外交上敏感的某些探险活动。在 18 世纪初的二十年里，虽然只有四支英国探险队到达南海（丹皮尔两次，罗杰斯和谢尔沃克[①]各一次），但出版了有关的六本书、数本小册子，还发表了一些文章。相比之下，有关同期法国人多次远航的书仅有三种：弗朗索瓦·弗罗热（François Froger）撰写的关于让-巴普蒂斯特·德根内斯（Jean-Baptiste de Gennes）的远航（1702），最远只到达麦哲伦海峡；数学家和植物学家路易·菲尔埃（Louis Feuillée）在大西洋和南美洲的太平洋沿岸的科学观测三卷本，以菲尔埃命名了植物的一个属（*Feuillea*）；弗雷泽尔（A. F. FréZier）的《南洋远航记》（*Voyage de la Mer du Sud*, 1716），它是唯一被译成英文的。

弗雷泽尔是一位干练的工程师和数学家，他 1714—1716 年的远航记录包括详细的海图、城镇布局和海岸轮廓，覆盖了西班牙统治下美洲的太平洋沿岸地区，远至卡亚俄（Callao）。该书英文版指出，除了航海和水文勘测外，还"描述了这个地带最富有的殖民地，包括动物、植物，特别是水果、金属以及奇妙的物产"；并附有四幅智利和秘鲁的植物绘画及详细说明（技术性或许不够）。在某些章节中，弗雷泽尔脱离了事件的叙述，细致地记录了对自然史

---

① 这两个人的全名为伍兹·罗杰斯（Woodes Rogers，1679—1732）和乔治·谢尔沃克（George Shelvocke，1675—1742）。——译者注

的观察，令人联想起丹皮尔的《新环球远航》。譬如，他描述了在秘鲁阿里卡（Arica）的干旱腹地栽培成功的几内亚辣椒——“非常辛辣和刺激，除非吃惯了，否则实在无法享用”。下面这段文字很像是英国远航家的文笔：

> 当种子发了芽、适于移植时，便把小苗栽到犁沟里，每行不是直线的，而是像个“S”。犁沟便于灌溉，把水分输送到每株植物的根部。栽种的同时撒上几把海鸟粪；植物开花时追加一些肥料；最后，当果实形成时，再追加几把。①

丹皮尔本人继续航海，但不再是笔记家了。1703 年 9 月，他率领一支私掠探险队，驾驶圣乔治号驶往南海，同行的有一艘僚舰五港同盟号（*Cinque Ports*）。② 这场冒险是灾难性的，两艘船全部损失了，几乎没有任何收获。作为船长，丹皮尔必定保存了一部航海日志，但最终出版的完整记录是由圣乔治号上他的同伴威廉·芬奈尔（William Funnell）撰写的，他记录了丹皮尔的许多劣迹，认为他懦弱无能。③ 军校学员约翰·威尔比（John Welbe）是另一个抱有敌意的见证人。据芬奈尔和威尔比的证词，丹皮尔在遇到敌舰时表现得十分可耻。芬奈尔指控说，在胡安·费尔南德斯（Juan Fernandez）群岛附近跟一艘法国船交战时，丹皮尔提前终止了行动；威尔比则批评丹皮尔未能鼓舞船员的士气或下达命令，而是

---

① A. F. FréZier, *A Voyage to the South Sea and along the Coasts of Chili and Peru*, 1717, pp.151-152.

② “五港同盟”是历史上几个沿海城镇的联盟组织，位于英吉利海峡东端距欧洲大陆最窄的部分，属于肯特和萨塞克斯郡。该同盟最初是为了军事和贸易目的而形成的，但现在的作用完全是礼仪性的了。——译者注

③ William Funnell, *A Voyage round the World*, 1707.

胆怯地躲在上层后甲板“一个安全屏障后面，那是他下令用床、地毯、枕头和被褥等堆成的”[1]。这场战斗溃败后，他们驶向大陆，途中穿过巴拿马湾，袭击了圣玛丽亚（Santa Maria）。因事先接到警告，居民们已带着值钱的东西逃之夭夭。更让芬奈尔气愤的是，丹皮尔拒绝按照惯例给参加袭击行动的船员发放白兰地。丹皮尔冷漠地说：“假如我们占领了这个镇，白兰地可让他们喝个够；假如没能占领，我就自斟自酌。”[2]最令人感到屈辱的是，当西班牙的马尼拉大帆船（Manila Galleon）疲惫不堪地抵达阿卡普尔科时，丹皮尔未能趁机攫取它。当它的大炮开始轰击圣乔治号，他便改道逃跑了。据威尔比的说法，丹皮尔对此的唯一评论是：“先生们，我不会像约翰·阿姆斯特朗（Johnny Armstrong）那样‘让自己躺下流一会儿血’[3]，但我会躺下睡一会儿觉。”[4]他果真就去睡大觉了，直到第二天早晨才醒来。后来，丹皮尔写了一个小册子——《为丹皮尔船长正名》（*Captain Dampier's Vindication*），激愤地为自己辩护，坚称手下的船员“喝醉了，被蛊惑了”，没有服从他的命令。除此之外，他未发表有关这次远航的任何记录。如同雄狍号的经历，这次私掠探险的失败及最终瓦解再次证明，无论他作为一名航海家和观察者的才能如何，丹皮尔都不是一位称职的船长。

此后，丹皮尔又参加了几次航行。在伍兹·罗杰斯的私掠探险队里，丹皮尔担任“南海领航员”，被承诺分得探险队十六分之一的利润。值得指出的是，这是他的第三次环球远航。船长要求他引

---

① John Welbe, *An Answer to Captain Dampier's Vindication*, 1708, p.3.

② Ibid., p.8.

③ 引自一首古英文诗，作者不详。——译者注

④ John Welbe, *An Answer to Captain Dampier's Vindication*, 1708, p.6. 这段话源于阿姆斯特朗的苏格兰同胞安德鲁·巴顿（Andrew Barton），他在1511年的一次海战中阵亡，民谣中记载了他临终的最后一句话：“我会躺下流一阵血/然后我会站起来再战。”

导船只前往加拉帕戈斯群岛，丹皮尔依赖于《新环球远航》中的错误记载，认为最近的岛屿离大陆仅约三百英里，直到船只向西航行了好几百英里之后，他才承认导航错误。此时丹皮尔已年近六十，在甲板上，他饱经风雨的身躯显得十分孤单可怜。当船只驶进墨西哥海岸时，罗杰斯承认“丹皮尔船长曾来过这里”，但又补充了一句，“可那是很久之前的事了”。又有一次，探险队终于安全抵达了一座岛，罗杰斯在欣喜之余也没忘记奚落：“但愿丹皮尔船长还记得自己来过这里。”①

在英国国内，“丹皮尔”仍然是一个传奇般的名字。1711 年，当私掠船返航接近荷兰海岸时，阿姆斯特丹的一名官员给罗伯特·哈利（Robert Harley）发了一条信息，仅六个字：“丹皮尔还活着。”② 哈利是财政部长兼伦敦市政府的执行首脑。罗杰斯和探险队第二艘船的船长爱德华·库克（Edward Cooke）各自出版了航行记录，内容有些冲突，但丹皮尔始终保持沉默。倘若他有日志的话，似乎没有打算出版，尽管在这次航行中发生了一连串有趣的事件，包括拯救那个“裹着山羊皮”的奇特人物——胡安·费尔南德斯群岛上的亚历山大·塞尔柯克（Alexander Selkirk），后来引发了笛福的灵感，创作出《鲁滨逊漂流记》（*Robinson Crusoe*）。此外，他们还在加利福尼亚海岸缴获了一艘西班牙珍宝船。罗杰斯的官方日志《环球巡航》（*A Cruising Voyage round the World*）出版后销路不错，被译成法文和德文。它的大部分内容是依据已有资料，例行公事地从一名指挥官的角度描述造访之地，缺少丹皮尔著作中

---

① Woodes Rogers, *A Cruising Voyage round the World*, with introduction by G.E. Mainwaring, 1928, pp.190, 195.

② Robert Harley, *Letters and Papers*, Ⅲ, in *Manuscripts of the Duke of Portland*, Ⅴ, Historical Manuscripts Commission, 1899, p.66.

引人入胜的第一手自然史观察。从其中两段话可以看出，罗杰斯缺乏驾驭这一主题的能力（或许也缺乏兴趣）。1708 年 11 月在巴西海岸附近，他建议那些想更多了解该地区自然史的读者去读荷兰旅行家简·尼约（Jan Nieuhof）的作品，收入了《航海与旅行集》（*A Collection of Voyages and Travels*），由阿恩沙姆·丘吉尔（Awnsham Churchill）和约翰·丘吉尔（John Churchill）出版，新近重印。接着他承认："描写故事不是我的专长，但我认为，它是一种提供消遣、吸引读者注意力的便捷手段，因而或许不会像常规的航海日志那么枯燥。"1709 年 8 月在秘鲁海岸，他又坦承："这里有很多炎热气候所特有的植物……可是我不擅长描述它们，需求助具备这种才能的人士。"[①]

此次远航返回后，丹皮尔的健康状况明显衰退了，"身体病弱，但头脑健全"[②]，他于 1715 年辞世，享年 63 岁。他在遗嘱中未提及妻子，大概她已先他而去。关于安葬地点没有历史记载，唯有《丹皮尔日记》保留了下来，1729 年再次发表，收入远航记四卷本，并在后来的数十年中，被各种旅行记选集摘选和引用。丹皮尔的作品充满魅力，流传甚广，学者、出版商、海员和商人，以及闲暇读者，都被他笔下的生动故事深深地吸引。在有些人看来，这类记录不过是代表了一种放大了的贵族式旅行，如笛福指出的，"臻于完美的英国绅士或许会同丹皮尔和罗杰斯一起周游世界"[③]，而对于其他人来说，丹皮尔的书为全球的远航探索家提供了一个范本。

---

① Rogers, *Cruising Voyage*, pp.43, 179.

② B. M. H. Rogers, 'Dampier's Debts', in *Mariner's Mirror*, 15, 1924, p.122.

③ Peter Earle, *The World of Defoe*, 1976, p.47.

第二章

“花了十年的时间准备，十个小时便结束了考察”

——乔治·威廉·施特勒在阿拉斯加经受的磨难

在 18 世纪初，关于人类居住的地球，欧洲人所知最少的部分之一是北太平洋一带。1603 年，西班牙船只从墨西哥沿着加利福尼亚南部海岸航行，到达了北纬 43°——布兰科岬（Cape Blanco）的北部，就掉头返回了。一个世纪后，1706 年，俄国人抵达了下一个被发现的陆地——五千英里之外的堪察加（Kamchatka）北半岛，位于亚洲的东部边缘。这两个半岛的自然条件对比鲜明，一个炎热干旱，另一个有大半年被积雪覆盖和大雾笼罩。这一迹象表明，两点之间有大片未知地带。填补这个空白是航海家的艰巨使命。堪察加半岛从波罗的海延伸到西伯利亚，是俄罗斯帝国版图的极限。穿越茫茫大海去东方会发现什么呢？这完全是个未解之谜。1648 年，俄国商人谢明·迭日涅夫（Semen Deshnev，又译作谢苗·杰日尼奥夫、西姆仁·杰日尼奥夫）驾驶一艘破旧的船，绕过西伯利亚的最东端，也就是现在的迭日涅夫角（Cape Deshneva，又译作杰日尼奥夫海角），但他留下的航线信息残缺不全。[①] 当彼得

① Raymond H. Fisher, ed., *The Voyage of Semen Dezhnev in 1648*, 1981.

大帝在1716年和1717年访问西欧国家的首都时，他无法回答关于俄属亚洲大陆的具体问题。在此次和早些时候的访问中，沙皇接触了伦敦皇家学会、法国科学院和柏林科学院的成员，对欧洲学术团体所做的工作留下了深刻的印象。1724年，沙皇向参议院提议组建俄国科学院。他去世后不久，科学院于1725年12月在圣彼得堡成立，十六名创始成员中没有一个是俄国人。沙皇在临终前还任命了维特斯·白令担任堪察加半岛东部探险的指挥官。白令出生于丹麦，1704年加入俄国海军后稳步升迁。[①]

白令的第一次远航通常被称作“第一次堪察加远征”。近年来，围绕这次远航的动机，学者们展开了激烈的争论，未能得出结论。人们提出了几种可能的动机：测绘堪察加北部的亚洲海岸，探索传说中荷兰海员在堪察加东南海域发现的陆地，发现亚洲和美洲之间的联系。白令一行从波罗的海边的圣彼得堡出发，穿过西伯利亚，历经三年，跋涉六千英里之后，抵达堪察加的东海岸。他在那里造了一艘小舰，叫作圣加布里埃尔号（*St Gabriel*），于1728年夏向东穿过横跨亚洲和美洲的一道海峡，后被命名为白令海峡。随后，他在大约北纬67°24′的位置掉转了船头，因而没有发现对面的海岸，这导致了后来人们对这次航行的不同解释。四年后，米哈伊尔·格沃斯杰夫（Mikhail Gvosdev）在白令曾经驾驶过的一条旧船上航行时，发现了阿拉斯加的海岸，但他不能确定它是否为美洲大陆，谨慎地称之为“*bolshaya zemlya*”，意思是“大陆地”或“大国家”[②]。

1731年，海军学院、科学院和参议院商讨决定任命白令为另

① 最新传记参见 Orcutt Frost, *Bering: The Russian Discovery of America*, New Haven and London, 2003。

② 关于白令第一次远航及其余波的全面讨论见 Raymond H. Fisher, *Bering's Voyages: Whither and Why*, Seattle and London, 1977。

一次探险的指挥官。“第二次堪察加半岛远征”，或称“伟大的北方远征”是18世纪由政府发起的最雄心勃勃的探险之一。它涉及一系列探险活动，包括勘测西伯利亚海岸及河流，朝南穿过千岛群岛（Kuril Islands），直达日本。白令的主要任务是勘测在海图上尚为空白的美洲海岸，直至南部的加利福尼亚。白令首先在鄂霍次克（Okhotsk）建造了两艘双桅船。鄂霍次克是俄国人于1647年建的一个小港口，面对横跨鄂霍次克海的堪察加半岛。之后，他们在堪察加半岛东南海岸的阿瓦查湾（Avacha Bay）过冬，准备远航。这一远征探险历经十年，舰队指挥白令率领科学家和军官们组成的一支联合部队克服了难以想象的艰难困苦，包括漫长的跋涉、严酷的气候、财政困难和当地居民的抵制。他们穿越数千英里的险要地带，冬天抗严寒，夏天遇洪水。凡是在当地无法获得的供给——从造船材料到武器和弹药，都必须用雪橇、筏子或马匹运送。在彼得一世统治的最后一年，远征队雇的运输和搬运工达数千人，耗资巨大，相当于全国总收入的六分之一。[①] 由于陆地运输极其困难，乃至一度考虑改走海路，绕合恩角航行半个地球，为在鄂霍次克的探险队运送给养。

被一同派去参加探险的还有法国天文学家路易·德利尔·德·拉克罗伊尔（Louis Delisle de la Croyère），他同父异母的兄弟是地理学家约瑟夫-尼古拉斯·德利尔（Joseph-Nicolas Delisle），自1726年便在圣彼得堡科学院就职。应俄国政府的要求，路易·德利尔制作了一张地图[②]，极大地影响了白令的航线选择，

① James R. Gibson, ‘Supplying the Kamchatka Expeditions, 1725-1730 and 1733-1742’, in O.W. Frost ed., *Bering and Chirikov: The American Voyages and their Impact*, Anchorage, 1992, p.113.

② 这幅地图的复制品收入 Sven Waxell, *American Expedition*。

因为它标明在亚洲和美洲之间的北部海域存在大片潜在的富庶国土——虾夷岛（Yezo，今北海道）、卡帕尼地（Company Land）和伽马地（Gama Land）。加入探险队的还有两位来自圣彼得堡科学院的德国学者——格哈德·弗里德里希·米勒（Gerhard Friedrich Müller）和约翰·乔治·格梅林（Johann Georg Gmelin）。米勒的任务是"描述探险队穿越地区的人类史"；格梅林则负责考察自然史——从严格的实践角度来说，这是1732年参议院给白令下达的指令中唯一同自然史相关的内容。以下是那个时期官方给所有俄国探险队颁布的标准指令：

> 在探索远航过程中，应当寻找天然良港及可提供造船木材的森林。派矿物学家带向导上岸勘察。倘若在俄国管辖的地区发现贵金属矿藏，应通知鄂霍次克的指挥官和其他有关的重要官员，并派遣船只、矿工和工匠，携带仪器、机械和其他物资，进行开采。[①]

1736—1737年冬天，米勒和格梅林因故退出了探险队，米勒后来撰写了一部白令远航史。矿物学和植物学家乔治·威廉·施特勒取代了格梅林，他是在德国出生的年轻学者，最终扮演了意想不到的角色，在白令最后一次远航中发挥了关键作用。施特勒曾在哈雷大学（University of Halle）受过教育，该校的几位教授同俄国有密切关系。1736年，"访问外国的强烈欲望"[②]促使年仅27岁的施

---

① Frank A. Golder ed., *Bering's Voyages*, 2 vols, New York, 1922, I, p.31.

② Georg Wilhelm Steller, *Journal of a Voyage with Bering 1741-1742*, ed. O.W. Frost, trans. Margritt A. Engel and O.W. Frost, Stanford, 1988, p.49[hereafter Frost and Engel, *Steller Journal*].

特勒去了俄国，在诺夫哥罗德（Novgorod）主教的手下担任医生。第二年，圣彼得堡科学院任命他为自然史讲师（比教授低一级），并且作为马丁·斯宾伯格（Martin Spanberg）远航船的成员，参加“伟大的北方远征”，驶往日本。在西伯利亚的长途旅行揭示了施特勒的个性和品格。格梅林和米勒旅行时派头十足，总是带着搬运工、仆人和厨师等几十个随从，施特勒的行装则极为简朴。正如格梅林描述的：“他把自己［的家务事］减到最少。”他用同一个杯子喝啤酒、蜂蜜酒和威士忌。他完全不沾葡萄酒。他只有一只餐碟，所有的食物都盛在里面。他自己做饭，不需要厨师。为了完成有益于科学的工作，哪怕一整天不吃不喝，他也毫不介意。①

1740 年 8 月，圣彼得号（*St Peter*）和圣保罗号（*St Paul*）在鄂霍次克刚一建造完毕，施特勒就加入了白令的船队。由于施特勒具有“寻找和检测金属和矿物的必要技能”——属于格梅林离开后探险队急需的专业人才，白令利用自身资历和探索未知大陆地的诱惑，说服施特勒离开了斯宾伯格的船，跟他同行。施特勒告诉白令，他除了主要负责矿物勘测，也会“在航行中对自然史、人种、土地情况等进行考察”②。尽管圣彼得号上有一位名叫马蒂亚斯·贝吉（Matthias Betge）的助理外科医生，但施特勒还要担任船长的私人医生，跟白令同住一个舱室。此时白令的身体日见羸弱。此次远航结束后，施特勒撰写了“一部简短、公正、真实的航程记录，包括跟他本人有关的故事”③，不过当时只是编辑样本，多年后才正式出版。

---

① Leonard Stejneger, *Georg Wilhelm Steller: The Pioneer of Alaskan Natural History*, Cambridge, MA, 1936, pp.147-148.

② Fisher, *Bering's Voyages*, p.128.

③ Frost and Engel, *Steller Journal*, p.47.

圣彼得号和圣保罗号均为坚固的船舰，长 90 英尺，排水量刚过 200 吨。9 月，探险队从鄂霍次克出发，驶向堪察加半岛东南海岸阿瓦查湾的天然良港，他们在新建的圣彼得港和圣保罗港［现称“彼得罗巴甫洛夫斯克”（Petropavlovsk）］度过了一个冬天。

第二年 6 月，白令指挥的圣彼得号和亚历克西·奇里科夫（Alexsei Chirikov）指挥的圣保罗号一起离开了港口，向北横跨北太平洋，朝北纬 45° 驶去。他们发现德利尔制作的地图上显示的陆地是个误导。寻找假想的伽马地是一项不明智的决定，为此浪费了太多的时间，他们原计划穿越大洋去访问不为人知的美洲海岸，并在同一季节返回，现在，这种可能性大大降低了。圣彼得号的副指挥是瑞典出生的斯文·瓦克塞尔（Sven Waxell），在一篇关于 18 世纪 50 年代远征的记述中，他强烈地批评圣彼得堡科学院的德利尔及其同事制定的航线指南，他们“所有的知识都源于幻象……每当想到我们深受错误信息之害，我就不由得血脉偾张”[1]。同白令分手之后，奇里科夫携圣保罗号向东北航行，直到在北纬 55º21′ 即今阿拉斯加的斯塔卡（Sitka）附近看到了美洲海岸。但不久他就损失了两艘登陆艇及其船员。由于无法着陆，奇里科夫掉头返航，艰难地穿越阿留申群岛（Aleutian Islands），于 1741 年 10 月抵达阿瓦查湾。在航程中，天文学家拉克罗伊尔和其他五人死于坏血病。关于在圣彼得号上发生的事，白令本人没有留下任何记录，但我们有几个信息来源：舰队航海官索弗伦·基特罗夫（Sofron Khitrov）和助理领航员哈里姆·尤辛（Kharlam Yushin）的日记，斯文·瓦克塞尔的记述（至少十几年后才完成），以及施特勒的私人日记。作为一名土地勘测员、医生和科学家，施特勒在圣彼得号上的经历并不

---

① Waxell, *American Expedition*, p.103.

愉快。尽管他和白令共用一个舱室，但在航行中发生的事件表明，他在船上始终是一个局外人，在海军指挥体系中没有职位，他优先关注的事物跟白令不同。作为欧洲第一位博物学家去考察北美洲西北部的未知陆地，施特勒感到非常兴奋；而白令主要关心的是船只及其成员的安全问题。对施特勒来说，在雾中隐约出现的海岸预示着调查新大陆的居民和动植物群的机会，这将给他带来名声和公众知名度；但对白令及其手下的船员来说，登陆考察会给航行带来风险，并可能同当地的潜在敌对者发生冲突。对他们来说，当务之急是绘制新的海岸线图并将这些信息带回国。学术研究和海军服务的不同背景给人际关系带来了一些问题。正如《施特勒日志》的现代编辑弗罗斯特（O. W. Frost）指出："毫无疑问，他习惯基于有用的知识来讨论问题和推理。然而，日常掌管这艘船的是上尉斯文·瓦克塞尔，他不倾向于采纳非海军指挥系统的任何专家的意见。"[①]

1741 年 6 月 4 日，离开阿瓦查湾航行了九天后，德利尔地图上标示的陆地仍无踪影，白令和奇里科夫决定向东北方向行驶。一个星期后，在漫天大雾中，两艘船失去了联系，这是此次探险遇到的第一场灾难。去堪察加的长途跋涉和舰长的沉重责任耗尽了白令的精力，年近花甲、体弱多病的他很少出现在甲板上。瓦克塞尔在航海日志中不大提到他；施特勒则坚称："在航程的早期即可看出一个图谋，总是待在舱里的船长不过是摆样子的权宜之计。"重要的决定由军官组成的理事会做出——这是俄国海军的标准程序，白令只是其中的一票。施特勒认为船只"正沿着陆地向南航行"，瓦克塞尔和其他人拒绝接受（这个完全错误的判断），施特勒非常恼怒。他在日志中写道："这些军官中的绝大多数在西伯利亚生活了

① Frost and Engel, *Steller Journal*, pp.16-17.

十来年，在愚昧的乌合之众中，每个人都通过强制性的习惯行为来获取并保持自己所渴望的地位和荣誉。倘若有人谈论他们不知道的事，他们便自欺欺人地认为受到了极大的侮辱。”[1] 这段评论表明施特勒对军官们的轻蔑，并可以解释为什么他在船上不受欢迎。

到7月14日，船上储备的淡水已消耗掉了一半。人们同意，如果一星期内不能抵达任何陆地，便返回阿瓦查湾。7月17日，他们看到北面有一道海岸线，接着，云端上露出了一座山峰，即圣埃利亚斯山（Mount St Elias）。在阿拉斯加登陆是世界地理史上的决定性时刻之一，这一意义在今天看来比当时更为清楚。船员们纷纷欢呼庆贺，白令却不动声色，只是耸了耸肩，凝视着远处的陆地。之后在船舱里，他对施特勒抱怨那些“夸夸其谈的家伙们”在甲板上歇斯底里的表现，他担心远离故土的船会发生意外。[2] 三天后，圣彼得号在皮筏岛（Kayak Island）附近下锚，派出了两艘登陆艇。一艘专门去找水，另一艘在索弗伦·基特罗夫的率领下进行全面探索。经过一番激烈争论，白令最终允许施特勒随基特罗夫上岸，但只能带上一名助手——哥萨克人托马斯·勒佩欣（Thomas Lepekhin）。施特勒意识到自己离船的时间很有限，于是沿着海岸迅速行走，很快就观察到有人居住的证据：一块加热石头上的残余食物、一把木槌和一支箭。在密林深处，他发现了一个地窖，屋顶是用树皮盖的，里面有一些装满熏鱼的篮子，以及用海带拧成的绳索、数卷干燥的落叶松或是云杉树皮，还有一些箭头。据现代民族学学者考证，这是该地区楚加奇爱斯基摩人（Chugach Eskimos）挖的一个储藏窖。[3] 勒佩欣把熏鱼和其他一些物品带回船上，并向

① Frost and Engel, *Steller Journal*, pp.54, 54, 57.

② Ibid., p.61.

③ Ibid., pp.194-195.

白令转达了施特勒的请求：至少再派两三个人来协助他勘察这一地区。

与此同时，施特勒已沿着海滩行进了数英里，边走边采集植物，直到被陡峭的悬崖挡住了去路。他在山坡上看见不到一英里远的地方有烟气缭绕，于是决定返回登陆点，向白令要求使用小帆船，并带上几个人，以便沿着海岸行进得更远一些，施特勒随身只带了一把挖掘植物的刀。独自在前所未知的岛上冒险考察，体现了崇高的职业献身精神和个人勇气，然而白令对他的反应是一道简短的最后通牒：必须在一小时内返回，否则将被留在岛上。基特罗夫返回大船后，报告说他找到了一个潜在的停泊点，并且发现了一座小茅屋，估计屋中的居民不久前刚刚逃逸。白令派人将一些铁具、珠子和烟草送上岸，放在那个地窖里作为交易的偿付，于 7 月 21 日黎明前起锚。他忽略了瓦克塞尔的建议：应多停留一些时间来采集淡水（他们装了 35 桶新鲜水，但还有 20 个空桶）。施特勒在日志中深表失望："我们来了一趟，只不过是把美洲的水带到了亚洲。"[①]"没有登上主要陆地的唯一原因是顽固的惰性和胆怯，惧怕一小撮手无寸铁的野蛮人（他们其实更怕我们），再有就是懦弱地想早点回家。结果是，为这一宏伟目标花了十年的时间准备，二十个小时便结束了考察。"[②]后来有评论者认为白令在第二次远航中错过了机会。他的最新传记作者对此则持不同看法，白令"十分清楚，船是探险队的生命线，应采取一切预防措施来保护它。失望的施特勒未能充分意识到这一点"[③]。假如他知道奇里科夫在阿拉斯加

① Frost and Engel, *Steller Journal*, p.64.

② Ibid., p.77. 事实上，施特勒在皮筏岛上的探索工作仅持续了十个小时。

③ Frost, *Bering*, p.162.

沿海损失了两艘船和十五个人，或许就不愿意过于铤而走险了。

日志显示，探险队的官员们一致认为他们已抵达美洲。施特勒在船上的观察以及在岸上的短暂旅行，足以表明那是一片充满希望的土地：

> 相比于亚洲偏远的东北地区，美洲的地貌具有突出优势。虽然它的陆地朝向大海，但无论从近处还是远处看，到处都有奇兀的高山峻岭，大部分山峰终年积雪。比起亚洲的山脉，这些山的自然特征较好，非常稳固坚硬，岩石的表面不是苔藓而是肥沃的土壤，漫山遍野覆盖着郁郁葱葱的树木，壮美无比。这个坡度60°的海滩上，无比茂盛的森林从海岸一直延伸到内陆。

施特勒一直沿着海滩的沙地和灰色岩石行进，因而没有发现任何矿物。大多数浆果都是他所熟悉的：蓝莓、云莓和蔓越莓。仅鲑鱼莓是一个例外，它"味道绝佳"，施特勒给它取了一个很有意义的名字：美洲莓（*Rubus americanus*，今称 *Rubus spectabilis*）。他小心翼翼地挖掘了几株美洲莓灌木，希望能带回圣彼得堡，但遭到白令的拒绝，理由是船上没处放；或者如施特勒所说，"因为我是个占据了太多空间的公开抗议者"。唯一引起施特勒注意的陆地动物是狐狸，他还观察了十多种鸟，包括一只"松鸦"，他不久前在一本有关卡罗来纳自然史的书中见过这个名字，但记不得作者的名字了。[1] 他写道："这只鸟令我相信，我们的确在美洲。"事实上，它和那本书里记载的松鸦不是同一物种，后来以施特勒命名

① Mark Catesby, *Natural History of Carolina*, 1731.

（*Cyanocitta stelleri*）。[①]

离开皮筏岛后，圣彼得号沿阿拉斯加半岛朝西南方航行。这是一条十分冒险的航道，在没有任何预警的情况下，船好几次驶入了礁岩密布的浅水域。8月10日，理事会开会决定不做进一步的探索，立即启程返回阿瓦查湾（尚有1500海里之遥）。理由是天气逐渐转凉，而他们仍待在一个未知的水域。更关键的是，据助理外科医生贝吉报告，五个船员的身体状况不适宜承担任何工作，另外有16人患有严重的坏血病。[②]依照惯例，理事会的决议由高级军官签署，下级军官甚至水手长助理也签了名，施特勒却没有表决权，因为他既不是理事会的成员，也不是正式船员，而是临时编外雇员。鉴于淡水再次短缺，8月底，圣彼得号在舒马金群岛（Shumagin）外围的纳盖岛（Nagai Island）下锚。施特勒同瓦克塞尔和其他军官又产生了分歧，这次争论的是哪里有最好的水源。那时瓦克塞尔的权力显然更大了，已超出了掌管日常工作的范围，尽管他偶尔会向病榻上的白令征询意见。[③]施特勒在岛上和附近观察到了许多未知的鸟类，但直接派上用场的是发现了坏血病草及其他“效用惊人的抗坏血病植物”。他为自己，也为白令搜集了这些植物。1740年到达堪察加半岛时，他特别留意了当地居民常用的防治坏血病植物。在日记中，施特勒不满地指出，船上配备的“医药箱很差，里面装满了毫不实用的东西：药膏、软膏、油膏和其他外科用品，可供四五百个有严重创伤的人使用。然而，坏血病和哮喘是海上航行中主要的病痛威胁，有关药品却一点也没有”[④]。起初，军官们对施

---

① Frost and Engel, *Steller Journal*, pp.75-76, 21, 77, 78.

② Golder, *Bering's Voyages*, I, p.120.

③ Waxell, *American Expedition,* p.110.

④ Frost and Engel, *Steller Journal*, p.93.

特勒用一些绿叶子来治病嗤之以鼻，当他采集抗坏血病的药草、酸模、水芹和浆果时，他们拒绝提供帮助。然而，一旦目睹新鲜的绿植帮助白令减轻了病痛，他们便改变了态度。“白令因患坏血病而卧床不起，四肢丧失了功能。[服用草药]八天后，他便能从床上爬起来走上甲板，体力又像航行初期那样强健了。”①

军官们最初所持的怀疑态度并不奇怪。坏血病是个医学难题，长期困扰着航海者，肇因不明，且没有对症的治疗办法。岸上的医生似乎不采信船上医生的观点，他们解释说，坏血病是忧郁的情绪和暴露于海洋空气导致的。有的人甚至信口开河，恶毒地声称坏血病同懒惰密切相关。去北部地域探险特别容易罹患坏血病，白令第二次远航的几年前，彼得·拉塞纽斯（Peter Lassenius）率领的一支俄国探险队从勒拿河（Lena River）到北冰洋探险，46 名船员中有 38 人患了坏血病。在白令远航的同时，乔治·安森（George Anson）准将指挥的英国海军中队遭受了巨大损失。他们于 1740 年从英格兰出发，1900 人中有近 1400 人在航程中丧生，大多数死于坏血病。

安森的海上悲剧发生之后，海军外科医生詹姆斯·林德（James Lind）尝试了不同的治疗方法，证明了柠檬汁具有抗坏血病特性（东印度公司长期使用它），尽管他并没有提供更多的解释。又过了五十年，柠檬汁才成为皇家海军舰艇上的常规配给。直到 20 世纪初发现了维生素，坏血病之谜终于揭开，确诊为维生素 C 缺乏或抗坏血酸缺乏症。这些元素是身体组织中的基本元素，而且只能通过食物摄取。蔬菜、牛奶和柑橘类水果都含有维生素 C，新鲜肉类也有一定的含量。停止摄取维生素 C 几个星期后，人体内

① Frost and Engel, *Steller Journal*, pp.93-94.

的抗坏血酸含量降至可测水平以下，坏血病症状便会随时出现。[1] 8月10日贝吉做出报告时，圣彼得号的船员已在海上度过了十个星期。缺乏营养均衡的饮食，坏血病必然到来。圣保罗号的船员也遭到同样的打击，六个人丧命，船长奇里科夫孤独无助地躺在小舱里，奄奄一息。幸好他们在10月12日抵达了阿瓦查湾，否则死的人会更多。[2]

9月3日，圣彼得号停泊在舒马金群岛外围的鸟岛（Bird Island），白令的手下第一次碰到了"美洲人"，即阿留申人（Aeluts）。两只海豹皮筏朝他们划来，每只筏子里有一名桨手。这是出乎意料的，正如施特勒所写："我们没想到在这个离大陆20英里的荒岛上会有人的踪迹。"[3] 双方试图沟通，但无法听懂对方的意思。水手们招呼这两个人过来，他们却指向岸边，他们的同伴在观望和喊叫。其中一名桨手把泥巴涂在脸上，然后朝船上扔了一根云杉木条（图4）。木条涂成红色，上面绑着猎鹰的两只翅膀。这个物件令施特勒十分困惑，搞不清楚是一件祭品，还是表达友好的姿态。最后，瓦克塞尔上尉驾着一艘小船向岸边驶去，随行的有施特勒、九名水手和士兵，还有船上的楚科奇语（Chukchi）译员。由于海浪巨大，船无法着陆，于是两名水手和译员泅水上了岸，土著人赠给他们一些鲸脂。他们在接受礼物的同时一直很谨慎地注意着自己的船，不让它脱离视线。一名年迈的阿留申人划皮筏接近了小船，但拒绝接受礼物，并粗鲁地把递给他的一大杯酒泼掉了。一小时后，瓦克塞尔决定返回大船，但阿留申人扣押了译员，直到士兵

① Kenneth J. Carpenter, *The History of Scurvy and Vitamin C*, Cambridge, 1986.

② Vasilii A. Divin, *The Great Russian Navigator, A.I. Chirikov*, trans. and annotated by Raymond H. Fisher, Fairbanks, AK, 1993, p.174.

③ Frost and Engel, *Steller Journal*, p.97.

们朝他们头的上方开枪才释放了他。打到悬崖上的枪弹起到了威慑作用。正如施特勒所说："听到枪声，他们吓坏了，好像被雷电击中，扔掉手中的一切，全都俯倒在地。"[①] 尽管充满不确定因素，但直到最后一刻，跟当地人的邂逅基本是和平的。不过瓦克塞尔注意到，他的部下"比较喜欢朝野蛮人开枪"[②]。第二天早晨，阿留申人划着七只皮筏驶近大船，其中两只靠上了舷梯。他们跟船上的人互换了礼物，直到海水涨潮迫使他们返回。瓦克塞尔向白令提议扣押这些人，但接到了"禁止使用任何武力"的书面命令。这表明白令仍旧掌握着指挥权，尽管身体十分虚弱。

这是欧洲人和北美洲西北海岸土著人之间的第一次接触，瓦克塞尔和施特勒概括地记录了这一历史性事件。瓦克塞尔简洁地描述了土著人的造筏工艺：

> 皮筏的中间部分凸起，像一只木碗，中心有一个足够大的洞，可容纳一个人的下半身穿过，坐进皮筏的底部。这个洞的周边系着一只海豹皮囊，用一根长皮带固定在身体四周。坐进去后将皮带牢牢系紧，筏子里便丝毫不会进水。土著人从小就习惯于乘坐这种小筏，即使是在天气非常恶劣的情况下也能完美地保持平衡——这是驾驶皮筏的全部诀窍。[③]

桨手们的技能也给施特勒留下了深刻印象，他详细描述了阿留申人的外貌和衣着，他认为其中一些元素和堪察加人的相仿，譬如海豹皮靴和裤子，以及可遮盖眼睛的树皮帽子。瓦克塞尔借助

---

① Frost and Engel, *Steller Journal*, p.101.

② Waxell, *American Expedition,* p.116.

③ Ibid., p.177.

劳伦坦男爵（Baron Lahontan）在1703年出版的名著《北美洲的新航程》（*Nouveaux Voyages dans l'Amérique septentrionale*）来跟阿留申人交谈。他声称成功地运用了书中的休伦（Huron）词汇，如“水”“木头”和“鲸脂”等，尝试跟阿留申人说话。瓦克塞尔下结论说：“我用这些词跟他们交流，又问了其他几个问题，以便搞清楚他们是不是美洲人。当他们令人满意地回答了所有的问题之后，我完全确信我们是在美洲了。”① 对于这一断言，其他人并不深以为然。相比之下，施特勒更感兴趣的是利用短暂接触此地土著人的机会，来了解他们同西部堪察加人和楚科奇人之间的关系，并正确地断定，他已经“发现了美洲人源于亚洲的明显证据”②。

圣彼得号绕行阿留申群岛返回堪察加半岛，离目的地一千英里时，船上的条件恶化，十几个人病倒了。③ 船只艰难地逆风行驶，遭遇无比狂烈的暴风雨，有数十年经验的资深导航员也从未见识过。“海浪汹涌，如炮火喷射一般，”施特勒写道，“没有人能在岗位上站稳，船随时可能粉身碎骨。我们在可畏的上帝主宰下漂流，不知愤怒的老天将把我们带去何方。一半的人病得很重，身体虚弱，另一半不得不硬挺，但也被海浪和可怕的颠簸搞得晕头转向，几近发狂了。”④ 船上老练的航海家们也很少领教这样狂烈的暴风雨。措辞向来克制的尤辛在日志中也采用了惊人的描述：“恐怖的风暴”（10月7日），“骇人的飓风”（10月9日）和“可怕的暴雨”（10月10日）。⑤ 瓦克塞尔描述了船员的悲惨状况：“他们的坏血病

---

① Waxell, *American Expedition*, p.177.

② Frost and Engel, *Steller Journal*, p.105.

③ Robert Fortune, 'The St Peter's Deadly Voyage Home: Steller, Scurvy and Surviva', in Forst, *Bering and Chirikov*, pp.204-228.

④ Frost and Engel, *Steller Journal*, pp.113, 114.

⑤ Golder, *Bering's Voyage*, I, pp.275, 180-183.

如此严重，以至于大多数都不能挪动手脚，更别提干活了。……几乎每一天，我们都不得不把一个人的尸体扔到船外。”到了10月中旬，他写道，“许多人都病倒了，可以这么说，没有人手驾驭这艘船了……当轮到一个人掌舵时，他被另外两个仍能勉强走路的人拖过来坐在那里。他必须尽最大的努力坐着掌舵，当他再也支撑不住的时候，便换上另一个人，那个人的情况也不比他强多少。我自己必须用手抓住什么东西，才能在甲板上挪步……我们的船就像一根枯树干，没有舵手，只能随着风向和波浪起伏而漂流”①。

在航行的最后阶段，施特勒是仅有的四个身体尚可支撑的人之一，他说，当他人请求帮助时，“我赤手空拳，竭尽全力”，接着又尖刻地补上一句，“尽管那些事不在我的职责范围之内”②。

11月4日，有人看见了一块陆地，祈祷它是阿瓦查湾，连“半死不活的人都挣扎着从舱里爬出来观望”。但据后来瓦克塞尔的记载，多云的天气致使他们长时间无法观测纬度。③尤辛的日志显示，10月15日到11月3日之间，仅10月25日可能观测纬度。当11月4日天气变晴可进行观测时，他们发现离阿瓦查北部至少还有一百英里。④考虑到“这艘船的境况，简直像是漂浮的一段残骸”，船务委员会决定向那块距离约六英里的陆地行进。⑤结果，汹涌的海浪打断了小艏锚，还没来得及使用备用大锚，圣彼得号就撞上了礁石。他们漂到离海岸几百码的平静水域，将病号一个个地运到海滩上，安置在挖出的沙坑里，“有些人未等到靠岸已命丧黄

① Waxell, *American Expedition,* pp.121, 122.

② Frost and Engel, *Steller Journal*, p.93.

③ Waxell, *American Expedition*, p.123; Golder, *Bering's Voyage*, I, p.276.

④ Golder, *Bering's Voyage*, I, pp.188-208.

⑤ Waxell, *American Expedition*, p.124.

泉，有些被抬出船舱后死在了甲板上，还有的人上岸后很快就咽了气”[①]。施特勒一如既往地牢记自己的角色，登陆后马上开始搜集植物，连同制图员弗里德里希·普莱尼斯纳（Friedrich Plenisner）猎获的雷鸟，一起送到船上，交给白令。附近有淡水，但没有树木。幸好食物充足，很容易捕获到海獭、狐狸、海豹和雷鸟。白令和军官们不清楚这到底是什么地方。他们猜测可能是堪察加半岛的一部分，但究竟是大陆还是岛屿呢？直到 12 月，一支勘测队爬上了内陆的山丘，向西看见开阔的大海，才有了答案。格外令人沮丧的是，在 11 月底时，飓风把撞坏了的圣彼得号推上了岸，它沉到了沙里，舱内灌满了水。瓦克塞尔如实描述了当时的绝望情景：

> 我们现在受到了某种毁灭性的威胁，在一个未知的荒岛上，船没了，也没有可用来建造新船的木料，食物和饮水也几乎耗尽。船员们病得很重，没有药品或任何可减缓痛苦的办法。我们甚至没有像样的栖身之处，可以说就是在露天宿营。白雪覆盖着大地，看不到任何可燃之物，想到漫长寒冷的冬天即将来临，心中充满了恐惧。[②]

从 11 月到来年的 1 月初，三十多名船员死于坏血病和饥寒交迫，幸存者也都虚弱至极，他们躺在挖的洞里，身旁是被狐狸吃得残缺不全的同伴的尸体。白令于 12 月 8 日去世，施特勒说，他“更多的是被饥寒、寄生虫和悲伤折磨而死”[③]。瓦克塞尔详细地描

---

① Waxell, *American Expedition*, p.127.

② Ibid., pp.131-132.

③ Frost and Engel, *Steller Journal*, pp. 215-216 n.13. 一位现代医生解释了白令死亡的可能原因。

述了“船长临终时的惨状”：“他身体的一半已经埋在了地里，而他还活着，他对我们说：‘躺在地里深一些，我就感觉暖和一些，地面上的身体部分就受冻了。’”① 据瓦克塞尔记载，白令“被紧绑在一块木板上掩埋了”，然而，一支俄国/丹麦联合科学考察队于1991年发现了他的墓穴，令人惊讶地透露，白令的遗骨被保存在一只木制棺材里。② 棺木可能取自圣彼得号的残骸。其他五个墓穴中没有任何棺材的迹象。这表明，白令的安葬仪式并不像瓦克塞尔描述的那样草率，而是比较庄重和有一定尊严的。军官们命名该岛为“白令”，以纪念这位指挥官。

46名幸存者在五个地下洞穴里度过了寒冬。他们试图模仿堪察加人盖屋，但由于没有木材可用，便仅在沙地里挖一个洞，将帆布盖在洞口上。瓦克塞尔描述道：“从海上飘来的浓雾和湿气使帆布逐渐腐烂，直到它们再也经受不住风暴的猛烈冲击，被大风撕烂和掀走，我们便不得不躺在沙地里，头顶星空。”③ 船员之间继续产生矛盾，有时为着一些微不足道的事争执不休。瓦克塞尔不惜违反规章制度，允许人们打牌来消磨时间。施特勒批评这是“放荡的赌博”，并指责军官们用狡诈的手段诈取其他船员的金钱和海獭皮。④ 瓦克塞尔不受众人推崇，但施特勒尽力地协助他，因为施特勒担心，假如瓦克塞尔死了，舰队航海官基特罗夫将接掌指挥权。许多船员都认为基特罗夫是个制造麻烦的家伙，他曾恳求加入施特勒的小圈子，被拒绝了。瓦克塞尔一度出现了晚期坏血病的症状。他不得不将稀少的食物分给12岁的儿子，导致自己的身体更加衰

---

① Waxell, *American Expedition*, p.135.

② Orla Madsen et al., ‘Excavating Bering’s Grave’, in Forst, *Bering and Chirikov*, pp.229-247.

③ Waxell, *American Expedition*, p.139.

④ Ibid., pp.133-136; Frost and Engel, *Steller Journal*, pp.143-144.

弱。这个孩子虽一同航行，却不是正式船员，因而没有获得任何配给。白令去世后，瓦克塞尔和基特罗夫在大部分时间里都丧失了正常的工作能力，施特勒便成了幸存者的实际领袖，尽管他只是榜样意义上的，没有被正式任命为指挥官。有意思的是，据报道，船员们带回到阿瓦查湾的700块海獭皮中，有200块属于施特勒。有人认为，很多皮毛是其他人送给他的，以感谢他对全船的奉献。[①]瓦克塞尔后来描述了坏血病患者（包括他自己）的身体症状：

> 最初是四肢沉重和疲乏，总是想睡觉……我们的精神变得越来越消沉……最简单的动作也会导致呼吸困难。随之而来的是四肢僵硬，腿脚肿胀，脸色变黄。整个嘴巴，特别是牙龈，开始出血，牙齿松动。这一切症状可能在短短的八天之内出现，除非你及时抵抗，否则一旦病到这个程度，基本上就没救了。[②]

在航行中，施特勒曾用坏血病草和阔叶草来帮助人们减轻病痛，可是冬天的白令岛上没有植物生长。他们从沉船中抢救出了一些黑麦面粉，但船员的主要食物来源是海獭肉。瓦克塞尔写道："即使能忍受海獭肉的怪味，它也非常硬，像硬皮革一样，而且有很多筋，怎么都嚼不烂，只能大块大块地吞咽下去。"[③]然而，不管海獭肉多么难吃，仍是一根救命稻草，因为它是维生素C的来源。后来，海獭迁移到了较安全的水域，狩猎队不得不长途跋涉，冒

---

① Frost and Engel, *Steller Journal*, p.17; Lydia T. Black, *Russians in Alaska 1732-1867*, Fairbanks, AK, 2004, p.56 n.54. Forst, *Bering* 中记载的毛皮总数为"近九百"，施特勒的份额为"近三百"。

② Waxell, *American Expedition*, p.199.

③ Ibid., p.205.

着暴风雪袭击的危险去寻找它们。施特勒记述，一场暴风雪之后，狩猎队在黄昏前没能回到营地，船员们的蜗居全被大雪深深地掩埋了，“第二天，我们拼命地刨了几个小时才得以重见天日；很幸运，正在清理入口的时候，狩猎队的三个人回来了。他们全身冻得僵硬，仿佛是机器人，失去了知觉，几乎不能挪步，连话也说不出来。那个助理外科医生眼睛完全失明了，吃力地跟在其他人后面”[①]。

当新鲜肉类越来越难以寻觅时，人们陷于绝望，于是盯上了巨大的海牛。它又叫大海牛（*Hydrodamalis gigas*），身长 30 英尺，身围 20 英尺左右，在浅海中吃草为生。几个星期来，猎手们一直试图杀死这样一个巨大的生物。他们先是用铁钩钩住它的皮，把它往岸上拖，但它体形巨大，气力非凡，带着身上的钩子和绳索逃到了深水区，把小船也拖坏了。经过数次失败后，人们修复了小船，尝试另一种方法，将一个粗鱼叉固定在一根长绳上，40 个人在岸上拽着绳子。“鱼叉手刺中一只海牛后，岸上的人马上齐力把它往海滩上拉；小船则朝着它划去，拼命搅动海水来消耗海牛的气力。当它开始显示疲弱时，小船上的人便用大刀向海牛身体的各个部位刺去，大量的鲜血像喷泉一样从伤口涌出，直到它气息奄奄，然后趁潮水上涨时迅速把它拖上岸。”[②] 这只巨大的海洋哺乳动物足够全体船员吃两个星期，它的味道像牛肉，肥脂“十分美味，我们都不再馋奶油了”[③]。

进入 3 月，大部分积雪融化了。瓦克塞尔在日志中不同寻常地肯定了施特勒发挥的重要作用：这位博物学家鼓励人们搜集药

---

① Frost and Engel, *Steller Journal*, p.155.

② Ibid., pp.159-160.

③ Stejneger, *Steller*, p.357.

草和根茎，帮助船员恢复了健康。[①]随着身体状况的改善，施特勒继续考察岛上的野生生物。在他观察到的鸟类中，有一种鹦鹉，后来被命名为“安纳斯·施特勒”（*Anas stelleri*），以纪念它的发现者；还有一种不会飞的、有眼镜状斑纹的鸬鹚（*Phalacrocorax perspicillatus*），它仅存于白令岛，在19世纪灭绝了。6月，施特勒在岛的南侧进行了一次特殊的旅行，他在一个浮木掩体里待了六天，观察到鲜为人知的北方海豹（*Callorhinus ursinus*）的外形和习性：“假如有人问我在白令岛上见到了多少只海豹，我可以肯定地回答——不计其数。”[②]

4月初，幸存者们开始拆卸圣彼得号的残骸，来建造一艘较小的船，以便返回阿瓦查湾。由于缺乏工具和熟练的木匠，这项任务显得格外艰巨。瓦克塞尔解释说：“我们试图用旧船的主桅杆做龙骨，从甲板上方三英尺处把它锯了下来，但因为没有合适的工具，费了九牛二虎之力。主桅的剩余部分必须改造为新船的船首，船尾柱是用旧船上的绞盘做的。”[③]8月初，造船完毕，13日，新的圣彼得号起锚，共有46名船员。这艘40英尺高的小船吃水很深，因此不得不将大部分物品包括被褥和炮弹扔出船外。施特勒原本希望带上一只幼年海牛的骨架和皮，因为没有空间而被拒绝，最后唯一带到圣彼得堡的是海牛的一对角质腭板。[④]两个星期后，该船抵达了阿瓦查湾，船员们发现，从鄂霍次克湾来的俄国移民已经占据了地盘，瓜分了他们前一年留在那里的财物。这艘自制的船，直到

---

① Waxell, *American Expedition*, p.142.

② Stejneger, *Steller*, p.361.

③ Waxell, *American Expedition*, p.152.

④ Stejneger, *Steller*, p.370. 施特勒解释说：“它的嘴里，在牙床部位，有两片宽骨，其中一块固定在上腭上，另一块固定在下颌内侧。它们上面有许多弯曲的沟壑和隆起，用于咀嚼惯常的食物海藻。”Frost and Engel, *Steller Journal*, p.160.

1752年仍在鄂霍次克和堪察加半岛之间航行，用来运货，这充分证明瓦克塞尔和水手们的造船技艺是多么地出色。

施特勒的寿命并不比白令探险队长多少。返回阿瓦查湾后不久，他开始穿越堪察加半岛进行内陆考察，在无法旅行的冬天，他坚持撰写日志和自然史笔记。他对堪察加人的同情心招惹了一些麻烦，几乎可以肯定，这缩短了他的寿命。由于他释放了被指控叛乱的堪察加囚犯，两次在伊尔库茨克被俄国当局拘押，因而未能按期返回圣彼得堡。[①] 1746年11月，在最后一次旅程中，施特勒在西伯利亚的秋明死于高烧。他的大部分工作未能完成，更没有出版。一方面由于他过早去世；另一方面由于俄国政府做出了决定，将白令探险的发现列为保密信息，并不再继续这项探险计划。偶尔有关于这次探险的传言和航行信息流到西欧，但既零碎又不准确。早期的报道之一是1743年10月在伦敦《绅士杂志》(*Gentleman's Magazine*)上发表的。文章声称，白令远航时在一个小岛上失事，因而拒绝承认他在阿拉斯加的发现。它接着描述"斯托勒(施特勒)先生在一些同伴的帮助下，想方设法利用大船的残骸建造了一艘小船，他和另外19个人在历经千难万险之后抵达了堪察加"。18个月之后，身在伊尔库茨克的施特勒从他的哥哥那里收到了这条新闻，他在回信中气恼地说："我很想知道是谁把我编造成一个夸夸其谈的水手。我的愿望是填补科学领域的空白，而不是给报纸提供谈资。"[②]

有一件事激怒了俄国政府。约瑟夫－尼古拉斯·德利尔随身带

① Frost and Engel, *Steller Journal*, p.15

② 关于此报告和施特勒的反应，见 Carol Urness ed. and trans., *Bering's Voyages: The Reports from Russia by Gerhard Friedrich Müller*, Fairbanks, AK, 1986, pp.155 n.51, 39。请注意，Steller的家族姓氏是Stöller。

走了一些机密地图和报告，于 1747 年回到法国，向他的叔叔——当时法国首屈一指的地理学家菲利普·布歇（Philippe Buache）展示了这些文献。1750 年，德利尔在法国科学院发表了一篇关于白令航海的论文，并附有布歇绘制的地图。

就白令第二次远航而言，德利尔仅仅重述了白令船队离开堪察加后不久遭遇海难的情节；他把大部分注意力放在了奇里科夫的圣保罗号上。他同父异母的弟弟拉克罗伊尔随该船远航。他声称这艘船的航行更有意义。回忆录和地图于 1752 年出版，引起很大的兴趣和争议，尤其是在俄国，圣彼得堡科学院院长委托学院秘书格哈德·弗里德里希·米勒写了一本小册子，驳斥德利尔"发表的邪恶文章"[①]，于 1753 年出版，名为《俄国海军军官的书信》(*Lettre d'un officier de la marine russienne*)，英文版于第二年问世。米勒将这本小册子的内容作为关于白令两次远航的专著的引言，该远航记名为《从亚洲到美洲之远航》(*Voyages from Asia to America*)，于 1758 年在德国出版，1761 年被译成英文，1764 年出了修订版。在这部长篇专著中，米勒详细地描述了白令和奇里科夫的第二次堪察加探险，以及与该项目有关的其他行动。他采访了圣彼得号的一些幸存者，并对施特勒在白令岛沉船事件中扮演的角色表示了敬意："因为施特勒与他们同在，人们才不致失去信心。施特勒是一位医生，也是远航中的精神领袖。他那和蔼可亲、充满活力的人格魅力提振了所有船员的士气。"[②]

《施特勒日志》是白令第二次远航记录的重要部分，直到 18 世纪末才得以出版。有关白令岛的描述在 1781 年发表，主要内容

① Glyn Williams, *Voyages of Delusion: The Search for the Northwest Passage in the Age of Reason*, 2002, pp. 247-259.

② Urness ed. and trans., *Reports from Russia*, p.115.

刊载于1793年。这两部文献都是在杰出的自然历史学家比德·西蒙·帕拉斯（Peter Simon Pallas）的主持下出版的，他是圣彼得堡科学院院长。不幸的是，帕拉斯编辑、审查和扩展了《施特勒日志》的内容。直到1988年，它才以其原始形式（英译本）出版。[①]施特勒去世五年之后，他在白令远航中对四种海洋哺乳动物（海獭、海豹、海狮和海牛）的观察和描述以《海洋动物》（*De bestiis marinis*）为题发表。他对海牛的记录尤其具有永久价值，因为由于俄国毛皮商的贪婪掠夺，这种巨大而安静的动物到1768年已灭绝了，施特勒是唯一看到活海牛的博物学家。海牛是海牛目中个头最大的物种，同加勒比海、西非海岸和亚马孙三角洲浅水域的海牛有亲缘关系。施特勒援引了16世纪西班牙文献中对这种动物的记录，之后又引用了威廉·丹皮尔的描述。他认为，"在所有描述过海牛的人中，没有一个人能超过充满好奇心和勤奋刻苦的丹皮尔船长"[②]。这是施特勒阅读广博的证据。瓦克塞尔记载了白令岛上可让水手们康复的动物肉类："我可以非常坦率地说，直到吃了这些肉，我们的身体状况才最终恢复正常。"但他希望从《施特勒日志》中找到更完整的描述，因为后者是一位了不起的植物学家和解剖学家。[③]施特勒在日志中记载道，连续十个月，他每天都在观察这种非凡生物的行为和习性：

> 这些动物喜欢海边的浅水和沙滩，它们在觅食时，总是让年幼的海牛待在前面；在行进时，让它们走在群体的中间，十分小心地从后面和侧面提供保护。涨潮时，它们非常接近海岸，我在

---

① 有关出版《施特勒日志》的复杂过程，请参阅 Frost and Engel, *Steller Journal*, pp.26-33。

② Ibid., pp.221-222；丹皮尔对海牛的描述，见 *A New Voyage round the World*, ch.Ⅲ。

③ Waxell, *American Expedition*, pp.194, 196.

许多场合用杆子或矛来刺激它们，有时甚至用手抚摸它们的脊背……这些胃口巨大的动物不停地进食，由于它们非常贪吃，头总是埋在水下，对自身的生命安全关注甚少。觅食时，它们缓慢地向前移动，一只脚迈出，另一只脚跟进；一半游动，一半像牛羊在牧场漫步……春天，它们像人类一样交配，尤其喜欢选择在海面平静的黄昏时分做这件事。①

施特勒不满足于简单地观察和描述白令岛的海洋哺乳动物。在南岸停留的六天中，他从一块高地上俯视一个巨大的海豹群，不仅记录了它们的外表和习性，还解剖了一头雄性海豹，做了 31 项测量，写了 13 页笔记。之后，在 7 月间，他转向一项更艰巨的任务：解剖一头重达 8000 磅的巨大雌性海牛。它的胃"惊人地大，有 6 英尺长、5 英尺宽，里面装满了海藻等食物。四名壮汉用一根粗绳子，费了九牛二虎之力才把它从水里拖出来"②。

令施特勒大为光火的是"一群极其卑鄙的北极狐，在我的眼皮底下偷窃和咬坏了所有的东西。当我解剖时，它们叼走了我的文件、书和墨水架，撕破了我的笔记"③。有一位船员——几乎可以肯定，他指的是年轻的制图员兼画家弗里德里希·普莱尼斯纳——绘制了六幅海洋哺乳动物的草图，包括两头海牛。1743 年，施特勒将这些草图寄给了科学院，可惜在途中遗失了。幸运的是，瓦克塞尔的两张海图上附有草图的副本（图 5）。它们是唯一由亲眼看到的人（或至少是在施特勒的指导下）绘出的图像，它解答了一些疑

① Steller's *De bestiis marinis*, St Petersburg, 1751, quoted in Corey Ford, *Where the Sea Breaks Its Back*, Portland, OR, 1992, pp.162-163.

② Stejneger, *Steller*, pp.364-365.

③ Ford, *Where the Sea Breaks Its Back*, p.164.

问，包括这种生物是否有叉形尾巴。[①]

施特勒留下的各类文字材料共25件，包括矿物列表和对昆虫的描述，以及搜集的多种语言词汇。[②] 由此可见他是一名知识渊博的博物学家。不过他的许多笔记遗失了，或者一直未被确认。他从西伯利亚寄到圣彼得堡的鱼类标本至少包括30个新物种，但直到1826年比德·西蒙·帕拉斯的《动物学》(*Zoographia*) 第三卷出版，它们才为鱼类学家所知，其中不少物种的发现权已被其他博物学家认领了。施特勒所作的有关堪察加人的观察笔记被收入堪察加半岛的开拓史，由斯捷潘·克拉舍宁尼科夫(Stepan P. Krasheninnikov) 于1755年在俄国出版。由于施特勒在该书出版之前已经去世，克拉舍宁尼科夫从未正式感谢他的贡献。在评估施特勒的工作价值这件事上，还存在一个基本的难题，即林奈在《植物种志》(*Species Plantarum*) 一书中创立了"双名制分类法"，但该书在施特勒去世七年后才问世。尽管格梅林在四卷本《西伯利亚植物区系》(*Flora Sibirica*，1747—1769) 中收进了施特勒描述的许多新物种，但他采用的是林奈分类法诞生之前的过时名称，因而后代植物学家对德国前辈所做的工作毫不知晓，有些植物又被宣布为新的发现。此外，在这一时期的俄国档案中，许多与自然史有关的文献没有归属，导致无法确证以施特勒的名义宣布的一些发现。在据认为是施特勒的手稿中，有一篇题为《仅用六个小时发现的植物目录》(*Catalogus Plantarum Intra Sex Horas*)[③]，虽然不是施特勒的手迹，但所列植物被认为是施特勒在皮筏岛上搜集或记录的。它包括至少143个条目，列出了49个现代植物科。令人疑惑的是，其中

① 全面研究这个问题请参阅 Stejneger, *Steller*, 511—523 页中的"海牛图片"。

② Frost and Engel, *Steller Journal*, pp.25-26.

③ 参见 *Bering and Chirikov* 中 John F. Thilenius 的分析，413—443 页。

许多植物在皮筏岛或阿拉斯加并不常见，故而有人推测，这位无名的编纂者收入的植物有些是施特勒在西伯利亚搜集的，有些是其他植物学家搜集的。鉴于施特勒在皮筏岛上仅停留了六个小时，其间在崎岖不平的陆地跋涉，很难令人相信该目录中列出的这么多植物全都是他搜集或记录的。然而，由于没有保留实物标本，关于目录的内容和来源就只能是一种猜测。

施特勒去世时年仅 37 岁，他在为俄国政府服务的同时取得了重大的科学成果。作为一名民族学家，在俄国统治堪察加半岛的初期，他实地考察了堪察加人的生活方式。当圣彼得号船员在白令岛上为生存而搏斗时，他充分运用有关科学知识拯救了许多船员的性命。在白令去世后，施特勒的不屈意志和领导才能对支撑幸存者的士气起到了至关重要的作用。作为一名博物学家，施特勒很少获得官方的帮助，他独自克服无数艰难险阻，搜集了大量的标本和信息。他的许多笔记或已遗失，或未被确认，但他的姓名同一些最有意思的发现紧密相连，将永载史册——其中最为瞩目的是以他命名的一种巨大的哺乳动物："施特勒海牛"（Steller's sea cow，有时也译作斯特拉大海牛、无齿海牛）。至少林奈毫不置疑施特勒所做的贡献。这位伟大的瑞典植物学家在写给格梅林的信中提议（当时他尚未收到施特勒去世的消息），应当以这位博物学家的名字命名一个植物物种，"施特勒先生在多年的艰苦旅行中发现了如此多的物种，植物学界的每个人都十分敬重他"①。

① Stejneger, *Steller*, p.537.

第三章
“植物，我心爱的植物，是我生活的全部慰藉”

——菲利贝尔·德·肯默生的福与灾

1763年，七年战争[①]结束，英国和法国经历了一个“太平洋热”时期，大批探险队挺进浩瀚太平洋的未知地域，几年后满载文物和标本凯旋，海军探险家和远航科学家成了新式民族英雄。探险者们竞相发表考察文献，包括异域海图、地理景观，以及对人种文化的描述和观感。这一海洋探索的新纪元是由英国海军部启动的。1764年，准将约翰·拜伦（John Byron）遵照指令去南太平洋和北太平洋探索；两年后，船长塞缪尔·沃利斯（Samuel Wallis）和海军上尉菲利普·加特利（Philip Carteret）再向太平洋进发。拜伦接到的指令是：“探索迄今未知的地域，建立强大的海洋权力，没有任何事情能比这一行动给这个国家带来更多的荣誉回报，并对贸易

① 七年战争（The Seven Years' War，1756—1763）是一场全球冲突，一场“英法之间争夺全球主导地位的斗争”，这场冲突对西班牙帝国也产生了重大影响。在欧洲，冲突起因于奥地利王位继承战争（1740—1748）遗留下来的问题，普鲁士寻求更强大的统治地位。在北美和加勒比海诸岛，英国在与法国和西班牙的长期、大规模争夺殖民地斗争中取得了重大成果。在欧洲，普鲁士和奥地利之间因领土争端爆发了战争。英国、法国和西班牙的陆军和海军在欧洲和海外作战，而普鲁士则寻求在欧洲扩张领土和巩固其实力。最后以《巴黎条约》的签订告终。——译者注

和航海的进步产生更深远的影响。”[①] 这为英国的探险事业定下了基调。由于海军部对英国贸易的有形回报比对学术考察更感兴趣，因而船舰上没有文职科学家、艺术家或观察员随行。相比之下，路易斯·安托万·德·布干维尔（Louis Antoine de Bougainville）率领的法国探险队完成了一次更加成功的壮举。他们比沃利斯晚几个月从欧洲出发。贵族身份在军官中很有代表性，布干维尔本人是欧洲名流，集贵族、军人和外交家于一身，熟读当代哲学著作，是一个符合启蒙主义理想的人物。他率领的布迪斯号（*Boudeuse*）和星辰号（*Etoile*）的定额人员编制中，包括天文学家皮埃尔－安托万·韦龙（Pierre-Antoine Véron）和博物学家菲利贝尔·德·肯默生（Philibert de Commerson）。

肯默生成为布干维尔探险队里最著名的成员之一，其原因不一定跟他的专业职责相关。他是一名律师的儿子，研习过医学，但最大的癖好是搜集植物。1754 年，瑞典博物学家、乌普萨拉大学（Uppsala University）教授林奈交给肯默生一项任务：考察地中海地区的海洋植物、鱼类和贝壳。这说明肯默生在这一领域已享有一定的声誉。林奈的杰作《植物种志》在前一年出版，自此创立了一种独特的植物分类和命名法，大多数博物学家很快开始采用。此前，植物学家对植物的描述繁琐冗长，包括叶子和花朵的外观、颜色和形状。随着旅行者从远方带回的植物标本越来越多，传统的描述方法变得难以驾驭，于是人们开始寻求其他方式。1718 年，植物学家塞巴斯蒂安·瓦利恩特（Sébastien Vaillant）描述了雄蕊和雌蕊在植物中的性功能；在此辨识理论的基础上，林奈于 18 世纪 30 年代创立了一个以植物的性特征为基础的完整分类系统。首先，

① Robert E. Gallagher ed., *Byron's Journal of his Circumnavigation 1764-1766*, 1964, p.3.

他根据携带花粉的雄蕊（雄性器官）特征建立了23个纲（后来增补了第24纲——隐花植物，如苔藓）；然后，根据雌蕊（雌性器官）的特征再划分为目（图6）。每种植物均用拉丁文命名：第一个词表明它的属（一组具有共同特征的植物），第二个词表明它的种（用于区别同一属的植物），后面是该植物的发现者或命名者的姓氏或姓氏缩写。林奈首先在《植物种志》中详细阐述了双名制系统，这一著作共两卷1200页，收入了当时已知的所有植物，列举了5000个物种，归入1098个属。不过，随着博物学家们的足迹遍布世界各地，不断地搜寻和发现新物种，数字以惊人的速度增长。

在《自然系统》（*Systema Naturae*）一书中，林奈尝试对哺乳动物进行类似的分类。1735年第一版中关于哺乳动物的阐述只有两页，但在1758年的第十版中，动物世界的双行列表覆盖了八开本的824页，包括哺乳动物（智人在灵长类动物中领先）、鸟类、两栖动物、鱼类、昆虫和无脊椎动物。这成为现代动物命名的起点。[①] 正如一位学者指出的："18世纪林奈的声名植根于他的成就所具有的大众亲近性。其分类体系的优点既不在于它忠实自然秩序（它显然是人为的），也不在于它固有的逻辑，而是以平凡和实用性吸引了学者和新手们。"林奈实际上建立了一个"自然档案柜"[②]，他的著述激发了专业人士和业余爱好者对植物学知识的兴趣。按照威廉·斯特恩（William T. Stearn）的说法，林奈建立的依据性别的分类法（即24纲植物分类法）可能带有某种"权宜之计"的性质，但用起来十分简便。年轻的荷兰植物学家约翰·格罗诺维斯（Johan Gronovius）谈到《自然系统》的分类表时说："我认为这些

---

① William T. Stearn, 'Linnaean Classification, Nomenclature, and Method', in Wilfrid Blunt, *Linnaeus: The Compleat Naturalist*, 2004, p.189.

② Lisbet Koerner, *Linnaeus: Nature and Nation*, Harvard, MA, 1999, pp.39-40, 55.

图表非常实用，每个人都应把它们像地图一样挂在书房里。”[①]

并不是所有人都接受了林奈的分类系统。一些人对已有表述植物学名称的方式突然过时表示强烈反对，正如圣彼得堡的植物学教授约翰·安曼（Johann Amman）所说，这些变化将导致比“巴别塔更糟糕的混乱”[②]。他不赞同林奈系统——它仅根据雄蕊和雌蕊的数目将植物归入某个纲，尽管它们在其他方面很不相同。另有一些人对强调植物的性行为感到厌恶，认为这是“一种隐晦的色情”[③]。1768 年《大英百科全书》（*Encyclopaedia Britannica*）第一版不满地指出：“淫秽语言是林奈系统的基础。”[④] 最尖锐的批评者是法国的著名博物学家布封，他曾担任巴黎皇家花园［Jardin du Roi，后称巴黎植物园（Jardin des Plantes）］园长。他指出，林奈将外观很不相同的植物拉上了关系——布封主张偏重于植物的用途对它们进行分类。米歇尔·阿当松（Michel Adanson）在塞内加尔待了六年，搜集了大量植物，他在 1763 年出版的《植物的自然类别》（*Familles Naturelles des Plantes*）一书中提出了另一种选择方案——基于个体器官的相似或区别而进行分类的系统。在所有对自然分类系统的尝试中，最具影响力的应数 18 世纪末安托万-洛朗·德·朱西厄（Antoine-Laurent de Jussieu）的《植物属志》（*Genera Plantarum*）——1789 年出版，吸引了众多追随者。尽管

---

① Lisbet Koerner, *Linnaeus: Nature and Nation*, p.40.

② Blunt, *Linnaeus*, p.121. 巴别塔（Tower of Babel），源于《圣经·旧约·创世记》：人类原本说同一种语言。大洪水之后，所有的人都聚集到希纳尔（Shinar），准备建造一座城市和一座通天高塔，在那里定居。上帝见状，便搞乱了人的语言，使他们不再能互相交流，从而将他们分散到世界各地居住。——译者注

③ Nicholas Thomas, *Discoveries: The Voyages of Captain Cook*, 2003, p.32.

④ Janet Browne, ‘Botany in the Boudoir and Garden’, *Visions of Empire: Voyages, Botany, and Representations of Nature*, Cambridge, 1996, p.156.

有不少批评和竞争出现，林奈仍然是18世纪植物学的主流代表。他的书被翻译成欧洲的主要语言，不断重印，并被后人频繁摘引甚至剽窃。就其自然史论著的销售量而言，唯一可与之匹敌的是布封的鸿篇巨制百科全书《自然史》(*Histoire Naturelle*)——自1749年第1卷问世到1804年（布封去世后），总计出版了36卷。

林奈最著名的论文——1751年发表的《植物学哲学》(*Philosophia Botanica*)，提供了如何组织植物学探险、搜集标本和建立草药园的具体实践指南，体现了他热忱改宗的特点。林奈影响力的另一个例子是他鼓励学生参加探索远航，去遥远的地区考察自然史，采集标本。他称为"使徒"的学生包括穿越北美殖民地大部地区的佩尔·卡姆（Pehr Kalm），参加俄国远征队到达西伯利亚西部的约翰·法尔克（Johan Peter Falck），以及作为荷兰东印度公司的外科医生造访了日本的卡尔·桑伯格（Carl Peter Thunberg）。其他学生中，丹尼尔·索兰德（Daniel Solander）参加了库克船长的第一次太平洋远航，安德斯·斯帕尔曼（Anders Sparrman）参加了第二次远航。在乌普萨拉大学的宿舍里，林奈为学生们画出了蜘蛛网般的全球探险路线，数十年间有19人离开瑞典去远方考察，其中不少人受伤或遇难了。早在1737年，在谈到早期的植物考察旅行者时，林奈曾写道："上帝啊！当我观察植物学家的命运时，我敢说，他们对植物的忠诚不知该称为理智还是疯狂。"[1] 林奈给旅行者的指示表明，他的动机不只是出于科学的好奇。他请探险者们带回有可能在瑞典种植的种子、球茎、植物和树木，以期帮助该国的经济发展。他有时还建议航行去海外的瑞典博物学家将标本偷运回本国。林奈特别主张在瑞典种植茶树和可生产丝绸的桑树，但艰难的远航

① Blunt, *Linnaeus*, p.201.

之旅和恶劣的气候导致他的期望无法实现。在重视植物学与国民经济的关系这一点上，林奈是18世纪下半叶（以约瑟夫·班克斯为代表的）博物学家兼企业家的先驱。他的继承人也赞同他对博物学家的谆谆教导："不应将航海的时光消磨在流言蜚语、闲聊、歌谣、童话、玩笑、娱乐和满足虚荣心方面。"[①] 数位博物学家发表了冒险故事和考察记录，而且正如玛丽·路易丝·普拉特（Mary Louise Pratt）所说："旅行和旅行记再也不会像从前一样了……除了航海家和征服者等开拓人物，以及俘虏和外交官等，开始出现了'牧草人'的文学形象，这类人温文尔雅，随身携带的只是一个收藏袋、笔记本和一些标本瓶。"[②]

在完成了林奈交付的任务后，肯默生重返医生职业。他花了大量的时间和资金，在出生地沙蒂隆－莱－东贝（Châtillon-les-Dombes）建造了一座植物园。每年夏天，他都会在阿尔卑斯山和比利牛斯山植树，有时连续十几天都睡得很少，与羊群做伴，靠面包和奶酪为生。据他的姐夫后来估算，肯默生卖掉了价值五千里弗的财产作为搜集植物的资金。[③] 肯默生在植物园和植物标本馆方面的花费经常达到奢侈的程度，这正符合当时法国的风气：自王室到社会大众，对探究植物奥秘具有浓厚的兴趣，植物学书籍广受欢迎，植物学学会如雨后春笋般成立，植物学研究以前所未有的速度蓬勃发展。[④] 1764年，肯默生移居巴黎，进入了法国植物学界的圈子。两年后，他同布干维尔会面，给对方留下了深刻的印象。在向

① Koerner, *Linnaeus*, p.115.

② Mary Louise Pratt, *Imperial Eyes: Travel Writing and Transculturation*, 1992, p.27.

③ The petition of François Beau in Etienne Taillemite, 'Hommage à Bougainville', in *Journal de la Société de Océanistes*, Vol. XXIV, No.24 (Dec. 1968), p.38.

④ Roger L. Williams, *Botanophilia in Eighteenth-Century France*, Dordrecht, 2001, esp. pp.102-140.

海军大臣提交了一份17页的远航方案之后，肯默生被任命为“皇家植物学博士和博物学家”，加入即将出发的探险队。他打算在鸟类、鱼类、四足动物、哺乳动物和昆虫等方面做出考察报告，搜集植物、矿物、贝壳和化石，并进行地质和气象观测。[①]这是一个雄心勃勃、颇具挑战性的计划。

在出发之前，肯默生收到了夏尔·德·布罗塞（Charles de Brosses）寄来的一本书——《南方大陆远航史》（*Histoire des navigations aux Terres Australes*），请他阅览并标注不准确之处。[②]可想而知，肯默生对这位太平洋远航权威人士的委托感到受宠若惊，更不要说布罗塞还是伟人布封的朋友。布罗塞强调了自然史艺术家的重要性，他们可以绘制和描画在探索航行中搜集的标本，但令人惊讶的是，布干维尔的探险队没有聘用这类艺术家。肯默生和韦龙一起航行，但未乘坐布干维尔新造的护卫舰布迪斯号，而是乘坐一艘普通的前移民船星辰号。肯默生获得每年两千里弗的可观津贴，比船长的薪资还高。[③]他在1766年12月加入探险队时，带了一位名叫让·巴雷特（Jean Baret）的仆人。星辰号的船长谢尔纳德·德·拉·吉拉德尔斯（Chesnard de la Giraudais）把自己的船舱让给了他，使他有足够的空间容纳设备和仆人，显示了他对肯默生的尊敬。

在这次远航中，布干维尔被授予两项完全不同的任务。第一项是将有争议的福克兰群岛（Falkland Islands）移交给西班牙——法国称之为“马洛伊内斯群岛”（Malouines），西班牙人称之为“马

---

① ‘Sommaire d’observations d’histoire naturelle’, in Etienne Taillemite ed., *Bougainville et ses compagnons autour du monde* (2 vols, Paris, 1977), II, pp.514-522.

② Jean-Etienne Martin-Allanic, *Bougainville navigateur et les découvertes de son temps*, 2 vols, Paris, 1964, I, p.500.

③ Taillemite ed., *Bougainville et ses compagnons*, I, p.87 n.4.

尔维纳斯群岛”（Malvinas）。第二项是进入太平洋，考察位于北美西海岸和东印度群岛之间的辽阔土地。他被告知，“我们对这些岛屿和大陆的了解非常之少，很有兴趣扩展有关的知识。此外，由于没有任何欧洲国家在这些地方建立殖民地或声称拥有主权，所以进行调查并占有它们是完全符合法国利益的”[①]。还有一项指令有助于解释对肯默生的任命：“考察土壤、树木和主要物产；所有值得注意的都要采集标本和绘制图像，带回法国。”

布迪斯号和星辰号分别从法国出发。布干维尔首先处理将福克兰群岛移交给西班牙的事宜。1767 年 6 月，两艘船在里约热内卢会合。星辰号在南大西洋的航行中经历了暴风雨天气，肯默生一直被晕船折磨，他显然打算写一本航海日志，但在到达蒙得维的亚（Montevideo）之前就放弃了。不过，他在航行后期作的大量笔记幸存了下来。肯默生毫不掩饰对船上的条件和大部分同伴的不满。他抱怨说，吉拉德尔斯和其他军官将私人贸易的货物装上船，导致无法忍受的拥挤，他们认为“我在船上占据 15 或 20 立方英尺是一种原罪，而对那些肆无忌惮的交易者来说，似乎远航的唯一目的就是发财致富”[②]。肯默生的日志和笔记揭示了一种令人不快的，有时甚至是报复性的心态。在他看来，星辰号的二把手让・路易・卡罗（Jean Louis Caro）是个蠢货，另一位名叫皮埃尔・郎德斯（Pierre Landais）的军官不断地给他制造麻烦。有一次郎德斯还控告外科医生弗朗索瓦・维维兹（François Vivez）试图毒害他。总之，这艘船是“一个地狱般的巢穴，充满了憎恶、违令、不诚实、

---

① John Dunmore ed. and trans., *The Pacific Journal of Louis-Antoine de Bougainville 1767-1768*, 2002, p.xlv.

② John Dunmore, *Storms and Dreams: The Life of Louis de Bougainville*, Fairbanks, AK, 2007, p.169.

强盗、残暴和各种乱象”[①]。正如布干维尔航海记录的现代编辑所说，尽管肯默生心怀科学热情，但他显现出了性格中较阴暗的一面。[②]能与肯默生保持良好关系的是安静、和善的天文学家韦龙，还有两位年轻的志愿者：一位是皮埃尔·杜克洛·居约（Pierre Duclos Guyot）（布迪斯号副总指挥的儿子），他在航海的早期阶段帮助肯默生记日志；另一位是查尔斯-费莱克斯-皮埃尔·费舍尔（Charles-Félix-Pierre Fesche）。这两个人的日记里都有肯默生的注释。

布干维尔似乎与肯默生比较友好，除了有一次下令将他禁闭在舱室里一个月。那是在船只离开里约热内卢之前，原因不明。两人有时一起上岸旅行。譬如在普拉特河（Rio de la Plata）地区，他们检验了据称是“巨人”的一副骨架。令人遗憾的是，最后证明它不过是一种四足动物，布干维尔认为可能是猛犸象。在巴塔哥尼亚，布干维尔赞许地记载，博物学家搜集了大量植物。几天后，在麦哲伦海峡，他又写道：“肯默生正在增添他的植物宝藏，每天都能发现新植物。”[③]停留在里约热内卢时，让·巴雷特发现了一种攀缘植物，枝上的红叶丛中绽放着白花。肯默生以指挥官的名字命名了它——三角梅（*Bougainvillea spectabilis*，又叫勒杜鹃、九重葛）（图7）。他们采集的标本最终被运至法国，尽管那已是在肯默生离世之后。朱西厄在《植物属志》中首次将三角梅公之于世，成为欧洲进口的所有灌木中最受欢迎和最壮美的一种。布干维尔在布迪斯号上为肯默生（和韦龙）提供了住宿空间，但肯默生谢绝了，理由

① Dunmore ed. and trans., *Bougainville Journal*, pp.xl-xli.

② Taillemite ed., *Bougainville et ses compagnons*, I, p.88.

③ Dunmore ed. and trans., *Bougainville Journal*, pp.14, 19.

是他有很多藏书、仪器和20多个储藏箱，都放在星辰号上。[①]这是他们两人之间关系总体上良好的标志，但后来在航行中发生的事件表明，肯默生可能是出于其他的动机，试图同布干维尔保持一定的距离。在布宜诺斯艾利斯，肯默生发挥自己的医学技术，每次咨询收取150里弗。他写道，如果留在这个城市工作，不出三年，他就会很富有了。[②]

1768年初，他们的船花了近两个月的时间穿过麦哲伦海峡。天气很糟糕，大部分时间在暴风雨中行进，偶尔可看见火地岛的半裸土著，令人情绪低落。1月11日，布干维尔这样概括自己的感受："凄惨的一天，恐怖的夜晚，暴雨，狂风，猛烈的西北风。多么恶劣的天气啊！……在这种可怕的气候环境中无法生存，连四足动物、鸟类和鱼类都不见踪影，只有极少数野蛮人在苟且挣扎，跟我们的接触更增添了他们的不幸。"[③]这批法国人发现英国探险者曾经来过这里。在海峡的北岸，他们捡到了一块印有"Chatham 1766"字样的帆布，还看见一棵树上刻着"1767"的字迹。这些是加特利指挥的燕子号（*Swallow*）船员们留下的。燕子号是沃利斯率领的海豚号（*Dolphin*）的僚舰，在环球航行期间，这两艘船分离失联了。鉴于肯默生本人不再撰写私人日志，我们不得不依赖他人的日记来了解他的活动。最具揭示性的是外科医生维维兹的日记，他不喜欢肯默生，并声称，几乎从出发时就怀疑这个植物学家的仆人巴雷特是个女人。维维兹的日记是在航行之后完成的，因此不能被看作事件的即时记录，但似乎可以肯定，至少有些船员确信船上有一个女扮男装的人。带女人远航是违反官方规定的，令有迷

---

① Martin-Allanic, *Bougainville navigateur*, I, pp.555-556.

② Ibid., p.589.

③ Dunmore ed. and trans., *Bougainville Journal*, p.30.

信心理的人感到惊恐。维维兹笔下巴雷特的形象是这样的:“身材矮小、丰满,宽臀圆肩,胸部突出,头颅小而圆,雀斑皮肤,嗓音温和而清晰。”肯默生有一条腿不灵便,巴雷特投入了大量时间和艰辛劳动帮助他采集植物。正如维维兹所形容的,巴雷特“干起活来像个黑人。在访问普拉特河地区期间,她多次去平原上或两三里格①远的山里采集植物,身带一支步枪、一个狩猎袋、夹植物标本的纸张和食物”。在麦哲伦海峡,维维兹写道:“内陆考察工作量加倍了,(她)连续数天在雪、雨和冰地里寻找植物,或沿着海岸搜集贝壳。”②

进入太平洋后,船舰先向西北航行,后又向西行进两个月,途经土阿莫土群岛(Tuamotus),但未靠岸。4月即将到来的时候,船员们的体况很差。维维兹在日记中指出,星辰号上“有二十个人确诊患了坏血病,其他船员的身体也很虚弱,精神萎靡。四个月来,只靠咸肉和腐臭的水为生,白兰地限量配给,每天只有一顿饭加点葡萄酒,饼干开始变质。病号餐稀缺,官员们的食品也好不了多少”③。谢天谢地,他们在4月初发现了一块凸起的陆地,距离十五英里。布干维尔写道:

> 下午,我们停了船,准备登陆。整个海岸像是巨大的圆形竞技场,布满深沟和高山。部分土地似乎是耕地,其余是森林。沿着海,在高山脚下有一片低谷,葱茏的树木掩映着星星点点的居所,整个岛屿呈现出迷人的一面。一百多条独木舟,大小各异但

① 里格,海洋和陆地的古老测量单位。在海上,1里格相当于3.18海里;在陆地上,1里格通常等于3英里。——译者注

② 维维兹的日记摘要,见 Dunmore ed. and trans., *Bougainville Journal*, pp.228, 229。

③ Ibid., p.225.

都配备托架，向我们划来。有些人登上了我们的船，手里拿着象征和平的树枝，表示友好。[1]

他们登上的是塔希提东海岸的海蒂亚岛（Hitia），这里长期以来被欧洲人视为波利尼西亚的地理和情感中心。碰巧，沃利斯在前一年6月也到过塔希提，但法国人对此一无所知——他们自以为是第一批从欧洲来的访客，用自己的名字命名了该岛及周围的群岛。布干维尔在此仅停留了九天，留下了美好的印象，他和肯默生对塔希提的感受对后来建立它的浪漫形象起到了至关重要的作用并延续至今，尽管屡受他人挑战。

第二天，他们的船在礁石群中发现了一个缺口，并在海岸附近下锚（这里布满了危险的珊瑚礁，有好几只锚被毁坏了）。土著人再次划着独木舟来跟他们交易。布干维尔在航行记录中描述了一个著名的情节。一位年轻姑娘上了船，走到后甲板上，站在一个舱口（那是给在下面操作起锚机的人透气用的洞）。"那个姑娘漫不经心地将遮盖身体的布脱了下来，仿佛维纳斯向牧羊人弗里吉展示自己，着实有一番仙姿神韵。水手和士兵拼命挤到舱口，争相目睹，起锚机从未摇得像现在这么起劲。"[2] 这一逸闻成为有关塔希提的感性印象的缩影，但实际发生的可能并非如此浪漫。他在日记里写的要简短得多："一个年轻貌美的姑娘乘着独木舟到来，几乎赤身裸体，她用暴露自己的外阴来换取小钉子。"[3] 其他人的日记也描述了不同的塔希提女人脱衣挑逗的举止，维维兹的版本跟布干维尔的比

---

① Dunmore ed. and trans., *Bougainville Journal*, p. 59.

② Lewis [sic] Antoine de Bougainville, *A Voyage round the World*, tans. J. R. Forster, 1772, pp.218-219.

③ Dunmore ed. and trans., *Bougainville Journal*, p.60.

较接近。那是在布迪斯号离开该岛那天发生的。赤身裸体的年轻女子们靠近了船边：“布干维尔关闭了其他的舷窗，只打开了右甲板上起锚机对面的两个舷窗，通过舷窗可看见三只独木舟，里面坐着年轻的女人。他扔给她们几颗珍珠，并向她们发出展示性魅力的信号……开起锚机的水手看见她们，产生了极大的好奇，便拼命地推动起锚机，争相挤到舷窗口去近睹。”正如约翰·邓莫尔（John Dunmore）所说，布干维尔可能是将几个不同的事件融合在一起，编织出了“塔希提维纳斯”的迷人故事。[1]

对法国水手和军官之类的人来说，塔希提仿佛是个令人着魔的岛屿。正值丰收的季节，新鲜食物充裕——猪肉、面包果、芭蕉、椰子、香蕉，更有赤身裸体的年轻女人，身上散发着香乳的芬芳，伴着歌声和柔和的笛乐，围聚在陌生人的身旁。布干维尔尤其被这个地方和它的居民深深地迷住了：

> 在告别之时，我不能不再次地赞美她。大自然赋予了她世上最好的气候，用最诱人的风景装扮她，用丰富的物产充实她，让高大健美的人们居住在这里。她和平地遵守自己制定的法律，组成了地球上最幸福美好的社会。立法者和哲学家们，来这里看看你们想象不到的一切吧。只要我活着，就要不停地颂扬这个快乐的基西拉岛（Cythera）。[2] 这里是真正的乌托邦。[3]

肯默生的塔希提笔记只保存下来几个简短片段，同布干维尔洋

① Dunmore ed. and trans., *Bougainville Journal*, pp.60 n.2, 236, 255, 282.

② 据希腊神话，诞生于海里的女神阿弗洛狄忒（罗马神话中的维纳斯）在基西拉岛上一只贝壳中现身。——译者注

③ Dunmore ed. and trans., *Bougainville Journal*, pp.72, 74.

洋洒洒的感想相比，他的笔触相对节制。他强调了该岛居民的生育力，并赞扬了它的宁静安谧：“（那里的居民）似乎是由一位年长的酋长统治的，人们对他的尊敬大于恐惧；其次是家族领袖……在他们当中，和平与团结的主导结构从未被打破。”塔希提人身材高大，体格健壮（不乏技术娴熟的小偷），但肯默生对女性的外表更感兴趣，“她们可与欧洲一流的棕发女郎媲美，只是肤色不那么白。她们有着蓝色或黑色的大眼睛，平整的黑眉，丰满的胸部，可爱的圆胖小手，细长的手臂……神情诱人，而且风骚大胆”。除了脚和腿，“整个身体都是造物主的精心设计”[①]。在航行的后期，肯默生更多地谈到塔希提及其令人心神荡漾的逸闻。

对长老和酋长来说，陌生人来访既存在危险，也带来了好处。法国人并不知道几个月前发生的事件。在十几英里之外的马塔维湾（Matavai Bay），沃利斯的海豚号发起了不公道的海战，用加农炮炸死了当地的许多武士。因而可以理解，岛民们对新来者携带的枪支非常小心，但这并不妨碍他们提出苛刻的交易条件。当布干维尔向酋长摆出十八块石头，示意他需要停留这么多天才能完成食物和饮水补给，酋长将九块石头退给了他。最后，法国人只待了一个星期多一点。[②]

有关肯默生在塔希提的植物学活动，我们没有掌握什么细节，但这次访问暴露了让·巴雷特是女人的真相。布干维尔注意到两艘船上都流传着谣言：“他的身材，他谨慎地从不在任何人面前更衣或行使自然功能，他的嗓音、无胡须的下巴和其他蛛丝马迹，都引

① Dunmore ed. and trans., *Bougainville Journal*, pp.296-297.

② 关于在欧洲人到达塔希提时的描述，见 Anne Salmond, *Aphrodite's Island: The European Discovery of Tahiti*, Berkeley, CA, 2010。

起了怀疑。”[①] 维维兹的日记是最有趣的版本，尽管鉴于他对肯默生的反感心理，或许并不完全可信。当探险队到达塔希提时，第一个登上船的塔希提人名叫阿胡托鲁（Ahutoru），他后来跟随该探险队去了法国，成为波利尼西亚第一个访问欧洲的人。他坐在星辰号的长凳上，注意到了巴雷特，“立刻向她示意，并清晰地喊道‘亚尼！亚尼！’——当地语言‘女孩’的意思……无须赘言，这就向全体船员证实了她的性别；读者也不难想象，她的主人见状，看上去很不自在”。接着，维维兹十分得意地进入了故事的高潮：第二天，当巴雷特和肯默生一起上岸的时候，她被岛民围了起来。他们大喊“亚尼”，试图把她带走。直到一名军官举枪干预才替她解了围。自此之后，巴雷特总是随身带着两支手枪来自卫，但有一次在新爱尔兰的美拉尼西亚岛（Melanesian Island）考察时似乎忘了带枪，据维维兹记述，“采集植物后，主人将她留在岸上独自搜寻贝壳。在那里沐浴的其他仆人便趁此机会，从她身上找到了他们梦寐以求的珍贵扇贝。[②] 这次‘（身体）检查’是对巴雷特的极大侮辱。从此，她变得比较随便，不再强制自己，也不用衣服把自己包裹得很严了”[③]。

布干维尔应当明了，1689 年王室颁布的法令禁止妇女登上国王的船舰。早些时候，在塔希提，当巴雷特被召唤到布干维尔面前时，她编造了一个故事，使得肯默生未因设此骗局而受到任何责难。布干维尔在 1768 年 5 月 29 日的日记中提到，前一天，巴雷特含着眼泪告诉他，她决心要参加环球航行，在船即将从罗什福尔（Rochefort）启航时，她穿着男装出现在肯默生面前，欺骗了他。

---

① Dunmore ed. and trans., *Bougainville Journal*, p.97.

② 意为“他们强奸了巴雷特”（参见下文）。——译者注

③ 维维兹的日记摘要，见 Dunmore ed. and trans., *Bougainville Journal*, pp.229-230。

布干维尔听后对她充满钦佩，决定不惩罚她。他冷淡地补充道，因为“她的这一范例几乎不具有传染性”。真实的故事却有些出入。1762年，20岁出头的珍妮·巴雷特被肯默生家雇为仆人，女主人去世后，巴雷特成了肯默生的情妇。另外一种猜测是，尽管她很年轻，却是一名“草药女”，深谙当地植物的药用价值，这是很有用的知识，可能也有助于解释她与肯默生的关系。1766年12月，珍妮女扮男装，主仆两人一起来到罗什福尔。不管他们的性关系如何，在植物学活动中，对于跛脚的肯默生来说，巴雷特是无价之宝。布干维尔注意到，“在肯默生所有的植物学活动中，巴雷特始终陪伴着他，还背负武器、食物和植物笔记本。由于她表现出的勇气和力量，我们的植物学家赐给她‘驮畜’的头衔”。她并不美貌，“既不丑陋也不漂亮”。但缺乏同情心的维维兹认为她“相当丑陋，毫无吸引力”。其他人对珍妮·巴雷特怀有钦佩之情。布迪斯号上富有的年轻贵族乘客——来自拿骚－西根公国的查尔斯－奥森·德奥林奇（Charles-Othon d'Orange），称赞巴雷特“为投身这样一项大胆的事业，放弃了女性的平静生活。在远航中，她勇于面对如此巨大的压力、危险及所有可能的道德指控。我相信，她的这一冒险活动将永载著名妇女的史册”[①]。

布干维尔和维维兹的日记所揭示的珍妮·巴雷特的故事，受到了她的最新传记作家格利尼斯·里德利（Glynis Ridley）的质疑，他认为这两个人都有理由隐瞒真相。里德利辩称，5月29日布干维尔日记描述的巴雷特之忏悔是他后来编造的，目的是掩盖一个令人尴尬的事实：在新爱尔兰岛的海滩上发生的“极其羞辱”的“身体检查”，实际上是一个丑闻——船上的一帮法国人，或许也包括

---

① 对巴雷特的评价见 Dunmore ed. and trans., *Bougainville Journal*, pp.97, 228, 293。

维维兹本人，强奸了一个毫无防御力的女人。里德利还相信，早在探险队停留在里约热内卢时，布干维尔就已知道肯默生有意隐瞒了巴雷特的身份，这就是为什么他做出了那个奇怪的决定，将肯默生禁闭了一个月。对此，史学家仍然存在许多猜测。在整个航程中，星辰号船长吉拉德尔斯近距离地接触了肯默生和巴雷特，但他的日记遗失了[①]，这阻碍了研究者进一步探究真相。

在此次远航中，塔希提之行是探险队的情绪高涨时期。人们在日记中流露出欣喜若狂的心情，布干维尔宣称这个岛屿属于法国，并命名为“新基西拉岛”（Nouvelle-Cythère），取自爱神阿弗洛狄忒在爱琴海的诞生地基西拉。不可避免的是，余下的航程就相对平淡无奇了，尽管有一些重要的发现。船只从塔希提驶向西方，穿过萨摩亚群岛（Samoan Islands）和新赫布里底斯群岛［New Hebrides，今瓦努阿图（Vanuatu）］，然后驶离大堡礁（Great Barrier Reef），前往所罗门群岛和新几内亚岛。这是自两百年前阿尔瓦罗·德·门达尼亚（Alvaro de Mendaña）探险队发现该群岛以来，欧洲人第一次目睹所罗门群岛，不过，布干维尔没有意识到这一历史性关联。其间登陆的次数很少，肯默生没有足够的机会进行植物学活动。在新赫布里底斯群岛发生的一次冲突中，他指责军官郎德斯将在岛上缴获的武器全部据为己有（返回欧洲后将成为有纪念价值的战利品），而肯默生和其他船员也冒了同样的危险。离开新不列颠岛（New Britain）时，星辰号将珊瑚礁误认为鱼群，几乎触礁失事。肯默生对该事件的描述流露出对负责监测的军官的蔑视，同时也揭示了他当时的注意力所在：

① Glynis Ridley, *The Discovery of Jeanne Baret*, New York, 2010, esp. chs. 6, 7.

在这种危险的情况下，你会发现这些有声望的海军军官脸色苍白，不知所措。船长［吉拉德尔斯］是第一个失去理智的人，可以如实地说，是船员们救了军官们，用非航海术语来说，就是船尾控制了船头——假如还有头的话。至于我呢，我当时发现了一个奇异的景象，全神贯注地试图搞清楚是否有一大群鱼游过（必须承认，在龙骨下迅速闪过的一片片白色珊瑚的确有点像鱼群），在我意识到之前，危险已经过去了。[①]

在巴达维亚停泊后，探险队驶达法国殖民地法兰西岛［Isle de France，今毛里求斯（Mauritius）］，在那里，布干维尔应该岛总督（或民事主管）皮埃尔·波弗尔（Pierre Poivre）的请求，准许肯默生和巴雷特离开探险队，就此终于解决了一个棘手的问题。离开塔希提后，肯默生写了一篇文章赞美该岛及其居民，于1769年春天寄到了法国，正值布干维尔完成第一次环航，率船返回罗什福尔。探险队带回了一批藏品，大概是肯默生搜集的植物、鸟、鱼、贝壳"及其他珍稀标本；一些博物学家为了一饱眼福，甚至从巴黎赶到了罗什福尔"[②]。无论科学家们对探险队带回的动植物标本有多大的兴趣，肯默生描述塔希提的文字受到了更广泛的欢迎。他将文章寄给了自己的朋友、法国科学院的天文学家莱弗朗西斯·德·拉兰德（Lefrançais de Lalande），于1769年11月刊登在《法国信使报》（*Mercure de France*）上，标题为《新基西拉岛和塔希提后记》

① Dunmore ed. and trans., *Bougainville Journal*, p.304.

② L. Davis Hammond ed., *News from New Cythera: A Report of Bougainville's Voyage 1766-1769*, Minneapolis, MN, 1970, p.26. 我之所以说"大概"，是因为笔记上写着"护卫舰上的医师－博物学家"带回了藏品；尽管柯马森是这次探险中唯一的"医师－博物学家"，但他没有乘布迪斯号航行，也没有返回法国。当然，他的许多收藏似乎都是和他一起在毛里求斯下船的。

(Post-Scriptum sur l'isle de la Nouvelle-Cythère ou Tayti)。有关塔希提的描述并不是首次出现。早在那年夏天就有一篇时事通讯在巴黎发表:《发现的联系：一个命名为新基西拉的岛屿》(Relation de la découverte … d'une isle qu'il a nommé La Nouvelle Cythère)。用现代编辑的话说，“这篇文章对塔希提及其岛民的描述是非常客观的……岛上天堂里充满了人类的牺牲、战争和奴隶制，它的社会秩序是等级森严的，它的政治组织是专制的”[①]。作者没有署名，但几乎可以肯定他在布迪斯号上待过。那个塔希提人阿胡托鲁也对布干维尔和其他人提到了塔希提不大体面的方面，包括杀婴和内战。

即使在最好的情况下，跟阿胡托鲁的交流也很困难，但这多少促使布干维尔重新思考自己最初的看法。刚一抵达时，布干维尔描述说:

> 我感觉仿佛是进了伊甸园，我们穿过一片草地，覆盖着茂盛的果树，纵横交错的小溪流淌，空气凉爽而惬意……那里有许多人，享受着大自然洒落的祝福。我们发现，男人和女人坐在果树的阴凉下，全都对我们做出友好的欢迎姿态……处处洋溢着殷勤好客、轻松愉快的气氛，人们天真无邪、幸福快乐。[②]

在1772年的第二版中，他修改了关于这段航行的观感：“我以前的认识有误。在塔希提，等级是非常森严的，而且专制、不平等。国王和贵族掌握着仆人和奴隶的生杀大权。我倾向于认为，他

① L. Davis Hammond ed., *News from New Cythera: A Report of Bougainville's Voyage 1766-1769*, p.45.

② Bougainville, *A Voyage round the World*, pp.228-229.

们对平民有着同样的野蛮特权。”他对这次考察的最终评价是审慎的：“我们在塔希提有良好的收获，也产生了一些不愉快的后果，危险和警告伴随着我们直到最后离开；但我们认为这个国家是朋友，尽管存在所有的这些缺点，我们必须热爱它。”[①]

肯默生乘坐的是星辰号，因而没有机会从阿胡托鲁口中了解更多的真相。在“后记”中，他狂喜地赞颂在塔希提看到的天堂般社会。其中一个典型段落用了诗一般的语言，将塔希提描述为真正的乌托邦，那里的人们“生活在最美丽的天穹之下，土地肥沃，不需耕种就可收获丰盛的果实；社会由家庭中的父亲统治而不是国王；他们唯祇奉爱神——每一天都是呈献给它的，整个岛都是它的庙宇，每个女人都是它的祭坛，每个男人都是它的牧师”[②]。这个岛屿似乎为让－雅克·卢梭的追随者们提供了所需论据，证明了未被文明恶习玷污的原始社会的优长。紧接着塔希提人阿胡托鲁到达巴黎的消息传开，肯默生的作品瞬间在法国文坛上产生了热烈的反响。塔希提的风情和自由之爱被认为优于法国的社会制约，简朴诚实的岛民风俗比腐败的法国政治生活更受推崇。肯默生并不知道沃利斯此前访问过塔希提，他写道，那个天堂岛屿的纬度和经度是保密的。这无意中透露了欧洲人之间相互竞争的信息。

当上述文章发表时，肯默生正遵照皮埃尔·波弗尔的命令，在遥远的印度洋一带执行官方的科研任务。波弗尔是一位热衷植物学的人，年轻时花了好几年的时间在东海航行，希望能采集到肉豆蔻和丁香树的幼苗，并移植到法兰西岛。他的这一努力失败了。然而，参加布干维尔的探险队，又有肯默生在同一条船上，给了

---

① Bougainville, *A Voyage round the World*, pp.269, 274.

② Taillemite ed., *Bougainville et ses compagnons*, 'Post-Scriptum', Ⅱ pp.506-510.

他一个意外的新机会。肯默生的公开任务是报告法兰西岛、波旁岛［（Bourbon Island），今留尼汪岛（Réunion Island）］和马达加斯加的自然资源，尤其关注可能具有药用价值的植物，但同时接受了一个秘密指令，要求他更广泛地撒网，在荷兰人掌控的马鲁古群岛（Moluccas）寻找香料植物，争取将之带到毛里求斯。① 对肯默生和巴雷特来说，这是繁忙而艰巨的四年。波弗尔派了两位协助他们的绘画者：保罗－菲利普·索冈·德·若西尼（Paul-Philippe Sauguin de Jossigny）和波弗尔的教子皮埃尔·索纳拉特（Pierre Sonnerat）。在星辰号期间，肯默生去法兰西岛和毗邻的波旁岛调查天然物产，这两位助手一起编目和绘制肯默生搜集的标本。1770 年，肯默生和若西尼乘船前往马达加斯加，法国人在该岛南岸的多芬堡（Fort Dauphin）建立了一个据点，他们两人冒险深入更远的内陆。正是在那里，作为对多年助手巴雷特的铭谢，肯默生以她命名了一个植物属“巴雷西娅”（*Baretia*）。② 肯默生的健康状况限制了某些考察活动，即使如此，他和助手们依然将大量标本带回了法兰西岛，包括“一千多种未知植物，连同天青石和其他珍贵的宝石”。他告诉一位同行，马达加斯加是一座名副其实的天然宝库。③

1771 年，肯默生基本上在波旁岛考察植物，但腾出一些时间和精力参加了一个登山队，在历史上首次登上大火山（Le Grand Brûlé）。回到法兰西岛后，肯默生的健康状况进一步恶化，而且由于波弗尔被召回法国，他失去了赞助人。在生平最后一封信中，

---

① Madeleine Ly-Tio-Fane, *Pierre Sonnerat 1748-1814*, Mauritius, 1976, pp.7-9, 54-60. 皮埃尔·索纳拉特也是法国探险家和博物学家，是皮埃尔·波弗尔的外甥。——译者注

② 这个属名早已消失了，不过，在《珍妮·巴雷特的发现》（*The Discovery of Jeanne Baret*, New York, 2011, p.252）中，格利尼斯·里德利提及曾有人提议以她的名字来命名南美洲的一个新物种：“巴雷西娅白茄”（*Solanum baretiae*）。

③ Ly-Tio-Fane, *Sonnerat*, p.61.

他悲戚地写道：“植物，我心爱的植物，是我生活的全部慰藉。”①1773年3月13日，肯默生去世，年仅45岁。几个星期前他进行了最后一次植物学考察旅行。他死前并不知道自己已荣幸地当选为法国科学院院士。法兰西岛的代理总督承认肯默生是一位能干的植物学家，但对他的为人评价不高，在给巴黎有关部门的报告中说，人们普遍认为肯默生是“一个邪恶之人，最能干出忘恩负义的勾当”②。肯默生死后，珍妮·巴雷特在法兰西岛开了一家旅馆，并于1774年跟一位前陆军中士结婚，一同返回法国，成为有史以来第一个完成环球航行的女性。这位杰出女性在1785年的官方记录中最后一次出现，海军部长签署的一封信中描述她是“一个勇于面对危险和承担工作重任的人”，并奖励给她两百里弗养老金。③

肯默生的收藏品命运多舛，似乎经历了一系列的曲折。肯默生向他的赞助人、巴黎植物园的路易·纪尧姆·勒莫尼耶（Louis Guillaume Lemonnier）寄送植物和种子时，曾带着恳求的口吻，“对于那些真正的新发现，请保留我的优先权”，因为“在文坛上，就像在蜂巢里一样，那些懒惰的、无所事事的蜜蜂只依赖辛勤劳作的蜜蜂而生”④。一些标本在从巴西和拉普拉塔（La Plata）送回法国的航程中损毁了。肯默生死后，法兰西岛的政府机构和肯默生的遗嘱执行人之间就其收藏的所有权发生了争执。此外，由于标本和肯默生的笔记没有按照顺序保存，所有权更难确定。法兰西岛上的一位医学同事曾一度保管藏品的清单，但据称只是负责保护它免遭损

① Paul-Antoine Cap, *Philibert Commerson, Naturaliste Voyageur*, Paris, 1861, p.164.

② Taillemite, ‘Hommage’, p.38.

③ Taillemite ed., *Bougainville et ses compagnons*, I, p.89.

④ Roger L. Williams, *French Botany in the Enlightenment: The Ill-Fated Voyages of La Pérouse and His Rescuers*, Dordrecht, 2003, p.11.

坏和被盗，他建议将整理和编目的任务交给若西尼。然而，若西尼只完成了其中一小部分，便决定将全部收藏（共装了 34 箱）运到巴黎植物园。布封在植物园执掌大权，从若西尼那里接收了许多依据肯默生的标本绘制的自然史图画。

据估计，送到巴黎的植物中包括 3000 种欧洲科学界以往未知的新物种。在随后的几年中，肯默生的一些收藏零星偶然地流入了学术界，尽管它们往往没有恰当的归属。布封主要感兴趣的是肯默生关于鸟类的笔记，并在《鸟的历史》（*Histoire des Oiseaux*）一书中引用了一些，但对其余的收藏品很少注意。索纳拉特的杰出鸟类画作在很大程度上应归功于肯默生的收藏，也许比他所承认的要大得多。[①] 还有其他类似的散失情况。布封死后，人们在他的阁楼上发现了肯默生的鱼类标本，移交给了自然史部（Cabinet d'Histoire Naturelle）的伯纳德－日尔曼－艾蒂安·拉塞佩德（Bernard-Germain-Etienne Lacépède），他将之收入《鱼类自然史》（*Histoire naturelle des poissons*）第三卷，获得了应有的承认。朱西厄在 1789 年发表了极具影响力的《植物属志》，其中收入了肯默生采集的 37 件植物标本及其特征描述，包括美丽的三角梅。解剖学家乔治·居维叶（Georges Cuvier）谈到了自己的惊奇感受："在严酷的热带，在如此短的时间内，一个人竟然能完成如此大量的工作！"[②] 然而除此之外，无论是关于参加布干维尔远航还是在法兰西岛上的岁月，没有人全面地记述肯默生的业绩。关于这位植物学家的一生，最为人知的是一些次要的故事——他对塔希提的不明智的颂扬，以及他同珍妮·巴雷特的隐秘关系。相对于他的科学成就来说，这些都是微不

① 有关对索纳拉特的剽窃指控，见 Ly-Tio-Fane, *Sonnerat*, pp.90-95。

② S. Passfield Oliver, *The Life of Philibert Commerson*, 1909, ed. G. F. Scott, pp.236-267.

足道的瑕疵。正如约翰·邓莫尔指出的，肯默生的工作领先于参加库克船长太平洋探险的所有博物学家；倘若肯默生的作品得以及时出版，甚至仅在《布干维尔日志》中有所概述，他将在整个科学探险史上占据独特的地位。[1]

① Dunmore ed. and trans., *Bougainville Journal*, p.lxxi.

第四章
“在考察自然史的航海者中，没有谁比他们的行头更讲究了”

——约瑟夫·班克斯和丹尼尔·索兰德

在欧洲的所有伟大发现的航程中，詹姆斯·库克的第一次太平洋探险似乎是最不可能成功的一次。一名海军少尉率领一艘改建的矿船，到达波利尼西亚群岛，绘制了新西兰的海岸线，建立了澳大利亚东部沿海地区的殖民地，证实了托雷斯海峡（Torres Strait）的存在。成就涵盖面如此之广，乃至于很容易忘记它原本不是一次地理发现航行，而是由皇家学会赞助的一次科学考察，目的是去新发现的太平洋岛屿塔希提观察1769年的金星凌日。在此之前，乔治三世时期，约翰·拜伦和塞缪尔·沃利斯船长率领的两次太平洋航行带有明确的战略和商业目的，船上没有科学家随行。库克探险队的远航计划引起了约瑟夫·班克斯的注意，他是一位富有的年轻地主，酷爱自然史。在牛津大学读本科时，班克斯发现植物学教授谢里丹没兴趣给学生们上课，便自费从剑桥请了一位博物学家来讲课。这足以证明他对植物学的浓厚兴趣和他的社会地位。但班克斯不是一位刻苦研习的学者型人物。未取得学位离开牛津后，他于1766年乘皇家海军的尼日尔号（*Niger*）横渡大西洋，在纽芬兰岛和拉布拉多（Labrador）的海岸待了数月，搜集和研究植物。[1]在返航途中，巨大海浪冲进他的小舱室，毁坏了他搜集的种子和活体植物，只有干燥的植物标本幸存了下来。这使他初次体验到了在船上保护植物收藏的困难。

此次航行结束不久，23 岁的班克斯即当选为英国皇家学会会员。他考虑下一步到乌普萨拉去拜会林奈，但后来听说了一个更为诱人的项目——环球远航。那艘改造过的矿船的船长詹姆斯・库克刚花了五个夏天考察纽芬兰岛海岸，他的船更名为奋进号，正在策划下一次发现之旅，英国皇家学会已安排了一位平民天文学家查尔斯・格林（Charles Green）参加。格林将负责在塔希提岛进行所有的重要观测。1768 年 4 月，在库克被任命为奋进号船长的同一个月，班克斯写信给一位记者，解释自己希望参加这一远航的动机，在南海，“几乎大自然的每种物产都跟我们在地球这一边看到的截然不同”，这将使他“获得前所未有的绝好实践机会”[2]。这件事似乎没有什么进展，直到 6 月，皇家学会理事会通知了海军部：约瑟夫・班克斯“渴望”加入这次航行。他将不是只身一人，给他安排了至少八名助手，包括植物学家丹尼尔・索兰德，他是林奈青睐的学生，在新成立的大英博物馆工作；林奈的另一名学生赫尔曼・迪德里克・斯珀灵（Herman Diedrich Spöring）将担任班克斯的秘书；随行艺术家有悉尼・帕金森（Sydney Parkinson）和亚历山大・巴肯（Alexander Buchan）。此外还有四名“仆人”，他们将承担协助搜集和保存自然史标本等较为简单的任务。这组人共携带约 20 吨的行李和设备，包括 20 个储藏柜和 14 只箱子，其中一些

---

① A. M. Lysaght ed., *Joseph Banks in Newfoundland and Labrador, 1766*, 1971.

② Banks to Thomas Falconer, April 1768, in Neil Chambers ed., *The Indian and Pacific Correspondence of Sir Joseph Banks 1768-1820*, I, 2008, p.5.

被分成格子来存放装标本的磨口玻璃瓶（200 多个），以及一整套仪器，包括望远镜和显微镜。[①]

带上两位艺术家，一个负责绘制自然史标本，另一个记录风土人情，是班克斯对此次远航的最重要贡献，这表明夏尔·德·布罗塞的建议被认真地接受了：艺术家应当随同博物学家参加探索远航。从一开始，班克斯就打算以绘画形式发表航海的科学成果。[②]索兰德在向大英博物馆的理事请假时说，但愿他参加这次远航能够“在那些从未被任何好奇者考察过的地方搜集自然奇观……对大英博物馆将非常有益”[③]。索兰德加入这次探索的价值除搜集植物外，更重要的是他精通林奈分类和命名系统。正如理查德·普特尼（Richard Pulteney）几年后在《植物学的进步》（*Progress of Botany*）中所说：“[索兰德]对整个系统的透彻了解使他能够解释其中最细微的部分，并阐明那些被表面现象掩盖的隐晦问题。”[④]此外，索兰德不仅胜任“植物命名和分类，而且可以采用正确的技术，根据它们的基本特征做出简捷的判断；明白哪些特征应该用来定义‘属’，哪些用来定义‘种’”[⑤]。

这艘本就拥挤的船容纳了这支阵容可观的随行队伍，有关费用皆由班克斯本人承担。皇家学会在给海军部的信中称班克斯首先

---

① Harold B. Carter, *Sir Joseph Banks 1743-1820*, 1988, pp.71-72. 班克斯承认，带了“这么多瓶子、盒子、网袋等等，几乎把我吓坏了”。

② A.M. Lysaght, ‘Bank’s Artists and His Endeavour Collections’, in *Captain Cook and the South Pacific*, The British Museum Yearbook, 3, 1979, pp.9-80.

③ Edward Duyker, *Nature's Argonaut: Daniel Solander 1733-1782*, Melbourne, 1988, p.91.

④ John Gascoigne, *Joseph Banks and the English Enlightenment: Useful Knowledge and Polite Culture*, Cambridge, 1994, p.101.

⑤ Bengt Jonsell, ‘Daniel Solander—the Perfect Linnaean…’, *Archives of Natural History*, 11, 1984, p.448.

是“一位很富有的绅士”，其次是他“精通自然史”[1]。这个项目在一段时间内悬而未决，因为英国海军大臣爱德华·霍克（Edward Hawke）简明地告诉班克斯，虽然他“很受欢迎，但船上没有足够的空间容纳植物学专家和存放植物的箱柜”。直到海军大臣菲利普·斯蒂芬斯（Philip Stephens）冷静地出面干预，加之班克斯表示自行支付有关人员的全部开支，这件事才终于敲定下来。班克斯写道，此后他同霍克的关系便疏远了。[2] 班克斯声称，这一发现之旅的意义远远超过了老式的环游欧洲——“每个傻瓜都那么逛过，我的伟大航程将是环游世界”[3]，唯一遗憾的是因此错过了“在林奈去世之前当面造访，并聆听他的演讲，从中获益”[4]。林奈从伦敦的商人和博物学家约翰·埃利斯（John Ellis）那里听到这一远航计划，甚感欣慰。埃利斯告诉他：“在考察自然史的航海者中，没有谁比他们的行头更讲究了。他们带上了丰富齐全的自然史书籍，配备了各种捕捉和保存昆虫的设备，还有形形色色的捕网、拖网、拖曳机以及可在珊瑚礁中捕鱼的钩子，甚至还有一架精巧奇妙的望远镜，把它放进水中，可以观察到很深的海底。”[5]

沃利斯的海豚号在1767年6月访问塔希提时，曾观察到南部有一块陆地，人们希望那是未知的南方大陆（Terra Australis Incognita）的一部分。因而在奋进号出发之前，库克收到了附加的“秘密”指令：在塔希提逗留后去寻找那块陆地。这个指令极大地

---

① J. C. Beaglehole ed., *The Endeavour Journal of Joseph Banks 1768-1771*, 2 vols, Sydney, 1962, I, p.22.

② Banks to William Philip Perrin, 11 August 1768, in Chambers ed., *Banks's Indian and Pacific Correspondence*, I, p.26.

③ Beaglehole ed., *The Endeavour Journal*, I, p.23.

④ P. O'Brian, *Joseph Banks: A Life*, 1988, p.61. 事实上，林奈又活了十年，直到1778年去世。

⑤ Beaglehole ed., *Banks Journal*, I, p.30.

扩展了此次航程的最初设想，开辟了库克作为探索家的未来之路。附加的指令还要求库克“观察土壤的性质及物产”，并将“你可能采集到的树木、水果和谷类的种子标本”带回欧洲。[1]这使得班克斯团队的职责更加清晰。沃利斯也接到了类似的命令（尽管拜伦没有），但他不具备完成此项任务所需的技术人手。正如英国海军部无法预料的那样，皇家科学院也未充分预见班克斯与库克之间密切工作关系的重要性。从多方面来看，奋进号远航的方式是有点出乎意料和偶然的。即将扬帆启程，班克斯再次流露出跃跃欲试的兴奋之情，他告诉记者：“至少迄今为止，没有任何科学界人士造访过南海。”[2]

从航行开始，班克斯一直不知疲倦地从事观察自然史的活动，他在第二篇日记中就提到从船上观察海豚，并思考林奈分类法。在奋进号上，身穿平民服装的班克斯必定是个显眼的人物：忽而从后甲板上击落飞鸟，忽而把网、线抛到船外去捕捉奇特的鱼类。他似乎有无限的好奇心和无穷的精力。在这艘船上，班克斯和索兰德拥有一间奢侈的私人小舱，仅六英尺见方，比一只餐边柜大不了多少；不过，他们的团队被允许使用船尾的“船长大舱”进行科研活动。索兰德解说了每天的活动：“早上阅读；下午直到深夜跟绘画员［帕金森］面对面坐在大桌旁，向他解释如何正确地描绘每株植物的图像，趁着采集的标本仍然新鲜，迅速将所有的细节记录下来。”[3]向大洋深处航行，给班克斯和索兰德提供了充分的机

---

① J.C. Beaglehole, *The Journals of Captain James Cook on His Voyages of Discovery: The Voyage of the Endeavour 1768-1771*, Cambridge, 1955, pp.cclxxxii-cclxxxiii.

② Chambers ed., *Banks's Indian and Pacific Correspondence*, I, p.26. 此时，班克斯尚不知道肯默生和韦龙参加了布干维尔的航行。

③ Beaglehole ed., *Banks Journal*, I, p.34.

会去捕捉和考察生活在“深渊的居民”，他们发现这“非常令人鼓舞。迄今为止，如此广袤的地带绝少有人涉足，对它的自然史一无所知。……将有可能极大地扩展我们渴求的科学知识”[①]。一旦上岸，这两个人就专心致志地搜集标本。班克斯在日记中发牢骚说，在马德拉（Madeira），他们不得不留在船上等候岛上的总督进行礼仪访问，“这个我们不想追求的荣耀占去了几乎一整天的时间”[②]。尽管如此，他们还是搜集了“300 多种植物，200 多种昆虫，约 20 种鱼类，其中很多从未被科学界描述过”[③]。由于索兰德不像班克斯那样保存自己的日记，很容易低估他在探索活动中发挥的作用；但毫无疑问，对于充满热情的业余爱好者班克斯来说，有这位受过林奈分类系统训练的植物学家同行，是显著的优势。19 世纪的植物学家约瑟夫·道尔顿·胡克（Joseph Dalton Hooker）如此评价索兰德：他对植物所作的拉丁文描述具有“前所未有的完整性、简洁性和准确性”[④]。

在里约热内卢，没有欢迎仪式或其他浪费时间的事务，但当地总督怀疑这一队人马的身份和目的，拒绝让博物学家们上岸。在一封写给朋友的信中，班克斯用一种独特的方式描述了自己的感受：“你或许听说过这种事吧，一个法国男人躺在亚麻被单里，两个裸体情妇用各种可能的方式来刺激他的欲望；但是你从来没有听说过一个被诱惑家伙的悲惨处境比我的更难忍耐。我诅咒，发誓，咆哮，顿足，写下对这个世界毫无意义的回忆，所得到的回答只是嘲讽。”[⑤]通过秘密登陆和贿赂岛民，班克斯和索兰德采用“公平的和

① Beaglehole ed., *Banks Journal*, I, p.137.

② Ibid., p.160.

③ Chambers ed., *Banks's Indian and Pacific Correspondence*, I, p.33

④ Joseph Hooker, *Flora Novae-Zelandae*, I, 1855, p.iii.

⑤ Chambers ed., *Banks's Indian and Pacific Correspondence*, I, p.35.

肮脏的手段”，以采集蔬菜做沙拉为名，获得了大约300件标本。帕金森绘出了37种植物，包括迷人的三角梅。但总体来说，近三个星期的停泊令博物学家们备感失望。1768年12月初，他们终于欣慰地告别了那些“粗鲁无知的绅士们”。

在海上的漫长日子里，有些水手对捕捉和辨认鱼类产生了兴趣，这是出乎意料的。在乘小艇短途旅行时，索兰德写道：“他们能记住我们教给的知识，从而可以发现新的鱼类物种。”有些水手是“很有头脑”和“非常有用的帮手”，他们以特有的方式表达对班克斯和索兰德的敬意，也许是出于尊师，也许是被博物学家的大钱囊诱惑了吧。① 天气平静时，班克斯及助手们在热带水域挖出大量的软体动物，并捕获到一些螃蟹和水母的未知物种。索兰德的传记作家评论说，“这些发现在海洋生物学史上是开拓性的”；并引用了索兰德写给皇家学会的一封信：“我们很幸运地发现了大量的海洋物产，我希望能比前人更好地整理和辨识它们。尤其是当这些生物鲜活的时候，班克斯先生的助手能有机会把它们绘制下来。”② 这证明了与艺术家合作的重要性。

1月中旬，奋进号到达了火地岛的成功湾（Bay of Good Success）。在那里，班克斯决定进入内陆考察，结果导致了一场灾难。由于天气“非常棒，宛如阳光灿烂的5月”，班克斯及其同伴便登上高地去寻找高山植物。可是转眼之间，气温开始下降，飘起了雪花。考察队没有携带足够的衣物和食品，度过了一个悲惨的夜晚，班克斯的两个黑仆被活活冻死了，巴肯的癫痫病发作（三个月后在塔希提去世）。第二天早上，班克斯一行设法返回了奋进号，

① Duyker, *Nature's Argonaut*, I, p.110.

② Ibid, p.113.

他让其他冻得发抖的幸存者到舱里去休息和取暖，自己又立即驾船去采集更多的鱼类标本。这就是典型的班克斯作风。[①]

在航行的早期阶段，库克对班克斯从事的科学活动的价值持怀疑态度。1769 年 1 月 15 日，他写道，虽然奋进号在勒梅尔海峡（Strait of Le Maire）停泊时面临着潜在的危险，班克斯仍然“非常渴望”被允许上岸，可是当他回到船上，带来的只是“一些绿植和花朵，大部分是欧洲人未知的，这就是它们的全部价值”[②]。不过，班克斯五天后上岸，发现并带回了两种植物——坏血病草（*Cardamine glacialis*）和野生芹菜（*Apium prostratum*），库克认可了它们的重要性。由于已知它们具有抗坏血病的药性，立即就把它们放进了船员的菜汤中。在同一天的日记里，班克斯仿佛是在回应库克 1 月 15 日的批评，他写道，他很喜欢穿越这片最荒凉的地带，“索兰德博士和我从自身酷爱的追求中获得如此巨大的满足，也许没有任何植物学家比得上。这些植物与从前描述的完全不同，我们对造物主创造的无穷物种惊异不已，从不感到疲倦”[③]。尽管在荒山野岭里的工作十分艰辛，但他们仍设法搜集了 104 种开花植物和 34 种苔藓。

在从合恩角穿越南太平洋的漫长行程中，库克指示船员每天喝一品脱麦芽汁，但班克斯仍然受到了坏血病的袭击。如今回想起来，他对遏制坏血病恶化采取的措施是整个航行中最奇特的事件之一。1769 年 4 月，当奋进号接近目的地社会群岛（Society Islands）时，班克斯开始感觉到不舒服，首先是喉咙发炎，接着牙龈肿大，口腔里出现丘疹，有发展成溃疡的趋势。班克斯带了一些柠檬汁上

---

① 有关情节见 Beaglehole ed., *Banks's Journal,* Ⅰ, pp.218-223。

② Beaglehole ed., *Endeavour Voyage*, p.44.

③ Beaglehole ed., *Banks's Journal,* Ⅰ, pp.225-226.

船，立刻开始每天服用六盎司：“效果十分惊人，不到一个星期，我的牙龈就变得像从前一样坚固了，只是脸上残留着几个小脓疱。”从商人理查德·塞缪尔的一封信中可以看出，班克斯在出发前就关注到了这个问题，并对即将到来的远航流露出一丝忧虑。塞缪尔告诉班克斯：“关于治疗坏血病的方法，我询问过几位海员，没人能给出明确的答案，尽管绝大多数人都说喝柠檬汁很有益处。”[①]《预防坏血病的建议》（*Propasal for Preventing the Scurvy*，1768）一书的作者纳撒尼尔·休姆（Nathaniel Hulme）也推荐了柠檬汁。班克斯吸取了前人的建议，携带了大量的柠檬汁和橙汁，饮用后果然见效。有一点比较奇怪，班克斯的舱室离库克的很近，他们时常交换阅读对方的日志，但库克似乎忽略了班克斯的保健示范。他继续相信麦芽汁、酸菜和新鲜食物，加之保持船只清洁、通风良好，而对柠檬汁的疗效不屑一顾。第二次远航后，库克在写给皇家学会会长约翰·普林格尔（John Pringle）爵士的信中说：“浓缩柠檬汁和橙汁的价格不菲，我们不可能在船上大量储备。我认为这不是必需的，尽管可能有一定的帮助，但我不认可它们具有什么独立的效用。”[②]

4月13日，奋进号到达塔希提。班克斯的日记（现收藏在伦敦的自然历史博物馆）表明，他的工作重点发生了变化。他仍搜集标本，但这主要是索兰德的任务，由斯珀灵和帕金森进行协助。后者描绘了在社会群岛采集的113株植物，另有13张草图。班克斯

---

① Beaglehole ed., *Banks's Journal*, Ⅰ, pp.243-244, 250-251; Ⅱ, p.301; Richard Samuel to Banks, 29 July 1768, in Chambers ed., *Banks's Indian and Pacific Correspondence*, Ⅰ, p.17.

② 库克致约翰·普林格尔爵士的信，Cook to Sir John Pringle, 7 July 1776, in James Watt, 'Medical Aspects and Consequences of Cook's Voyages', in Robin Fisher and Hugh Johnston, *Captain James Cook and His Times*, Vancouver, 1979, p.135。值得注意的是，库克提到的“敲榨过的”（或浓缩的）柠檬汁在加工过程中丧失了大部分的维生素含量，而班克斯则使用桶装的柠檬汁。

描述道，成群的苍蝇极大地阻挠了艺术家的工作："它们不仅将标本的表面全都遮住了，而且当它们快速飞过时，甚至能把纸上的颜色抹掉。"约翰·霍克斯沃斯（John Hawkesworth）博士编纂出版的库克和班克斯日志里没有包括下面这段话："外面放了一个装满焦油和糖蜜混合物的捕蝇器，也并没有阻挡苍蝇的攻势。我看见一个岛民从中取了一些混合物，放在手里。我好奇地想知道他要干什么。原来这位绅士的背上长了一个大肿块，他把沾着混合物的亚麻布敷在了上面。但究竟是否有效，我从未费心去问。"① 植物学家搜集植物，艺术家在现场绘图，这种合作方式在实践中虽然遇到了很多挑战，但为在太平洋考察的博物学家设立了新的标准。在欧洲人的影响全面进入太平洋地区之前，这个考察队提供了关于塔希提岛植物的珍贵信息，包括搜集标本和绘图，并为有关东南亚波利尼西亚岛人的研究提供了有力的论据。班克斯和索兰德特别关注岛民种植的作物，描述了面包果、香蕉、山药和甘薯等。帕金森详尽地列出了"奥塔海特（Otaheite）② 的食用和医用植物"，共 14 页，包括对棕榈和面包果的详细描述（图 8）。③ 班克斯对面包果的赞美脍炙人口："就食物来说，这些快乐的人丝毫不受我们祖宗的诅咒；几乎不能说他们是用汗水来赚取面包，只需爬到树上把面包果摘下来，便轻而易举地获得了最味美价廉的食物。"④ 索兰德的评价较少诗意："它是世界上最有用的蔬菜之一。"⑤

最重要的是，班克斯对岛上的居民十分着迷，观察和记录了

① Beaglehole ed., *Banks's Journal,* Ⅰ, pp.260-261.

② 此为"塔希提"的旧称。——译者注

③ Sydney Parkinson, *A Journal of a Voyage to the South Seas*, 1773, pp.37-50.

④ Beaglehole ed., *Banks's Journal*, Ⅰ, p.341.

⑤ Duyker, *Nature's Argonaut*, p.153.

他们的外观和习俗。他的日志是一座民族学宝库。他的兴趣既是个人的（甚至可说是性感的），也是学术性的。到达塔希提的第二天，他便写道："我在人群中发现了一个漂亮的女孩，她眼神炯炯，好似一簇火，我在其他地方从未领略过。"[①] 比起船上的其他任何人，班克斯待在岸上的时间最长，混迹于岛民之中，大胆地尝试他们的语言，参加他们的庆典和仪式，在年轻女性中寻找有意的性伴侣，并详细记录下自己的经历。他的编辑写道，班克斯是"太平洋民族学的创始人"[②]，在日志现代版里，对"海岛风尚习俗"的观察占据了 50 多页。相比于肯默生随布干维尔远航时访问塔希提，班克斯在此停留的时间更长；他对事件和印象的翔实记录具有更重要的学术意义。班克斯上岸短途跋涉时，库克经常跟他同行，两个人从对方的见解中受益，他们的日记显示出相互借鉴和确认的迹象。索兰德，年龄与库克更加相仿，是另一位发挥重要影响的人物。他编纂了塔希提语词汇，其中包括岛民给船上成员起的名字：库克叫作"图特"（Tute），很快就在波利尼西亚传开了，众人皆知。在航行即将结束时，库克对班克斯和索兰德的工作表示了赞赏，向海军部报告他们"在自然史及其他有用的方面……许多有价值的发现……这一成功的远航，无疑对学术领域做出了很大的贡献"[③]。此番话既是对博物学家表达的敬意，也适用于对库克本人的表彰。

班克斯和库克的沟通和相互理解十分出人意料，二人的背景和个性不同——一个是富有的地主，年轻而精力旺盛，另一个是海军军官，出身卑微且简朴严肃，还年长十五岁；他们都习惯于下达

① Beaglehole ed., *Banks's Journal*, I, p.255.

② Ibid., p.40.

③ Beaglehole ed., *Endeavour Voyage*, p. 501. 但三十多年后，班克斯批评了库克对博物学家的态度。

命令，而不是接受指挥。在这次航行中最重要的时刻之一，尽管可能不大情愿，库克还是同意了班克斯在塔希提提出的要求，将图帕亚（Tupaia）带上船，他是一名来自赖阿特阿岛（Raiatea）附近的勇士，兼牧师和航海家（图 10）。班克斯在日志中提到了这个小胜利，同时自嘲道："不知为什么，我大概不会把他留在英格兰做稀奇展物，像我的邻居们养的狮子和老虎那样。"① 在不大自命为保护人的时候，他和库克一样，很欣赏图帕亚作为领航员、绘图者和调停人的杰出才能。

他们在塔希提进行了必要的天文观测，结果令人失望，但这并不是格林和库克的过错。奋进号又向海上进发，首先绘制了社会群岛更多部分的海图，然后向南驶去，寻找未知的大陆。在海上，班克斯又开始渴盼植物考察了：

> 此刻，我希望英国的朋友能借助某种神奇的间谍望远镜窥视我们的境况：索兰德博士坐在舱内的桌旁绘图，我在伏案写日志。我们两人之间悬挂着一大堆海草，桌子上堆着木头和甲壳动物。朋友们或许能发现，尽管在做不同的事，但我们的嘴唇不时地蠕动。不必懂得法术便能猜出我们正在谈论"到了陆地［新西兰］将会看到什么"。毫无疑问，我们很快就会知道了。②

至此，班克斯及其团队已经制定了一个标准程序：尽可能在植

---

① Beaglehole ed., *Banks's Journal*, I, pp.312-313. 关于图帕亚有大量的文献记载，如 Joan Druett, *Tupaia: The Remarkable Story of Captain Cook's Polynesian Navigator*, Auckland, 2011。

② Beaglehole ed., *Banks's Journal*, I, p.396.

物仍然新鲜的时候完成描述和绘图；然后将植物夹在纸里制成干燥标本，为达到此目的，班克斯和索兰德采用了弥尔顿《失乐园》的散页，那是从伦敦一家印刷厂批量购买的。他们很难料想，当后人惊愕地认识到欧洲人的枪械和性病带给波利尼西亚的影响时，这一书名是再恰当不过的了。

1769 年 10 月，奋进号抵达新西兰的未知海岸，第二天就派出了一支先遣队，成员包括库克、班克斯、索兰德、格林和外科医生蒙克豪斯，还有图帕亚，他们从图卢安努伊港（Tuuranganui harbour）上岸去会见“印第安人”[①]。先遣队的组成表明，谈判和调查是主要目的，但人们都带上了武器。当一个毛利（Maori）武士攫住了格林的剑时，班克斯不由地开了枪，并没有瞄准要害，只是试图将他击倒。可是蒙克豪斯紧随其后，用装满火药的毛瑟枪打死了这名男子。当天晚些时候，发生了进一步的冲突，四个毛利人被打死，还有一些人受伤。库克和班克斯对此感到不安。在日志中，库克声称是自卫：“我不能站着不动，任凭那些人击打我们的头。”[②]班克斯显然对打死人的事感到震骇：“这是我一生中最不愉快的黑暗日子，上天保佑不要让这件事留下痛苦的记忆。”[③]

正如库克受到误导将第一个登陆点命名为“贫困湾”（Poverty Bay），打死毛利人的不幸事件为探险队在新西兰海岸线的考察活动定下了基调。事实上，图帕亚是一个非常宝贵的调解人，“当地居民的语言和他的很相近，他能很好地理解他们，反之亦然”，但是，在塔希提逗留期间，双方几乎没有建立起轻松和谐的关系，而

① 关于库克的船员和毛利人之间的关系，见 Anne Salmond, *Two Worlds: First Meetings between Maori and Europeans 1642-1772*, Auckland, 1991, esp. Part 3。

② Beaglehole ed., *Endeavour Voyage*, p.171.

③ Beaglehole ed., *Banks's Journal*, I, p.403.

且博物学家很少像在社会群岛时那样进行远足考察。当奋进号离开贫困湾时，班克斯注意到，“箱子里的植物不到40种，这不奇怪，因为我们很少上岸，还总是待在同一个地方”。不过根据索兰德的列表，事实上他们在新西兰采集了61种植物。[1] 自然条件有时很不合人意，但植物学活动继续进行。在岛屿湾（Bay of Islands）遇上瓢泼大雨，班克斯写道：“不知道是什么诱惑索兰德博士和我去了那个地方。我们一上岸几乎立即就明白了，除了搞得全身湿透之外将一无所获。”[2] 虽然岛民比较友好，但“深入内陆行进十分艰难，树林浓密不见天日，攀缘藤蔓张牙舞爪，简直无法逾越”。库克和班克斯沿着河岸行进了十几英里，但仅登岸一次。班克斯写道，“河岸上覆盖着密林，是我所见过的最棒的木材”，他已有足够的理由建议将这里作为未来的移民区了。[3] 在阿努拉湾（Anaura Bay），经过一整天的植物考察后，班克斯、索兰德及助手们回到海滩，发现奋进号的小船全在忙着运送储水桶，不得空闲，便说服附近的毛利人划独木舟把他们送到大船上去，结果那叶扁舟被海浪打翻，他们“都成了落汤鸡”。第二次尝试比较成功，班克斯赞赏“我们的印第安朋友再次承担了运送这些笨拙家伙的任务”[4]。有时，斯珀灵会伴随他们考察，他是“一个喜好沉思的人”，花了一些时间写生；但自然史标本绘图的主要任务留给在船上辛勤工作的帕金森。托拉加湾（Tolaga Bay，毛利语 Uawa）给他增加了大量绘画任务，因为班克斯搜集了158件植物标本，其中许多是以前未知的；而在水星湾（Mercury

① Beaglehole ed., *Banks's Journal*, Ⅰ, p.406; Duyker, *Nature's Argonaut*, p.160.

② Beaglehole ed., *Banks's Journal*, Ⅰ, p.443.

③ Ibid., Ⅰ, pp.435-436; Ⅱ, p.4.

④ Ibid., Ⅰ, p.418.

Bay），植物学家们发现了214种未知植物。班克斯写道，“在一个前人从未涉足的地方”，这毫不奇怪。[①]他总是不停地寻找“有用的”植物，特别留意新西兰亚麻（*Phormium tenax*），“它优于大麻（hemp）……因而无疑是很有价值的植物，英格兰可以大量收购，尤其希望它能在英格兰茁壮生长”[②]。

班克斯又花了相当多的时间观察和记录当地居民的风俗习惯。有一次，当他和索兰德带着“我们搜集的珍贵植物和鸟”向小船走去时，看见了一位想展示武艺的毛利老人。他将一根树棍当作假想敌，举起长矛猛力向“敌人”刺去，并用石棒狠击，“任何一击都会让天灵盖迸裂。由此我得出结论，他们对敌人是绝不留情的”[③]。毛利人的勇气和尚武精神令库克和班克斯都感到震撼。随着考察的继续，从日志看出，他们受到食人问题的困扰。开始几个星期，他们一直不敢相信这是事实，最后在夏洛特王后湾（Queen Charlotte Sound）发现了确凿的证据。在顾名思义的食人港（Cannibal Harbour）又有更多的记载。

1770年3月，库克完成了对新西兰的出色考察，证明它的双岛不属于任何大陆。奋进号从那里驶向一个神秘的地区——新荷兰的未知东部。当船经过塔斯曼海（Tasman Sea）时，班克斯继续进行细致入微的观察。他对葡萄牙战舰的描述是一个范例：

> 船体包括一个燃料箱，它的上侧固定着一种风帆，可以轻松地竖立扬起或收缩下降。燃料箱的下面挂着两根绳子，一根是

---

① Beaglehole ed., *Banks's Journal*, Ⅰ, p.428.

② Ibid., Ⅱ, p.10. 亚麻有许多用途，最重要的是用于制造船帆。由于这种海军必需品的主要来源是波罗的海地区，英国海军部一直担心在战争期间供应可能很容易中断。

③ Ibid., Ⅰ, p.419.

光滑的，无任何特殊之处；另一根上系了很多小圆结，可以搞出各种恶作剧，一旦触到什么东西，它便会立即伸出无数白色的细针，刺入皮肤可导致剧痛或烧灼感。①

4月19日，他们望见了澳大利亚东南部的海岸，但九天之后才登陆。迄今为止，库克探险队对于考察新荷兰及其土著居民并没有充分的思想准备。在很快被命名为植物学湾的那个地方，他们首先碰到了塔拉瓦（Tharawa）部落的格威盖尔（Gweagal）族人，其中两个人，仅凭长矛和投掷棍棒，勇敢地抵御奋进号的船员登陆，直到船员用火枪射击数次，他们才后撤了。在岸上，库克、班克斯、索兰德和图帕亚察看了几座用树皮搭建的小棚（里面蜷缩着几个被吓坏的孩子）和几只简陋的独木舟。奋进号航海官理查德·皮克斯吉尔（Richard Pickersgill）的日志写道："男人和女人基本上都是赤裸的，没有什么东西遮盖身体。简而言之，这是我所见过或听到过的最可怜的人群。"② 这似乎概括了船员们对植物学湾的总体印象。当沿澳大利亚东岸的巡航结束时，班克斯有关澳大利亚土著的描述将比较全面和富于同情心，可此时他正忙着搜集标本。在第一次登陆之后的数天里，他们发现了非常多的未知植物，库克于是将原本命名的"魔鬼鱼港"（Sting Ray Harbour）这个不讨人喜欢的名字改成了"植物学湾"，以表彰勤奋努力的博物学家。他没有料到这个名字会有什么不吉利的寓意。众所周知，这里后来成为英国罪犯的流放地。

在逗留期间，班克斯记载了有关制作和保存干燥标本的信息：

---

① Beaglehole ed., *Banks's Journal*, Ⅱ, p. 45. 这种机制可以刺死乌贼和鱼，以保护燃料箱。——译者注

② *Historical Records of New South Wales*, vol. Ⅰ, Part 1, p.215.

我们搜集的植物数量非常多。为避免它们在书页中腐败，需要给予某些特殊照料，因而我花了一整天时间，把所有的干燥纸页搬上了岸，将近两百刀，其中大部分已夹满了标本。我把它们摆放在帆布上，暴露在阳光下，时而翻动，有时还将夹着植物的纸页打开晾晒。通过这种办法来保持标本的良好状况。①

5月6日从植物学湾驶出，班克斯和助手们连续六天加紧处理植物和标本，直到5月12日傍晚，他才腾出空来写日志："完成了在上一个港口搜集的植物图画绘制。我们一直用锡箱和湿布来让植物保持新鲜。"② 班克斯提到的锡箱大概是指一种外加铁套的玻璃容器，里面装水，在岸上搜集植物时用。③ 在这两个星期内，帕金森竭力应付植物学家采集的大量标本，画了至少94张图，虽然并不都是完整的图。他优先给特别重要的植物画出完整的彩色图像，而其他的植物，只能争取在枯死之前快速画出草图。他明白，一旦入海航行，就不可能用宝贵的饮用水来保持植物长时间存活了。最终，帕金森依靠草图和植物的花朵或果实图像，加上有关的笔记，绘出精确的图像。④

沿着昆士兰（Queensland）海岸向北航行途中，发生了一场灾难。船在大堡礁碰上了珊瑚礁，被撞坏了。班克斯不无夸张地记述：船员们拼命地让奋进号躲开锯齿状的珊瑚礁，"我们面临着死亡的威胁"⑤。幸运的是，在奋进河（Endeavour River）河口附近，

---

① Beaglehole ed., *Banks's Journal*, Ⅱ, p.58. 一刀＝四张纸对折成八页。

② Ibid., p.62.

③ Duyker, *Nature's Argonaut*, p.184.

④ William T. Stearn, 'The Botanical Results of the Endeavour Voyage', *Endeavour*, XVII, 1968, p.9. 伦敦的自然博物馆收藏了帕金森的绘画18卷。

⑤ Beaglehole ed., *Banks's Journal*, Ⅱ, p.79.

他们发现了一个港湾，得以修复船只；班克斯试图抢救存放在面包房里的植物——海水泛进船舱时，它们被浸泡了。接着，他和索兰德开始植物学活动，共搜集了二百多种。最吸引班克斯的是一种灰色皮毛的动物，“它不是用四条腿走路，而是用两条腿大幅度地跳跃”[①]。他在日记中费力地描述这个奇怪的生物：“无法把它同欧洲的动物进行比较，因为它跟我见过的其他任何一种动物都无相似之处。它的前腿奇短，走路时没有用处，而后腿长得不成比例，一下就能跳七八英尺远。”[②]班克斯给它取了个土著人的名字“康鲁鲁”（kanguru，即袋鼠）。7 月 14 日，他们打死了一只袋鼠，把它烹吃了。几年后班克斯自夸道：“我敢说，我品尝过的动物王国的美味比别人都多。”[③]库克将这个地方命名为“新南威尔士”（New South Wales）。随着奋进号再次出海，班克斯对该地区进行了长篇描述，内容关于物产和居民。他对澳大利亚土著的评论尤其引人注意。逗留在奋进河河口的六个星期中，他在古古－伊米德希尔（Guugu-Yimidhirr）部落看到了许多男人（没看到女人），虽未频繁交流，甚至偶有摩擦，但他开始逐渐欣赏这些人，以及他们与自然的和谐关系。1770 年 8 月，班克斯在描述植物学湾土著人的生活方式时，形容他们是“长毛的、赤裸的、恶臭的胆小鬼”。如今，班克斯对土著人虽有负面评价“既无衣服也无住所，似乎对耕作一无所知”，但总体态度有了很大的改变，摆脱了丹皮尔式的狭隘偏见。他观察到土著人把“尘世宝物”装在一个小袋子里，由此得出令人惊讶的结论：“我差不多可以说这是些快乐的人，他们没有财富的焦虑，满足于几乎一无所有，甚至对我们欧洲人认为的日常必需品也毫不

---

① Beaglehole ed., *Banks's Journal*, II, p.89.

② Ibid., p.94.

③ J. C. Beaglehole, *The Life of Captain James Cook*, 1974, p.261.

在意。”库克对土著人生活方式的认可更出人意料，他认为，他们的生活方式同温和的气候和充足的食物来源有关，并得出结论：“事实上，他们远比欧洲人幸福。”[1] 穿越托雷斯海峡后，回程是一段悲惨的航行。尽管没有船员死于坏血病，但在巴达维亚逗留期间，近三分之一的人因患痢疾和其他疾病而死。班克斯、索兰德和斯珀灵都病得很重；图帕亚、蒙克豪斯和“无价之宝”帕金森不幸离开了人世。尽管身患重病，班克斯仍在日记中对巴达维亚做了详细的描述，而库克则通过一艘荷兰船把他的日志复制件寄给了海军部。无论奋进号的最终命运如何，至少这次探索远航的发现不会湮灭。1771 年 7 月，奋进号终于抵达英国，库克把他的日记连同海图、绘画全部呈交海军部，并写了一封措辞过于谦恭的信，称这些记录“试图描述我们所到的地区和探索发现，但愿能够传递有用的知识，尽管它们并不是多么了不起。此外，整个航程耗时甚久，我对此深表歉意”[2]。

库克第一次太平洋远航的成就卓著，涵盖地理学、天文学、远洋船卫生等许多方面；奋进号顺利返航后，公众对于库克个人的贡献却缺乏关注。读者不免对此感到困惑不解。据当年 7 月的伦敦报纸说，此次远航的主角是“班克斯先生和索兰德博士”，他们克服了巨大困难，驾船环游世界，频繁遭遇船只失事的危险，除了在塔希提逗留外，还“接触了其他近四十个此前未被发现的岛屿……并带回了超过一千种植物，都是欧洲人前所未知的”。8 月 7 日的《公众广告报》（*Public Advertiser*）给予他们极高的赞誉：“班克斯和索

---

① 关于班克斯和库克对土著人的评论，请参阅我的文章 ‘Far more happier than we Europeans: Reactions to the Australian Aborigines on Cook’s Voyage’, *Historical Studies*, 19, 1981, pp.499-512。

② Beaglehole ed., *Endeavour Voyage*, p.505.

兰德博士在天文学和自然史上的发现，比过去五十年间向学术界提交的所有报告都更有价值。”8月初，班克斯和索兰德正式觐见乔治三世，之后又数次在邱园与国王会面。他们从海外带回种类繁多的奇花异草，丰富了这座皇家花园的收藏。

直到8月16日才有媒体提到谦卑的库克上尉，他是这次远航壮举的实际总指挥。之后，《伦敦晚报》（*London Evening Post*）报道，库克觐见了国王，被晋升为海军中校。但不知为何，该文措辞仍给人造成一种错觉，似乎索兰德和班克斯是奋进号的统领，库克只是一名乘客：“皇家海军上尉库克同索兰德、班克斯等一起环航世界。”对库克来说，更重要的是海军部为他举办的热情接风仪式，以及晋升和新的任命——第二次率队远下太平洋，去寻找传说中的南方大陆。即便如此，坊间仍旧不相信下次远航会由库克担任指挥。譬如《威斯敏斯特报》（*Westminster Journal*）在8月底报道：“著名的班克斯先生不久将再次航行到南海的圣乔治岛。据说政府将允许他拥有三艘船，带上众多的随员，以及武器和食物，以便在那里建立殖民地，种植农作物。”[1]返回英国后，班克斯迅速成为一位社会名流，跟国王和贵族结交，同索兰德一起接受了牛津大学授予的荣誉学位，并得到远在乌普萨拉的学者林奈的高度赞赏。林奈提议，南方大陆应被命名为“班克斯亚”（Banksia）。[2]他还在信中兴奋地写道：“假若我不是64岁了，而且身体衰弱、行动不便的话，我就立即动身去伦敦了。”[3]然而好几个月过去了，林奈期盼着班克斯和索兰德寄给他从奋进号带回的植物标本，结果一无所获。在后来的几年里，林奈强烈斥责索兰德“忘恩负义”，竟然“连一

① Beaglehole ed., *Endeavour Voyage*, pp.642-655.
② Beaglehole ed., *Banks's Journal*, I, p.53.
③ Duyker, *Nature's Argonaut*, p.222.

件植物或昆虫的标本”也不愿提供给恩师。[1]

与此同时，索兰德和班克斯正在准备随同库克开始新一轮太平洋之旅，这标志着英国的探索远航从此将上升到科学的维度。班克斯理所当然地以为，他的职位将比在奋进号上时高一些。他似乎没有咨询库克或海军部，便自行组织了团队，里面有科学家、艺术家、秘书，甚至有两名音乐家，共 17 人。有迹象表明，申请者之间产生了竞争，一位海军军官退出了，因为他发现“充满激情的探险者们就像比美的女人们，无法互相容忍”[2]。被录用者中包括来自爱丁堡的詹姆斯·林德，他在天文学方面颇有造诣，受到英国皇家学会极力推荐，因为“他具备矿物学、化学、力学和自然哲学各个分支的渊博知识，而且在印度群岛及不同的气候区待过数年”[3]。就连吝啬的政府都将支付给林德四千英镑的远航开支。申请者们似乎以为，这次出航的意图和目标都由班克斯来拍板，但是麻烦出现了，因为船长库克和海军部为这次远航选择的是另一艘运煤船——格兰比侯爵号，后改名为决心号（*Resolution*）。它比奋进号大一些，但对于班克斯及其随员来说还是不够大，并且显得过于低档，够不上班克斯的品位，用他的话说是根本“不适宜让一位绅士登船”。他坚持对决心号进行改建，增加上层甲板，在上面建一个圆顶舱。而且，班克斯要占据传统上为船长保留的大舱室，让库克屈尊使用圆顶舱。这一改动导致船只头重脚轻，在泰晤士河试航时险些倾覆。一位上尉向班克斯指出，必要时他甚至能坐着盛放烈酒的木桶出海，但对这艘船的航行预期很不乐观，它是“我所见过的最

① Duyker, *Nature's Argonaut*, p.224.

② Chambers ed., *The Indian and Pacific Correspondence*, I, p.47.

③ Beaglehole ed., *Resolution and Adventure Voyage*, p.913. 注意不要将参加库克第二次远航的林德与海军外科医生詹姆斯·林德相混淆，后者参加乔治·安森的环球航行，探索了治疗坏血病的潜在方法。

不安全的船”[①]。海军部立即做出激烈反应，命令拆除所有的新添建筑，尽可能恢复船的原状。

班克斯前往希尔内斯（Sheerness）时看到了变化，愤怒之极。一名候补军官记得：“他像疯子一样在码头上顿足诅咒，当场命令随从下船，把所有东西从船上卸下来。”[②] 在向海军部提出徒劳的抗议之后，班克斯改变主意，转而租了一艘双桅船，在索兰德的伴随下去了冰岛。那是一次有意思的短途旅行，但与南太平洋远航绝对无法相提并论。班克斯曾经渴望“把我的脚跟放在极点，一瞬间转个 360 度！”[③] 但他放弃了同库克第二次远航的宝贵机会。关于班克斯另有一件逸闻。当决心号于 1772 年 7 月抵达马德拉时，库克得知有一位“伯内特先生”（Mr. Burnett）三个月前曾到达该岛，并花了一些时间考察植物；当他听说班克斯不会乘决心号前来，便返回英国了。库克报告说：“伯内特先生的一举一动都证明他是个女人。”[④] 于是有人联想起索兰德曾说过，班克斯试图“在远航中过得快活”[⑤]。倘若班克斯确实做了这种安排，说明对他来说，尊重海军公约不那么重要。决心号上的一名候补军官在回忆录中写道：“除非这位女士真的极其谨慎，否则她可能惹出许多麻烦。”[⑥] 霍克斯沃斯在编纂库克第一次远航日记 1773 年版时，如实描述了波利尼西亚的风俗，这给伦敦文学界的讽刺作家们提供了丰富的素材，将班

---

① Beaglehole ed., *Resolution and Adventure Voyage*, p.xxx.

② Ibid.

③ Chambers ed., *Banks's Indian and Pacific Correspondence*, I, p.56.

④ Beaglehole ed., *Resolution and Adventure Voyage*, p.685.

⑤ Duyker, *Nature's Argonaut*, p.227.

⑥ Beaglehole ed., *Resolution and Adventure Voyage*, p.xxix n. 在一部最近的小说《魔术鸟》（*The Conjuror's Bird*，2005）中，马丁·戴维斯（Martin Davies）推测，从决心号的上层甲板拆掉的那间备用小屋是班克斯打算为他的女性伴侣准备的，所以拆除它才激起了他的愤怒反应。

克斯描绘成一个性生活放荡的家伙（图 11），甚至连累了自律节制的索兰德（图 12）。一位匿名蹩脚诗人写道：

> 拈花惹草的班克斯和狡黠的索兰德，
> 一同在南大洋恣意享乐。
> 声称纯粹的姘居不须辩解，
> 毫无拘束地谈论部落的淫乐。
> 塔希提的真正诱惑力，
> 原来是放浪娘儿们和娼妓。[①]

与此同时，重要的工作亟待完成，他们要将从奋进号带回的大量自然史标本整理、分类和出版。其中公众最感兴趣的是袋鼠皮，乔治·斯塔布斯（George Stubbs）以此为基础创作了一幅动物画。帕金森笔下的一幅跳跃袋鼠（图 9）更是栩栩如生[②]，但这些始终没有出版，斯塔布斯的画仅被收入霍克斯沃斯的《航海》（*Voyages*）一书。奇怪的是，尽管索兰德检验了三个标本，但并未识别出它们是有袋动物。在给法国科学界一位熟人的信中，班克斯提到带回的标本规模："这次航行中发现的标本数量是令人难以置信的，有大约一千种植物……从未被任何植物学家描述过，五百种鱼，还有众多鸟类、不计其数的海洋和陆地昆虫。"[③] 从一开始，班克斯对出

---

① Bernard Smith, *European Vision and South Pacific*, 2nd edn., New Haven and London, 1988, p.47.

② Beaglehole ed., *Endeavour Voyage*, p.352.

③ Chambers ed., *The Indian and Pacific Correspondence*, I, pp.55-56. 班克斯的传记作者给出了截然不同的数字：关于植物，超过 3600 种，其中 1400 种是科学界未知物种；来自动物王国的超过 1000 种，其中大多数是鱼类、节肢动物和软体动物。Carter, *Banks*, pp.95-96.

版这些资料就有一个大致的想法，不是一个小型系列，而是一部庞大的作品，有八百幅附有说明文字的全页插图。然而，实现这一计划面临一些问题。首先，帕金森的去世削弱了艺术性，只有他亲眼见过鲜活的植物，班克斯后来雇的艺术家和版画师无法弥补这种欠缺。此外，帕金森绘画和笔记的所有权产生了纠纷，他的兄弟斯坦菲尔德（Stanfield）是个反复无常、很难缠的人，班克斯卷入纠纷，耗费了很多时间。班克斯是个大忙人：前往冰岛考察，作为理事参加皇家学会的活动，管理在林肯郡的庄园，再加上监管邱园。因而他将大部分的出版事务委托给了索兰德，但索兰德也有重任在身，他被提升为大英博物馆自然史部主任，此外还要管理班克斯的植物标本馆（图 20）。这座标本馆馆藏丰富，最初建在伦敦新伯灵顿街，1777 年迁至苏荷广场 32 号一座更宽敞、更著名的宅邸，班克斯在那里度过了余生。

我们很幸运，牛津大学阿什莫林博物馆（Ashmolean Museum）馆长谢菲尔德牧师（Rev. W. Sheffield）对 1772 年 12 月的那批收藏做了详细记录。班克斯的宅邸“是一座完美的博物馆。我花了几乎一整天在里面徜徉，每个房间都有无法估量的珍贵收藏。这座丰富浩瀚的宝库令人难以置信，包括 20 个部分，倘若不是亲眼所见，我是不可能想象得到的”。来自南大洋的收藏被展示在三个大房间内。第一间，军械收藏，包括武器、工具和器具，是用木头或骨头制成的。第二间，岛民的不同服饰，连同制作这些服饰的原材料也一并陈列——这是非常独特的“班克斯式展览”；还有植物，“大约 3000 种，其中 100 种是新属，1300 种是新种，此前欧洲人从未见闻”。第三个房间里装满了“数不清的动物标本，鸟类、鱼类、两栖动物、爬行动物，还有昆虫，保存在烈酒瓶中”。最后，谢菲尔德瞥见了科学界一直期待的奇观：

> 自然史绘画或许是所有公共或私人收藏中最丰富的：帕金森制作的987种植物彩绘；1300—1400种植物图，每幅都包括一朵花、一片叶子和一部分茎，也是由帕金森着色的；还有其他四足动物、鸟类、鱼类等图画。更为奇特的是，这一巨大收藏中所有新的属、种都被准确地描述和清晰地转录，达到了正式出版的水准。①

班克斯和索兰德退出库克的第二次远航，让瑞典的林奈松了一口气。他们从奋进号归来后，约翰·埃利斯告诉林奈一个不受欢迎的消息：这两个人将再次启航，离开欧洲，将整理收藏的工作搁置下来，或许几年，或许永远。林奈对埃利斯说："这个消息令我震惊，我几乎夜不成寐……无与伦比的惊人收藏，世人从未得见，将被冷落在某个角落，成为蛀虫的食物，将可能永远地消失。"② 在某种程度上，林奈过虑了。谢菲尔德的报告显示，班克斯在伦敦的标本馆对外开放了，所有标本都固定在纸卡上，附上标签，接受严肃询问者的检验。不过，由于收藏的新奇和规模巨大，迅速出版是不现实的。首先必须根据帕金森的素描绘出全尺寸的彩图，由一组艺术家在索兰德的监督下完成，包括米勒兄弟和小约翰·克里夫利（John Cleveley Jr.），然后进行铜刻制作。每块图版上都附有基于索兰德原始笔记的科学描述。

时间流逝，1778年，林奈去世；班克斯当选英国皇家学会主席，没有任何兑现出版承诺的迹象。直到1782年初，人们才从班克斯口中了解到它的进展："我一直在专注植物学工作，希望很快

---

① O'Brain, *Banks*, pp.168-170.

② Beaglehole ed., *Banks's Journal*, I, pp.70-71.

将这些成果出版，因为我现在已有近七百张对开的图版了。它包括我在世界环航中发现的所有新植物，约八百多种。”[①]1782年5月，索兰德死于中风，年仅49岁。奋进号远航在他心中留下的印迹如此深刻，一位朋友报道，病发之前，索兰德正在回忆多年前“火地岛的危险经历和雪地跋涉”[②]。浩大的工程仍在继续，据1785年班克斯的笔记，出版似乎指日可待了。索兰德和班克斯的名字并列在标题页上，因为此书中“几乎所有部分都包含着索兰德的贡献，他活在其中”。班克斯断定：“余下的工作很少了，只需让版画师做最后的修饰，两个月即可完成。”[③]然而，班克斯终未迈出最后的一步——发表一部前所未有的、精美完整的、势必惊艳学术界的学术杰作。他的传记作家对此感到困惑，或许除了班克斯提到的“余下的工作”，还有其他更多事情要做；倘若索兰德仍在他的身边，事情的结果可能会不同。也有可能是出版的巨大成本令班克斯望而却步。这不由令人想起著名鱼类学家阿尔文·惠勒（Alwyn Wheeler）的话：“似乎有一个最佳时段，生物探险观察必须在这个时段完成，之后便失去了连贯性，人们期盼有一个结果，而随着其他令人感兴趣的事务出现，热情便会降低……世界各地的博物馆、实验室和大学的楼层里都堆满了无数‘即将被整理’的藏品。”[④]对于出版计划的功亏一篑，班克斯仿佛漠不关心。

在索兰德去世的同一年，班克斯似乎不仅忽略了出版的承诺，而且无视前人（如肯默生和施特勒）的开拓功绩，他对一位记者声

① Beaglehole ed., *Banks's Journal*, I, p.120.

② Duyker, *Nature's Argonaut*, p.128.

③ Beaglehole ed., *Banks's Journal*, I, p.121.

④ Alwyn Wheeler, ‘Daniel Solander and the Zoology of Cook's Voyage’, *Archives of Natural History*, 11, 1984, p.514.

称：“我自许是参加探索远航的第一个从事科学教育的人。此次远航是这一启蒙时代首次令人满意的发现之旅，从某种程度上说，我是将远航引向这个方向的第一人。”① 之后的多年，班克斯的收藏被学者们零散地利用。宏伟的《群芳谱》(*Florilegium*)——收载 743 种植物，直到 20 世纪末期，才得以完整问世，比预期推迟了两百年。正如班克斯的传记作者所指出的，《群芳谱》中的图片至今仍是“深藏的宝库，虽众所周知，但前去挖掘财富的仅是凤毛麟角的学者——那些去苏荷广场朝圣的，以及可获取《群芳谱》样本的极少数人”②。

---

① Gascoigne, *Banks and the English Enlightenment*, p.32.

② Carter, *Banks*, p.142.《群芳谱》最终在 1980—1990 年由 Electa History Editions 和大英博物馆出了限量版，分 34 个部分。这一传奇历程的最后篇章参阅 Brian Adams，*The Flowering of the Pacific*, 1986, Part Ⅱ。

第五章

“自称是林奈学人”

——约翰·莱因霍尔德·福斯特的悲哀

约瑟夫·班克斯及其随行人员在1772年5月从决心号仓促撤出，给库克第二次远航的科学探索筹备工作造成了巨大的空缺。要想在短时间内找到一位能够胜任的博物学家来替代班克斯和索兰德，而且愿意远离故土同家人分离三年，不是一件简单的事。据我们所知，唯一的人选约翰·莱因霍尔德·福斯特是个有争议的人物。1729年出生在西普鲁士的但泽（Danzig）的福斯特，六年前才来到英国，当时称自己是“一个外国人，而且是无名鼠辈”[①]。他在柏林和哈勒大学（University of Halle）接受教育，然后回到但泽的改革教会担任助理牧师，职位低微，却有足够的时间钻研学术名著。1765年，福斯特突然转换职业轨道，带着小儿子乔治去了俄国，为凯瑟琳二世服务，负责调查在伏尔加（Volga）河流域新建的德国家庭定居点。福斯特解释说，该项使命促使他立志全面考察那里的地理、植物和动物，以及气候及其对人、动植物等物产的影

① Michael E. Hoare ed., *The Resolution Journal of Johann Reinhold Forster 1772-1775*, 4 vols, 1982, I, p.2.

响。这从某种程度上预示了他后来会参加决心号远航。[1]他发表了大量动植物的描述，包括两百多种植物和一些鸟类、哺乳动物和爬行动物。最初搜集标本的动力可能来自他的儿子。福斯特回忆，当乔治还是一个小男孩时，“每当春天到来，他观察到花园里的植物发芽开花，鸟飞虫鸣，便急切地想知道每种花、鸟和昆虫的名称”。为了解答乔治的问题，福斯特特意买了林奈《自然系统》的德文版，给儿子讲授植物和动物的名称和特征，以及它们的经济价值。[2]

居民点的考察完毕后，福斯特提交了一份报告，其中对伏尔加河的行政管理状况提出了批评。这很不对俄国政府的胃口，他未得到任何报酬。结果，他带着年仅 12 岁的儿子离开了俄国，决定到乔治国王治下的英格兰碰碰运气，但愿那里的人文环境比较宽容。福斯特很快便打入了伦敦的学术圈子，出席各种学术活动，包括皇家学会、文物学会（Society of Antiquaries）及促进艺术、制造和商业学会（Society for the Encouragement of Arts，Manufactures and Commerce）的学术会议。他渴望在新成立的大英博物馆谋得一个职位，但在 1767 年，家庭财政境况迫使他在由异见者办的沃林顿学院接受了一份教职。他在兰开夏郡度过了三个年头，经济拮据，心情沮丧，于是又返回伦敦，重新跟自然史领域的德高望重人士交往，包括文物学家戴恩斯 巴林顿（Daines Darrington）和自然学家托马斯·彭南特（Thomas Pennant）。在给彭南特的信中，福斯特的语气异常谦卑：尽管我未曾在林奈的指导下研习，但我了解林奈的分类法，因此恕我不过谦地“自称是林奈学人”[3]。

---

① Michael E. Hoare ed., *The Resolution Journal of Johann Reinhold Forster 1772-1775*, I, p.17.

② Ibid., p.12.

③ Michael E. Hoare, *The Tactless Philosopher: Johann Reinhold Forster (1729-1798)*, Melbourne, 1976, p.37.

1771 年的冬天，福斯特当选皇家学会会员，刚从太平洋返回的班克斯和索兰德是举荐人。福斯特继续发表有关自然史的学术文章，还将大部分时间花在了翻译工作上（由天才儿子协助）。林奈设立在乌普萨拉大学的研究中心将世界各个角落植物旅行者的叙述编纂出版，福斯特将它们译成英文。与未来联系更紧密的一个项目是他编辑了布干维尔的《环球航行》（*Voyage autour du monde*）一书。《评论报》（*Critical Review*）的赞语可能出于福斯特自己，文中提到这样一位精通自然史的编辑应当加入班克斯和索兰德的下一次远航，因为他"有资格成为三巨头之一"①。1771 年 9 月，福斯特向班克斯明确表达了渴望伴随他重返太平洋的意愿："我准备以最强壮的精神和体魄来支持您正在筹划的新旅程，在未知的天地里，经历同样的危险，分享探索大自然的乐趣。"②

福斯特很难跟人相处是出了名的，班克斯和索兰德均不愿意接纳这样一位旅伴，但当他们撤出后，福斯特似乎就成了现成的替代者。库克在日记中写道，福斯特"从一开始就渴望参加这次远航，一听到班克斯先生放弃，他立即就请求加入"③。福斯特的申请得到了人脉宽广的丹尼斯·巴灵顿的鼎力支持，海军首席大臣桑威克伯爵的认可更发挥了决定性作用。桑威克一直处于同班克斯争论的核心，在一封写给班克斯的信中，他对詹姆斯·林德医生也退出探险队尤感遗憾，但解释说："发现了另一名合格者，而且他随行的儿子是一名非常能干的设计师［艺术家］，显然将是极为有用的。"④巴灵顿提醒首相诺斯，议会批准的 4000 英镑并非林德专用，而是

① Hoare ed., *Forster Journal*, I, p.47.

② Ibid., p.46.

③ Beaglehole ed., *Resolution and Adventure Voyage*, p.8.

④ Ibid., p.717.

“可以拨给参加同一远航的任何人”[1]。出于这一认可，乔治三世绕过了由议会批准的复杂程序，直接授权支付给福斯特1795英镑，作为他的启动经费。福斯特听到这一消息，立即写道：“从今天起，我可以自许是陛下任命参加远航的人了。”[2]在后来的岁月里，他不断重复这句话，船上的人听得耳朵都起茧了。财政部在几天内支付了承诺的款额，此刻福斯特拥有的现金比他一生中任何时候都多。他从未从俄国政府那里收到全部酬金，在沃灵顿学院的年薪只有60英镑。在这场交易中，巴灵顿充当了谈判中间人，结果似乎也达成了一种口头上的协议，即福斯特将撰写此次航行的官方史志，并从出版中获取利润。假如果真如此，迟早会引起各方面的强烈反感。班克斯仍因退出探险队而感到痛心，几乎未对福斯特提供任何帮助，拒绝了他观看从奋进号带回的植物绘图的请求。福斯特怨恨地称对方是“虚假的朋友”[3]。此刻只剩下十天的时间准备出航，福斯特匆忙地购买了各种“装备”，包括书籍、仪器和适宜的衣物，花掉了1200英镑。他儿子后来埋怨，大部分购置都支付了正常价格的两倍。[4]

1772年7月3日，福斯特在普利茅斯加入决心号。十天之后，由托拜厄斯·菲尔诺（Tobias Furneau）船长指挥的僚舰冒险号（*Adventure*）伴行，库克开始了所有海上探险中最伟大的一次远航。在三年之内，他推翻了存在巨大南方大陆的理论。决心号比其他任何一艘船都更接近南极点，并在多处登陆——再次抵达新

① Hoare ed., *Forster Journal*, I, p.51.

② Ibid., p.125.

③ Hoare, *Tactless Philosopher*, p.78.

④ George Forster, *A Letter to the Right Honourable the Earl of Sandwich, 1778*, in Nicholas Thomas, Oliver Bergh and Jennifer Newell eds., *George Forster, A Voyage round the World*, 2 vols, Honolulu, 2000, Appendix D, pp.788-789.

西兰和塔希提，首次登陆复活节岛（Easter Island）、马克萨斯群岛（Marquesas）、瓦努阿图和新喀里多尼亚（New Caledonia）。对福斯特来说，这应是千载难逢的机会。林奈发来了良好的祝愿，他告诉福斯特，参加此次远航表现出“一种英雄主义的精神，可与战争英雄相提并论”，将使“所有的植物学家转而关注你的研究方向”①。福斯特和儿子乔治、天文学家威廉·威尔士（William Wales），以及艺术家威廉·霍奇斯将成为航行中的“实验绅士”②，他们的任务是发现和记录迄今未知的陆地。福斯特是名饱学之士，具有语言学、动物学，特别是鸟类学、植物学、民族学、矿物学、地理学和历史学等多领域知识，熟悉17种语言，被林奈誉为“天生的科学家”。他携带大量有关自然史和旅行的书籍，并决心通过这次远航，解答欧洲学者有关太平洋及其居民的各种疑问。不幸的是，福斯特的脾气暴躁，处理人际关系的能力低下。在决心号的封闭舱室里，人格缺陷愈加凸显，以至于库克的传记作家J. C. 比格尔霍尔（J. C. Beaglehole）把挑选福斯特视为“海军部的重大失误之一。从航行开始到结束，乃至之后，都是一场梦魇”③。或许应该付给福斯特更多的酬金，因为如同施特勒、肯默生和班克斯，他像奔赴战场一样，远离学究所熟悉的生活，要在极其陌生的严酷环境中度过数年。

福斯特的日记大部分是坦率的和无拘束的，以传统方式开篇，描述了第一个停靠港——马德拉群岛及其自然史。此行中的植物

---

① Hoare ed., *Forster Journal*, Ⅰ, pp.53-54.

② 福斯特在1773年6月25日的日记中解释了这个术语，他写道：“水手们将发现的每一件不太像战争中常见的事都称为‘实验’，比方说海水蒸馏出饮用水。因此，天文学家威尔士先生、画家霍奇斯先生，我自己和我的儿子都被看作‘实验绅士’。” Ibid, Ⅱ, p.310.

③ Beaglehole ed., *Resolution and Adventure Voyage*, p.xlii.

学活动模式是这样的：福斯特在仆人厄恩斯特・斯考林特（Ernst Scholient）的协助下搜集植物，带回船上让乔治绘图。福斯特显然愿意应对不甚舒适甚至危险的野外环境，在搜寻过程中“不得不爬上极其陡峭的悬崖，又常在泥潭里跋涉，在藤蔓和荆棘中穿行。我两次摔倒，随身带的小酒瓶摔碎了，虽然里面的酒已经喝光，但我的气力几乎耗尽，赶紧啃了几口酸苹果”[①]。斯考林特扛着一大箱植物，累得“筋疲力尽”。搜集活动仅仅是博物学家工作的开始，接下来，乔治要绘出植物图画，然后他们必须在船上找到合适的地方把标本晾干，使它们免受海水、蛀虫和象鼻虫的损害。完成上述步骤之后，还必须给干燥的花和叶子做标记，再把它们夹在吸收性纸张之间，储存在盒子里。

船只继续向南驶过大西洋，福斯特和库克处得不错。福斯特就一些事务向库克提出建议，并在佛得角群岛为他提供翻译服务。然而，并不是所有船员都得到福斯特的认可。一只在船上安家的燕子不见了，福斯特便怀疑是有人捉去喂了猫，“因为我们船上有一些非常残忍和心地不善的家伙，他们整天的公干就是破坏他人的幸福和快乐”。当福斯特抱怨自己被数不清的诅咒和粗鲁言语震聋了时，他跟船员们的关系进一步恶化。[②]对于飞在船上的鸟儿，他也不都报以敏感多情，他在日记中提到，曾想射杀两只信天翁和其他鸟，但运气不佳，没能打中。

在好望角逗留的三个星期中，福斯特说服安德斯・斯帕尔曼加入了探险队，他是一位瑞典植物学家（兼医生），曾经在林奈手下做研究。获得这位植物学专家的帮助对福斯特来说是福气，尽管需

① Hoare ed., *Forster Journal*, I, p. 148.

② Ibid., pp.159-160.

要占用他的个人经费。斯帕尔曼解释，他们“给我提供一次免费旅行，旅行之中还可能选择搜集自然奇物”[①]。福斯特离开英国仅几个月，却对未来的日子忧心忡忡，他在好望角写信给彭南特，请他确认自己并未被世人遗忘，“人们期待班克斯先生在这只船上，每个人都对他的缺席感到失望”[②]，可见福斯特是多么地焦虑。不过事实证明，招募斯帕尔曼获得了相当大的红利。在余下的航程中，斯帕尔曼与乔治分担素描和标本绘画任务，而且他的植物学知识能独当一面，福斯特可将更多的时间用于动物学，特别是鸟类学研究。

离开好望角后，决心号在遥远的南部纬度地区开始了艰苦的四个月巡航。在汹涌澎湃的大海中，福斯特的小舱室不幸被水淹了，他开始抱怨住宿的安排。决心号返回英国的三年后，乔治仍对此事耿耿于怀，在给桑威克伯爵的一封公开信中表示了不满。他罗列说，库克船长、罗伯特·库珀中尉、航海官约瑟夫·吉尔伯特，还有天文学家威廉·威尔士都有宽敞明亮的舱室，而福斯特父子作为“最后加入的人”，被分配给两间很小的昏暗舱室，他们不得不将珍贵书籍存放在统舱的潮湿壁龛里。对船上的大多数人来说，船舱分配的顺序似乎是合理的，尽管福斯特所面临的问题不容低估。他们的船舱一点儿也不防水：“每天早晚清洗甲板的时候，我们的小屋便灌进了水，淹没脚踝……若遇下雨或是经常冲到船上的大浪，我们的床铺就彻底湿透了。”[③] 库克在日记中承认，当船向南航行时，他们数次遇到突如其来的狂风巨浪，海上新手乔治就更不适应了：“船上的人，尤其是那些不习惯海上生活的人，在这种新环境中手足无措。每当船只剧烈颠簸，杯子、碟子、瓶子，还有所有可移动

---

① Anders Sparrman, *A Voyage to the Cape of Good Hope … and round the World*, 2 vols, 1785, p.81.

② Hoare ed., *Forster Journal*, Ⅰ, p.100.

③ Thomas et al., *Forster Voyage*, Ⅱ, p.790.

的东西，都变得乱七八糟……巨浪咆哮，桅杆在狂风中号叫，船体剧烈震动，每个岗位的人都忙得不可开交，真是从未见过的可怕景象。”① 当然，生活也并不完全是艰难困苦的。担心船上的酒不能坚持到航程最后，福斯特写道：“我们决定减少晚餐后的杯盏之乐，顶多喝三杯……这种漫长旅程需要节俭度日。”而斯帕尔曼写道，庆祝圣诞节时，“船长和福斯特先生用各色酒品和饮料犒劳高级军官，有波尔图红葡萄酒、马德拉白葡萄酒、波尔多红葡萄酒、南非葡萄酒、黑啤和果酒等，人们开怀畅饮，直到深夜”②。

1772 年 12 月中旬，他们看到大量的冰面。福斯特写道：“目睹船只四周有如此巨大数量的冰，真需要头脑冷静才能保持镇定……我们还经常遭受雨雪袭击，几个星期不间断。”③ 他们看到的究竟是巨大的冰山，还是冰雪覆盖的陆地？不是很清楚。一个又一个星期过去了，决心号在南部高纬度地区航行，成为历史上穿行南极圈的第一艘船。在这个过程中，它与僚舰冒险号失联了。就连库克通常简洁的日记，此时也充满了生动的描述：“整个景观只能用杰出的画笔来描绘，令人心中顿生赞叹和敬畏，先是美丽风景，随之而来的是危险，假使船碰上一个大冰块，便会即刻撞成碎片。”④ 对于库克来说，穿行南极，比任何人都航行得更远，这件事本身给他带来了满足感。可是，福斯特越来越难以接受这样一个事实：航程的主要目的是确认是否存在巨大的南方大陆，因而要在南部高纬度地带航行数月，既不感到舒适，也不利于科学考察。1773 年 3

① Thomas et al., *Forster Voyage*, Ⅱ, p.62.

② Hoare ed., *Forster Journal*, Ⅱ, pp.187-188; Anders Sparrman, *A Voyage around the World*, Stockholm, 1802, trans. Eivor Cormack, in *The Linnaeus Apostles*, 5, 2007, p.381.

③ Hoare ed., *Forster Journal*, Ⅱ, p.196.

④ Beaglehole ed., *Resolution and Adventure Voyage*, pp.98-99.

月 15 日的冗长日记表达了他的不满，首先进一步抱怨居住状况：“我们打算把两只绵羊和一只山羊带到新西兰去，必须为它们准备一个更舒适温暖的窝。没有比我的和航海官的舱室之间的地方更方便的了。结果，我现在深受牲畜和恶臭的困扰，两面夹攻。一侧是温和的绵羊咩咩地叫，站在跟我的床一般高的台子上排便；另一侧是同样吵闹不休的山羊。”福斯特一吐块垒之后，转而谈起作为一名科学家面对的更大挫折：“如果不是抱着拥有自然史上伟大发现的美好希望，我就不会有这样大的决心坚持下去。但是，我们没有观察到任何值得注意的生物，在航程完成将近一半后，我们什么也没看到，除了水、冰和天空。”他继续对寒冷的天气表示担忧，他们不是前往气候温暖的社会群岛，而是新西兰的夏洛特王后湾。在那里，严寒会冻死所有的植物。①

1773 年 3 月底，决心号抵达新西兰南岛南端附近的达斯奇峡湾（Dusky Sound）。他们已有四个多月没看见陆地了，在大部分时间里冒险号也不能确保随行。乔治远比库克或他的父亲更同情船员们承受的艰难困苦。库克认为海员的命运是理所当然、义不容辞的，而福斯特过于关注自己，较少关心他人。相比之下，乔治感同身受地描述道：“水手和军官们经受了暴雨、冻雨、冰雹和降雪的巨大考验；绳索经常裹着一层坚冰，割破了那些干活者的手；我们喝的淡水是用海面上的一块块浮冰收集起来的。苦咸的海盐和刺骨的冰块冻僵并戳伤了水手的四肢。”② 决心号在达斯奇峡湾一直待到 5 月中旬，福斯特上岸后对眼前的情景感到失望：“我被无数植被和树木深深地吸引了，它们全是从未见过的，但是在这个季节里没

① Hoare ed., *Forster Journal*, Ⅱ, pp.233, 234.

② Thomas et al., *Forster Voyage*, Ⅰ, p.78.

有一株开花，果实尚未成熟或已经脱落了。”[①] 不过，他捕捉到了一些鸟和鱼，多少是个安慰，其中 38 种鸟类和 25 种鱼类是科学界未知的。乔治绘制了鱼的图片。

斯帕尔曼在有关达斯奇峡湾的日记中记载了艰难跋涉的情景，进入“一片茂密的森林，那里还保留着‘大洪水’以来的原始状态……腐烂的树干、枝叶和草丛形成了厚厚的腐殖层和潮湿的藓沼，植物学家、猎人或其他漫游者若想穿行而过，会陷入泥潭之中，有时深及大腿，甚至没至腰部”[②]。福斯特个头矮小，年过四十，不擅长体力劳动，且患有风湿病，但还算强壮，在搜集工作中表现出卓越的献身精神。4 月 6 日，他的双手因虫咬而肿胀，连笔都握不住了。他度过了一个不眠之夜，发着高烧，第二天一大早又爬起来去岸边采集植物。他对他的小屋仍有许多抱怨。船停泊在达斯奇峡湾的树荫下，舱内光线很暗，即使白天也得点蜡烛，而且“门前总是堆着一些木料，有时我被堵在里面，有时又被挡在门外，几个小时不得而入”。小屋也用作储藏室，装满了各种各样的植物及其种子、鱼、鸟、贝壳等，连续下雨使环境恶化，“它们变得潮湿、肮脏，散发出有害的气体和令人不悦的臭味”[③]。福斯特虽不是省油的灯，但鉴于这一堆烦恼，很难不同情他和乔治，尤其是跟班克斯、索兰德和帕金森在奋进号可以使用船长大舱室的待遇相比。许多年后，乔治回忆，分配给他们的小屋“里面放了一张双层床、一只储物柜和一张写字台，就只够再放一只折叠凳了”[④]。他们要在如此狭窄的空间里检查、描述和绘制标本。此时福斯特同库克的关

① Hoare ed., *Forster Journal*, Ⅱ, p.241.

② Sparrman, *A Voyage around the World*, pp.391-392.

③ Hoare ed., *Forster Journal*, Ⅱ, p.251.

④ George Forster, *Cook, the Discoverer*, German original, Berlin, 1787, Sydney, 2007, p.204.

系还不错。他几次陪库克上岸远足，日益担忧船长的健康状况。停泊在达斯奇峡湾时，库克生病发烧，腹股沟疼痛，右脚风湿性肿胀，福斯特认为是“过于频繁地在冷水里跋涉和待在阴冷潮湿的船上引起的”①。

福斯特对库克的关心部分出于这个原因——假如库克不在了的话，中尉罗伯特·库珀将接任船长。“众所周知，库珀脾气暴躁，反复无常，思维方式怪诞，而且毫无原则。若是由他指挥这艘船，每个人都得吓得魂飞魄散。”②福斯特跟决心号上的很多人关系不和。有一次，他和少尉查尔斯·克拉克（Charles Clerke）互相威胁要解雇对方。他跟天文学家威廉·威尔士的关系尤其恶劣。据威尔士说，几乎没有哪个星期，福斯特不跟船上的人发生争执，动辄便警告犯错误的人：“回到英国后我将报告给陛下！”这话演变成“海员们的口头禅，我经常听到他们用同样可怕的言辞来互相威胁”③。更令人惊讶的是，福斯特似乎很看不起威廉·安德森（William Anderson），他是一位天才的外科医生助理和业余博物学家，或许被福斯特视为潜在对手吧。至于航海官约瑟夫·吉尔伯特，福斯特在航行初期就住处问题跟他争执不休，即使发现吉尔伯特有一本亚历山大·蒲柏（Alexander Pope）翻译的《荷马史诗》，也无法改变对他的反感。④相比决心号上的这一连串冒犯者，福斯特极力赞扬冒险号上的人，其中一位是天文学家威廉·拜利（William Bayly），“一个很友好的人，令人愉快的角色，优秀

---

① Hoare ed., *Forster Journal*, Ⅱ, p.269.

② Ibid., p.273.

③ Thomas et al., *Forster Voyage*, Ⅱ, p.701.

④ Hoare ed., *Forster Journal*, Ⅱ, p.185 and Ⅲ, p.387.

的机械天才，专业知识丰富”[1]。另一位是“心灵手巧的艺术家”威廉·霍奇斯，他的画作“无疑展示了一名杰出画家的选择和洞察力”[2]。福斯特跟外科医生詹姆斯·帕滕（James Patten）的关系似乎也比较和睦。

在达斯奇峡湾停泊的颓丧日子里，福斯特父子感到些许安慰的是，他们有机会观察到当地毛利人。乔治忧恐这次探索航行会导致一些无辜生命的丧失，并对“未开化小社区”的道德起到破坏作用。岛人同类相食的现象震惊了他的同伴，但乔治指出，虽然我们看似有教养，不会去吃人，但我们却并不觉得互相残杀、割断他人的喉咙是野蛮的。[3] 这种角度的观点令人联想起 16 世纪的蒙田。尽管福斯特父子对他们遇到的太平洋岛民表示同情，但对欧洲尚古主义更为多愁善感的一面并无太多的共鸣。1773 年 4 月的一天，福斯特在日志中写下了最具启示性的段落，他注视着达斯奇峡湾的繁忙景象，感叹道，船员们可在几天内完成的建筑和改进工作，五百个当地人用三个月也完不成。这证明“文明民族的先进和优势，即利用科学、艺术和机械改进的技术，以及便利的工具，超越了那些生活在较单纯自然状态的民族”[4]。在返程中，乔治比他的父亲更加直言不讳。他谈到冻得瑟瑟发抖的火地岛居民：“除非可以证明在严酷天气里忍受饥寒是幸福的，否则，巧言善辩的思想家们不会令我信服。”[5]

同冒险号重新会合之后，库克向北驶向夏洛特王后湾。在那

---

① Hoare ed., *Forster Journal*, Ⅱ, p.293.

② Ibid., p.549.

③ Thomas et al., *Forster Voyage*, Ⅰ, p.280.

④ Hoare ed., *Forster Journal*, Ⅱ, p.265.

⑤ Thomas et al., *Forster Voyage*, Ⅰ, p.631.

里，他参观了托拜厄斯·菲尔诺及手下官员们建造的花园，在里面种植了土豆、胡萝卜、大萝卜、甘蓝和沙拉菜。菲尔诺说，它们“生长得很茂盛，如果当地人悉心照管，可能会证明对他们有用”。他还在沿海移栽了几百株白菜。[①]从库克和菲尔诺的日记中可以清楚地看出，他们都对在选定地点建造花园有兴趣，尽管动机可能并不是一位现代批评家所揣测的：“无论库克航行到哪里，他都会开辟一座英国式花园。这一行为主要是象征性的——用有序的英国园林模式取代无序的野蛮人生活方式。”[②]几乎可以肯定，库克的动机没有那么高雅，而是比较朴实的。他常对自己努力的结果感到失望。1774 年 10 月，他第二次访问夏洛特王后湾时，发现上次开辟的花园“完全被当地人忽略了，几乎和大自然混为一体，但是很多植物生长得很茂盛”[③]。福斯特的日志提到了这些园艺活动，但没有留下个人参与的迹象。1773 年 6 月 1 日，他写道，在夏洛特王后湾的莫图拉岛（Motuara Island）上，库克翻掘土地，播种了小麦、大豆、四季豆和豌豆，“与此同时采集了一些珊瑚和贝壳”[④]。福斯特专注于搜集异域的物产，而不是尝试栽培欧洲人熟悉的植物。

尽管在福斯特离开英国之前班克斯不愿提供帮助，但在新西兰从事植物学活动的过程中，福斯特对参加库克第一次远航的班克斯产生了较多的钦敬：“我们看见了一种未知植物，非常渺小，呈

---

① Beaglehole ed., *Resolution and Adventure Voyage*, pp.76, 127, 166-167, 168, 741, 778.

② Gananath Obeyeskere, *The Apotheosis of Captain Cook: European Mythmaking in the Pacific*, Princeton, NJ, 1992, p.12; Nigel Rigby, ‘The Politics and Pragmatics of Seaborne Plant Transportation 1769-1805’, in Margarette Lincoln ed., *Science and Exploration in the Pacific: European Voyages to the Southern Oceans in the Eighteenth Century*, Woodbridge, Suffolk, 1998, pp.82-84.

③ Beaglehole ed., *Resolution and Adventure Voyage*, p.571.

④ Hoare ed., *Forster Journal*, Ⅱ, p.289.

匍匐状，它是一种新属，名为班克斯西亚（*Banksia*），以纪念约瑟夫·班克斯先生，他是奋进号的首席博物学家，曾在南海，尤其是新西兰进行考察，搜集了八百多种未知植物物种和两百多种未知动物物种，极大地丰富了自然史。他在这一学术领域做出的贡献无人可媲美。”[①] 后来在停泊塔希提期间，福斯特淡化了自己观察所得的价值，而对远方的班克斯表达了进一步的敬意：“我想，对奥塔海特居民的行为、风俗、宗教、文化和生产的描述已公诸于世，其撰写者比我的能力要强得多。”[②] 诚然，班克斯日志的大部分在不久前被收入约翰·霍克斯沃斯编纂的太平洋航行史集，但福斯特称他为塔希提语的“完美大师”，无疑是一种溢美之词。

某些初来者对塔希提的印象是“叹为观止、令人屏息”。1773年8月15日，乔治第一次领略了它的壮美景色：“黄昏时分，我们企盼的那座岛屿清晰地呈现在眼前，夕阳西下，山峦在地平线上的金色云朵中若隐若现。”第二天清晨，一阵微风“从岛上送来一股醉人的馨香”[③]。他的父亲无心欣赏，决心号撞上了一块暗礁，他在帮忙起锚时受了伤。对帮手来说，起锚是个不寻常的任务。上岸后，福斯特发牢骚说：“我们到达这里的季节似乎是错的，或者根本就不该来这个地方。”植物保存也很困难，因为每天都有很多岛民到船上来索要礼物或进行交易，福斯特无法在甲板上晾晒植物，只能把它们放在烤炉里烘干。[④] 通常，福斯特父子中至少一人伴随库克上岸远足。在附近的赖阿特阿岛上，福斯特击伤了一名想从他儿子手中夺取步枪的岛民，为此与库克发生了激烈的口角。

---

① Hoare ed., *Forster Journal*, Ⅱ, p.284.

② Ibid., Ⅲ, p.404.

③ Thomas et al., *Forster Voyage*, Ⅱ, pp.141-142, 143.

④ Hoare ed., *Forster Journal*, Ⅱ, p.331.

用福斯特的话说，“双方都头脑发热，言辞过激，他强行把我赶出了大舱”[①]。几天后，两人握手言和，但在后来的航程中，福斯特的抱怨中至少部分是针对库克的，他写道：“那些毫不了解并憎恨科学的人，从不关心拓展科学和增进知识。”[②]斯帕尔曼在胡阿希内岛（Huahine）考察植物时遭到两名岛民的攻击和殴打，库克指责他“单独行动”。斯帕尔曼的日记通常措辞平和，此刻也流露出一点“没有功劳也有苦劳”的情绪：“在新西兰和其他地方，我们经常冒着生命危险搜集植物，数百个野蛮人近在咫尺，我们仿佛是火中取栗。”[③]

1773年10月初，决心号抵达汤加群岛（Tonga archipelago），福斯特注意到，这里几乎没有什么新的植物。正如在新西兰和社会群岛一样，他的日记越来越多地是记录对岛民及其生活方式的观察。在汤加，他赞扬了岛民的音乐水平，随后写道：“让我们来看看他们的聪明才智吧，他们的发明，他们的艺术，他们制造了简便的工具，他们的耕作、捕鱼、航海和造船技术，他们有关星辰的知识。这些令人信服，他们的文明程度比我们当初想象的要发达得多。”[④]在埃瓦岛（Eua），库克送给当地酋长一些花卉种子。不过就传播植物来说，他主要寄希望于气候条件比较温和的新西兰。探险船向南行驶返回夏洛特王后湾后，福斯特再次对搜集植物的成果感到失望，尤其当时正逢早春，对植物学家来说应当是最有利的时节。随着决心号接近伦敦的对跖点（它再次失去了伙伴冒险号，自

---

① Hoare ed., *Forster Journal*, Ⅲ, p.365. 从这段记载中，我们不清楚福斯特是否一度被允许使用大舱从事科学工作（就像班克斯和索兰德在奋进号上那样），后来被赶了出去，还是偶尔去大舱访问库克时发生了争执。

② Ibid., p.551.

③ Sparrman, *A Voyage around the World*, pp.433-434.

④ Hoare ed., *Forster Journal*, Ⅲ, p.396.

此直到返回英国，一直单独航行），福斯特似乎感到有些兴奋，因为他们进入了“开天辟地以来，从未有船只到过的地方”[①]。但是，当他们绕过南极冰架，看到的是大雾弥漫，天寒地冻，他的情绪又跌落到了冰点。12月21日，在决心号第二次穿越南极圈后，他写了好几页纸倾诉苦衷。首先是如常抱怨小舱室，“四面透风，刺骨的寒气渗进来，充满潮气和恶臭，触摸到的每件东西都是潮湿和发霉的，看起来更像是一座坟墓，而不是活人的栖所”。库克的舱室也强不了多少，“有的窗户玻璃都破了，室内弥漫着潮气和烟雾，地板上放着一捆散开的潮湿船帆，几个水手在干活儿，他们吃过豌豆和酸泡菜后，身体里排放出阵阵臭气；而且一天到晚总是有五六个人待在里面”。

相比这些身体和生活的不适，更令福斯特烦恼的是他担心自己无法完成一名科学家的使命。他希望这次考察“会对人类，尤其是对大不列颠的统治有益，但是经过十八个月的艰苦工作，没有新的发现。我们在岸上短暂停留时所见到的所有植物和动物，可能都已被班克斯先生和索兰德博士观察到了”。福斯特日益感到纠结和懊丧：相比先行者们，他的研究是次等的，“借助于自然史的丰富知识和杰出技能”，他们早已公布了这些发现。[②]然而，福斯特并不知道，这些焦虑其实是多余的。在伦敦，班克斯和索兰德的自然史研究成果的出版，被无限期拖延了。

当库克顽强前行时，福斯特指出，他们已经按照计划的线路航行了两个季节，想象中的大陆依然不见踪影，这就排除了存在一个巨大南方大陆的可能性：“这一切行为的结果就是让这艘船遭到

---

① Hoare ed., *Forster Journal*, Ⅲ, p.432.

② Ibid., pp.438-439.

毁坏，任船员和设备在波涛汹涌的海上经受风吹浪打。要想让政府和公众相信没有任何未被发现的大陆是很难的，即使把整个海洋都‘耕犁’一遍，也不足以打消公众的怀疑。”[①] 深受腿部风湿病折磨的福斯特不点名地责难库克“为了满足个人的兴趣和虚荣心，故意延长航行的时间”。这是福斯特在航程中情绪最低落的时段，他的日记几乎变成了速记：“我不是在活着，甚至连无聊地活都谈不上，我日益衰朽，渐渐地消磨殆尽。”[②] 1774 年 1 月 30 日，决心号遇到了“一片巨大的”冰川，库克猜测它一直延伸到极点。他们当时位于南纬 71°10′，是有史以来船只到达的地球南端最远点。

库克无意中对几天前福斯特的嘲讽做出了回应，他写道：“我的抱负不仅是比其他任何人都走得更远，而且是一直向南、向南……直到极点。”福斯特终于松了一口气，一言以蔽之：“我们又向北行驶了。”[③]

福斯特很乐意对分外之事置喙，这是他不讨船员们喜欢的毛病之一。例如，当决心号在 1774 年的三四月间横跨太平洋中部时，福斯特对欧洲探险家们任意命名岛屿的方式提出了一些合理的批评。他指出，探险家们都自认为是这些岛屿的首位发现者。一个岛有时被命名了好几次，造成马克萨斯群岛和土阿莫土群岛的一些岛屿身份混乱：“假如所有航海家都采取审慎的态度，先向当地人询问这些岛屿的名称，我们或许可以确定哪个是新发现，哪个不是。”[④] 这一常识性建议被官方采纳，成为海军勘测航行中水文学家

---

① Hoare ed., *Forster Journal*, Ⅲ, p.443.

② Ibid., p.445.

③ Beaglehole ed., *Resolution and Adventure Voyage*, p.323; Hoare ed., *Forster Journal*, Ⅲ, p. 451.

④ Hoare ed., *Forster Journal*, Ⅲ, p. 480.

实施的标准做法。

在航程的最后阶段，福斯特继续冒险搜集标本。在1774年4月回访塔希提时，他决定再去寻找未知植物，爬上了马塔维湾的内陆山巅。这是一项艰巨的任务，“因为山上的云雾水气导致路面极滑，而且两边都是陡峭岩壁，十分惊险”。他的仆人斯考林特已经病了好几个月，所以这次由塔希提的一名年轻土著携带植物箱跟随。途中休息了一夜，第二天继续攀登，搜集到一些植物，“站在陡峭的山崖边，万丈深渊近在咫尺”。在滂沱大雨中，“我摔了一跤，伤到了大腿，疼得快要晕过去了”[①]。这一摔导致福斯特的肌肉组织断裂，在未来的岁月里令他痛苦不堪，但他心情很好，因为自认为发现了班克斯和索兰德没有搜集到的八种新植物。在纽埃（Niue，被库克命名为Savage Island，野蛮岛），福斯特和斯帕尔曼刚一登上岩石嶙峋的海岸，即遭到岛人的攻击，不得不撤回船上，仅搜集到了一株植物。在塔纳岛（Tana）上遇到了不同的危险。那里有一座火山，喷出呈针状碎片的黑灰，“岛上每一片叶子都被火山灰覆盖了，采集植物对我们的眼睛伤害很大”[②]。

当他们驶过汤加的一串岛屿时，福斯特再次抱怨被剥夺了采集植物的机会。尤其是班克斯在奋进号远航中没有访问过这些岛，更让他觉得错失良机。在斐济群岛的瓦托阿岛（Vatoa）附近，他概括地陈述了反对意见：

> 公众的钱都被浪费了，我的使命——利用这一远航机会采集未知的植物，完全未能实现。在这些前人从未踏足的岛上，植物

① Hoare ed., *Forster Journal*, Ⅲ, pp.500-501.

② Thomas et al., *Forster Voyage*, Ⅱ, p.520.

生长得非常茂盛，然而我们要么仅停留一天，要么停留两天，很晚才登岸，很快又起锚出发了。假如不仔细考察它们的物产和土地，以及居民的生活习俗，在南海多访问两三个岛屿又有什么意义呢？从远处瞭望是不可能了解这一切的。①

当库克拒绝提供一条船去瓦托阿岛考察时，福斯特发火了。眼见“一座植物繁茂的小岛近在咫尺”却不可及，他感到极度失望，指责那些人“毫无科学品位。除了夸耀自己的地位和财富，认识不到任何有价值的东西”②。在埃罗曼加（Eromanga）附近，福斯特沮丧地说：“我们永远漂浮在海面上，上岸只是短暂的放松，好像只要发现了一块土地就值得庆幸，就是全部目的，对它的物产毫不关心。”③此话宣泄了多年来博物学家在探索远航中积压的怨气。福斯特这类旱鸭子乐意承认，植物世界充满考验和磨难。他们为自己布置了艰巨的任务，并坚持不懈地去完成，这是非常值得钦佩的。即使被允许上岸，也不总是碰上好运。有天早上在塔纳岛发生的事即是见证。福斯特写道，他和儿子在登陆点附近的沼泽地“看到了几只红头和红胸脯的鹦鹉，但它们非常警觉和害羞，我们一只也没逮到，尽管在那里待了两个小时，惨遭蚊虫叮咬。我发现了一种未知植物，又看见了三只鸭子，但还是不走运，它们全飞走了”④。

还有一些事也令福斯特感到烦恼。一名水手想用六只并不完美的贝壳和他交换半加仑白兰地（价值相当于 1 英镑），他不由得怒火中烧。船上有很多人搜集“奇异之物”，以便回乡后销售，水手、

① Hoare ed., *Forster Journal*, Ⅲ, pp. 500-501.

② Ibid., p.552.

③ Ibid., Ⅵ, p.578.

④ Ibid., pp.608-609.

军官和木匠已有数千枚贝壳的"巨大收藏"。这令人联想起采集贝壳的时尚。最早是荷兰东印度公司的船只将一些美丽的贝壳标本带回欧洲，一度颇受欢迎；随着18世纪下半叶太平洋远航盛行，贝壳再度风靡。贝壳与其他大多数标本不同，它易于采集、保存和展示，漂亮的可以出售，稀有的标本价格惊人，并被锁在富有收藏家的玻璃橱柜里，不过他们摆设贝壳的方式并不依据科学分类标准，更多是为了炫耀。1775年，决心号的一名海员回到英国后写信给约瑟夫·班克斯"恳谅冒昧"，奉上"鄙人采集的些许玩意儿。连同几种花色的贝壳——它们受到了号称'贝壳专家'的赞赏"[①]。

上岸远足搜集时，福斯特不止一次地挑战库克及其手下军官的权威。就连决心号上最和善的少尉查尔斯·克拉克，也卷入了有关福斯特对待塔纳岛民的争论之中。福斯特在日记中抱怨，克拉克威胁他，假如不服从命令，就让哨兵击毙他。这似乎是不太可能的事，但乔治的说法更加如临其境。他声称，父亲拔出一把手枪才迫使克拉克后退。两人都向库克告状，但库克"似乎未采信任何人的说法"——也许是因为它听上去实在太荒唐。[②]关于福斯特从官方收到四千英镑酬金一事，在航行过程中传得人尽皆知，这大概引起了一定的反感。"我是人们嫉羡的对象，"福斯特写道，"他们采用卑鄙、刻薄和肮脏的手段，尽可能阻碍我对自然史的追求。"[③]

福斯特爱批评和抱怨的毛病损害了他勤奋工作的形象。在新喀里多尼亚的巴拉德（Balade）考察期间，库克平淡地写道："我

---

① Richard Conniff, *The Species Seekers*, New York, 2011, p.77; S.P. Dance, *Shell Collecting: An Illustrated History*, Berkeley, CA, 1966.

② 关于这一事件，见 Hoare ed., *Forster Journal*, Ⅳ, pp.606-607; Thomas et al., *Forster Voyage*, Ⅱ, p.774。

③ Hoare ed., *Forster Journal*, Ⅳ, p.647.

们待在这里时，植物学家们不抱怨无事可干了，他们每天都带回一些新东西，植物学的或自然史的。”[①] 然而，福斯特父子认为在巴拉德发生了不公平事件。乔治记述，在他和父亲生病期间，“一位外科医生助理（几乎可以肯定指的是威廉·安德森）搜集了许多未知植物和贝壳，但是出于最卑鄙和不理智的嫉妒心理，他把这些发现藏了起来，不让我们知道”。四年后，乔治在发表的报告中强烈地谴责此事，其措辞同安德森的罪过不成正比：“这似乎是意想不到的，世界上最开明国家派遣的考察船的科学家，竟然被阻止和被剥夺追求知识的权利，这是只有野蛮人才会采取的行径。”[②] 从另一方面来说，福斯特与库克的关系并不总是像日志中某些段落暗示的那样不愉快。在归途中，决心号在大西洋更南部的区域航行，库克似乎接受了福斯特的建议，将在南纬 54°—55° 发现的大岛命名为“南乔治亚”（South Georgia）。[③] 两个星期之后，库克将南桑威奇群岛（South Sandwich Islands）一个深海湾命名为“福斯特湾”（Forsters Bay，今称“福斯特通道”，Forsters Passage）。尽管用了将近三年时间库克才做出这一表示，但值得注意的是，船上的其他“实验绅士”——威廉·威尔士和威廉·霍奇斯，都未获此殊荣。

决心号到达好望角之后，福斯特的宝贵助手斯帕尔曼离开了探险队。他后来撰写的第一本书讲述了更多自己在南非的经历，而不是在决心号上航行的岁月。斯帕尔曼很少吐露怨言，福斯特则在日志中连篇累牍地提及艰难困苦。1775 年 3 月，他写道：

---

① Beaglehole ed., *Resolution and Adventure Voyage*, p.543.

② Thomas et al., *Forster Voyage*, Ⅱ, pp.585, 586n.

③ Beaglehole ed., *Resolution and Adventure Voyage*, pp.625 and n. 福斯特最初建议的名称是“Southern Georgia”。

> 我们的面包储存了很久，陈腐发霉；而且长满了两种褐色的金龟子……豌豆汤里的蟒蟮和蛆比比皆是，简直像故意撒进去的……咸肉存放在船上快三年了，越来越硬，因为咸盐把所有水分都吸干了。[①]

当决心号靠近故乡水域时，福斯特的忧虑加深了：“我不再年轻，倘若在离家期间我不幸失去了最好的朋友和赞助人，我必须从头开始。”[②] 后来发生的一些事件表明，福斯特的悲观预感不是空穴来风，尽管具体情况同他想象的不一样。决心号于1775年7月30日停靠在斯皮特黑德（Spithead），福斯特父子立即同库克一起前往伦敦。眼下有很多事情要做：看望家人和朋友，包装和整理标本，向学术界报告此次远航的科学收获，当然还要编撰航行记录。起初一切都很顺利，英国和国外的博物学家们对福斯特的研究表示有兴趣，对他们搜集的标本印象深刻。8月，老福斯特受到国王的接见；几天后，他又向王后展示了从好望角带回的活动物。11月，牛津大学授予福斯特荣誉法学博士学位。博物学家吉尔伯特·怀特（Gilbert White）赞扬他“在追求自然知识的过程中甘冒生命危险”[③]。福斯特预计航海日志的出版将使自己声名大噪，并成为稳定的经济来源。然而几个月后，他的乐观计划就落空了。首先，关于航行的官方记载，从航行早期开始，库克和福斯特之间便存在着一种误会。福斯特相信，海军部已经同意这项任务，并且最后的奖励是属于他的，这就是他为什么每天坚持撰写日记。从库克那方面来说，他觉得霍克斯沃斯为奋进号远航编撰的日志过于草率，常常倾

① Sparrman, *Voyage to Cape of Good Hope*, p.103.

② Beaglehole ed., *Resolution and Adventure Voyage*, p.728.

③ Hoare, *Tactless Philosopher*, p.157.

向于引用班克斯的日志。因此，他决心对自己的第二次远航记录负责，在航行的大部分时间里，除了一些零散手稿外，库克还撰写了三种版本的日记。多处的评论、增补和删减均证明，他不仅是为上报海军部写的，而且是为了公开出版。正如他所称，尽管自己不是一位作家，但是“一个热诚为国家服务的人，有责任尽其所能提供最完整的历史记录”[1]。在决心号返回英国的那个冬天，福斯特和库克之间的冲突被暂时掩盖了，因为他们都在忙着完善各自的文本。1776 年 4 月，矛盾爆发，桑威克出面调解，召集库克和福斯特开会，达成妥协，出版一部两卷本：由库克撰写第一卷——包括“关于航行的叙述，他的航海观察，以及对接触的岛屿土著人的风俗习惯的评论”；福斯特撰写第二卷——包括“对自然史的观察，几座群岛上土著人的风俗习惯、才智和语言，以及在航行过程中的哲学评论”。出版利润由两人平分。[2]

从两卷本的主题划分协议来看，二人似乎都在描述“太平洋岛民的风俗习惯”。仅这点就难免引起麻烦。而且，假如只是泛泛的“自然观察”，不会对大众读者有太多吸引力。根据以往的经验，班克斯笔下的塔希提风流土著女人曾令人们着迷；冒险号刚从社会群岛带回了一个名叫“麦”（Mai）的岛人，也有可能成为热门故事。不过这已经无关紧要了——福斯特负责写作的一卷尚未问世即告夭折，因为他违背桑威克的期望写了一章，采用的是叙事而不是科学论述的形式，从而形成与库克的直接竞争。更糟糕的是，桑威克不满意这一章的文字风格，把手稿交给丹尼斯·巴灵顿修改。福斯特愤怒地回应，他根本无法接受巴灵顿提出的修改意见，指责他的朋

① Beaglehole ed., *Resolution and Adventure Voyage*, p.2.

② Thomas et al., *Forster Voyage*, Ⅱ, p.806.

友和赞助人“在毁掉”他的手稿。事态发展至此，联合编著的方案瓦解了。事实上，库克必须加快进度，于1776年初夏完成航海志，并交给编辑约翰·道格拉斯（John Douglas）博士，因为他将于7月离开普利茅斯，进行第三次也是他的最后一次太平洋远航。

被拒绝参与撰著这次远航的官方记录后，福斯特变换了战术。乔治不受海军部的限制，他可根据父亲的日志写一部书。父子俩期望这不仅带来销售利润，还能给福斯特腾出时间撰写一部关于航海的哲学著作。1777年初，乔治完成了任务，《环球航行》（*Voyage round the World*）两卷本在3月出版。库克的日志《南极远航》（*A Voyage towards the South Pole*）也是两卷本，六个星期后出版。不过，福斯特计划获取巨额利润的期望很快就破灭了。在《致尊敬的桑威克伯爵》（Letter to the Right Honourable the Earl of Sandwich）中，乔治公布了令人遗憾的来龙去脉，当然这是从福斯特的角度来看的。他指责海军大臣故意将官方记录的价格定得极低，仅两个几尼。库克的书中包括基于霍奇斯绘画制作的63幅插图，乔治的书没有插图，故顶多卖同样的价格。此外，海军部给库克报销了纸张和印刷费用。乔治得出结论说：“通过这样浪费公帑，这些书便可以最低成本价出售……而我只赚取了原应得到的三分之一。”[①]他的父亲更为不满，这本书“没给我们挣得一分钱”，且有570本未能售出。[②]《环球航行》得到当时伦敦大多数期刊的好评。乔治有意回避描写航海细节，比如“经常撞上礁石，一根船帆在风暴中被毁，无数次遭遇恶劣天气”之类，因此比较迎合评论家的品位，但约翰逊博士[③]告诉詹姆士·包斯威尔（James Boswell）：“福斯特的

---

① Thomas et al., *Forster Voyage*, Ⅱ, p.797.

② Ibid., Ⅰ, p.xxxvi.

③ 指英国作家、传记家塞缪尔·约翰逊（Samuel Johnson，1709—1784）。——译者注

书毫不吸引我。”[1] 他从不喜欢自霍克斯沃斯以来的探索远航记。此书写得很匆忙，乔治只有九个月的时间撰写这部长达1200页的文本，全仗着面前摆着父亲的日志才有可能完成，尽管老父亲总在身边徘徊可能有所干扰。总体上，此书比福斯特的日记谨慎、温和，但它出版后，已经翻了篇的矛盾又重新浮现了。1778年，威廉·威尔士发表长文《评福斯特先生的航海记》（Remarks on Mr. Forster's Account）。乔治则做出回应，发表了《答威尔士先生的评论》（Reply to Mr. Wales's Remarks）。

更值得一提的是，福斯特的《环球航行观察报告》（*Observations Made during a Voyage round the World*）也在同一年出版了，它是对此次航行的哲学思考。关于“南海群岛人种的论述”长达近400页，他开篇便引用亚历山大·蒲柏“探索人类奥秘的正确方法即是研究人”，接着断言，“尽管以前有许多关于天涯海角的报道，但一般来说都是令人失望的，它们的作者要么过于无知，未能搜集到任何有价值的标本或进行有用的观察，要么只是企图炫耀肤浅的知识”[2]。此番话有助于解释为什么福斯特不是一位很受人敬爱的学者。福斯特的书中有很多颇具洞察力的发现，包括认识到太平洋岛屿上的居民来自亚洲，认识到人口增长对于解释社会发展的重要性，等等。他的理论预示了后来洪堡揭示的一个问题：饮食、习俗和气候对社会造成的影响。而且，在达尔文学说诞生的六十年之前，福斯特即提出火山“导致了地球表面的巨大变化”，并推测珊瑚的形成“最有可能是整个南海的热带低岛的起源”[3]。

“多样性”“比较风俗研究”“气候”和“环境”逐渐成为文学

① Thomas et al., *Forster Voyage*, I, pp.8, xxix.

② Nicholas Thomas, *Forster Observations*, p.143.

③ Ibid, pp.103, 107-108.

界和哲学家–旅行家的新流行用语。[1] 著名德国哲学家约翰·戈特弗里德·赫尔德（Johann Gottfried Herder）在《人类历史哲学大纲》（*Outlines of a Philosophy of the History of Man*）中，赞扬福斯特"对人类物种做出了学术的和智慧的解释。对于世界上其他空白地区，我们很期盼也能有类似的哲学自然地理学研究"[2]。一个新近的评论将福斯特的观察描述为"关于这次远航的科学冥想，内容惊人地广泛和丰富，最重要的是有关原始人类学的发现"[3]。作为官方任命的博物学家，福斯特的书中包含的自然史内容少得可怜，假如自然史的定义仅仅是描述动物和植物王国的话。更确切地说，在择定叙述方式时，福斯特大概想到了林奈在1760年提出的建言："我们必须沿循大自然的伟大链条，寻根究底，直到找出它的源头；我们应当首先思考人体内部的自然运作，进而研究各种哺乳动物、鸟类、爬行动物、鱼类、昆虫和蠕虫，再到植物。"[4] 乔治更加直言不讳，他说议会委派"我的父亲作为远航博物学家，不仅仅是为了带回一些蝴蝶和干燥植物标本……从他那里，他们期待着一部航海哲学史"[5]。没有证据表明议会、政府部长或海军部对福斯特抱有这种期望，但这正是他们所得到的。

接收和处理福斯特从库克第二次远航中带回的收藏是一个令人沮丧的故事。决心号返回英国的一个月前，索兰德根据来自好望角

① 更多信息参见 P.J. Marshall and Glyndwr Williams, *The Great Map of Mankind: British Perceptions of the World in the Age of Enlightenment*, 1982, pp.274-283。

② J.G. Herder, *Outlines of a Philosophy of the History of Man*, trans. T. Churchill, 1800, p.153.

③ Nicholas Thomas, 'Forster, Johann Reinhold, and Georg Forster', in David Buisseret ed., *The Oxford Companion to World Exploration*, 2 vols, Oxford, 2007, I, p. 316.

④ John Gascoigne, *Joseph Banks and the English Enlightenment: Useful Knowledge and Polite Culture*, Cambridge, 1994, p.137.

⑤ Thomas et al., *Forster Voyage*, I, pp.5-6.

的消息通知班克斯：福斯特已搜集了许多植物和动物的新物种。[①]在《环球航行观察报告》一书中，福斯特详细地列出了清单，共330种植物，其中220种是科学界前所未知的，另有104种鸟，其中一半是水禽，还有74种前所未知的鱼类。尽管福斯特总是牢骚满腹，但他在海上或南海的荒凉地区度过的漫长岁月并没有白费。他发表的有关信天翁和企鹅的开拓性研究专著已被广泛认可。多年后，在献给儿子乔治的一本书中，福斯特概述了他和乔治、斯帕尔曼之间的分工："在描绘植物草图方面，我们请好友斯帕尔曼当助手，而你（乔治）的任务是将他绘的图进行整理排序，同时负责撰写描述词条。我的专长是更细致地从各方面审核这些图像，做了几处校正，并描述了所有的动物。"福斯特估计，总共约有500种植物和300种动物绘画（图13、14、15）："任何有理解力的人都会感到惊讶，一个人，加上一个不满20岁的年轻人，仅有一名助手，竟完成了如此巨大的工作量。"[②]福斯特父子带回的许多植物都有不止一件标本，他们慷慨地把副本赠给有关机构和个人。他们还带回500多件民族志文物或"人造珍品"。这些文物都是精心搜集的，常常是交易得来，可是在保存它们的时候，最初所有的构思似乎都没能实现。有些物品被出售，有些被赠送，通常未留下任何记录。如今，至少14家博物馆藏有福斯特父子搜集的文物。[③]

在展示远航搜集的自然史和民族志文物的英国博物馆中，阿什顿·利弗爵士（Sir Ashton Lever）创立的"Holophusicon"最为突出，它位于伦敦的莱斯特广场（Leicester Square），于1775年2月

---

① Hoare ed., *Forster Journal*, I, p.58.

② Ibid., p.77. 献给乔治的书为 *Enchiridion histriae naturali inserviens*, Halle, 1778。

③ 最新的清单见 Adrienne L. Kaeppler, 'To Attempt New Discoveries in That Vast Unknown Tract', in Michelle Hetherington and Howard Morphy eds., *Discovering Cook's Collections*, Canberra, 2009, pp.58-77。

开放，那是在决心号返回的几个月前。[①] 它是大英博物馆的竞争对手，未获官方资助，也不受约瑟夫·班克斯的青睐。利弗的第一座博物馆建在曼彻斯特，获得了库克航海搜集的大量藏品（有些可能是库克亲自送给利弗的），并且免费对公众开放。与大英博物馆不同的是，这些物品都附有详细的标注。一位外国参观者留言：“我所喜欢的是，在没有导游的情况下可以自行观览数小时，因为每个文物柜的玻璃上都挂有彩绘标签。”参观该馆的名人约翰·卫斯理（John Wesley）[②] 认为，就“满足探索自然的好奇心来说，它超过了欧洲的其他任何博物馆。而且，所有的哺乳动物、鸟类、爬行动物和昆虫都保存得很好，整理得井井有条”。从卫斯理的评语可以发现，该馆展品中的干燥植物和种子不多——它们可能储存在班克斯和其他植物学家的标本馆中。这些藏品，包括自然史和民族学的，都通过艺术家的画笔记录下来了，尤其莎拉·斯通（Sarah Stone）绘制的几百张素描和水彩画是该馆的珍贵收藏。这座博物馆很受欢迎，后来却陷入了财政困境。1788 年，在利弗逝世前不久，它迁至圆形大厅（Rotunda）——坐落在横跨泰晤士河的黑衣修士桥（Blackfriars Bridge）畔。新主人詹姆斯·帕金森（James Parkinson）将之更名为“利弗里亚博物馆”（Leverian Museum）。由于新的地理位置不理想，只经营了八年就被迫关闭了。7000 件藏品持续拍卖了两个多月，流散到世界各地。其中最大的一部分被奥地利皇帝弗朗茨一世购得，归入皇室馆藏，有大量自然史标本，其中包

---

① 此段信息引自 Adrienne L. Kaeppler, *Holophusicon: The Leverian Museum. An Eighteenth-Century English Institution of Science, Curiosity and Art*, Altenstadt, 2011。作者解释，利弗创造了“Holophusicon”一词，意为“整个大自然”（*holo*——“全部”，*phusicon*——“自然”）。

② 约翰·卫斯理（1703—1791），英国牧师和神学家，他同兄弟查理及牧师乔治·怀特菲尔德一起创立了卫理公会。——译者注

括276种鸟类，还有230件民族志文物。如今，阿德里安·卡普勒（Adrienne Kaeppler）[1]致力于调查该馆1806年出售文物的下落，有幸确证大量藏品的所在地，尽管有一些可能已经永远地湮灭了。

对于随同库克远航的博物学家来说，搜集、描摹和概述数百件标本的使命已经相当艰巨了，还要撰著、编辑，最后以可接受的学术形式出版，整个过程十分困难且昂贵。起初，福斯特信心十足。在返回的三周内，他宣布计划出版两部作品：《新植物属志》（*Genera Plantarum Novarum*）和《动物学与植物学概述》（*Descriptionibus Zoologicus and Botanicus*）[2]，但未能按预期完成。取而代之的是个一卷本，其中有斯帕尔曼撰写的描述文字和乔治的绘画，但并未包括在航程中搜集的所有植物标本。《植物物种特征》（*Characteres generum plantarum*）以四开本形式于1776年出版。它似乎是件半成品，福斯特对它的仓促出版感到后悔。他本打算把这些内容作为一部全面系统著述的序文。然而，由于围绕这次航行的官方文本争论不休，加之福斯特此时受到失业的困扰，经济状况很不稳定，导致出版计划付诸东流。福斯特陷入财务困境的一个迹象是，1776年8月，他以四百几尼的价格将乔治的植物学和动物学绘画卖给了班克斯；而他最重要的手稿“动物志”中包括的动物考察部分半途而废。多年后，乔治试图在哥廷根（Göttingen）将之出版，但父亲的财务状况及其他要求导致出版商放弃了这个项目。直到1844年，这部著作才最终问世。当时一位编辑评论说，倘若这部开创性的杰作得以在福斯特有生之年出版，便“没有什么能够掩盖这位伟人的光芒，[相比之下]几十年后的英法动物学家们轻

---

① 阿德里安·卡普勒（1935—2022），美国人类学家，史密森学会国家自然历史博物馆海洋人种学馆长。——译者注

② Hoare ed., *Forster Journal*, I, p.69n.

而易举地就获得了荣耀”[1]。这段话可用来概括其他很多博物学家的命运。

1778年，乔治为改善家庭财务状况前往德国，但在卡塞尔（Kassel）担任自然史教授的报酬仍然相当微薄。他乘坐的那艘船不幸失事，损失了随身携带的一大批标本和文物。他的父亲福斯特由于“轻率并缺乏经济头脑”搞得自己债务缠身（乔治曾这样承认），最终接受了哈雷市一所大学的教职，尽管薪水同他的哲学、自然史和矿物学教授头衔并不相称。福斯特设法带去了自己收藏的自然史标本和大部分书籍（有些被迫出售）。他在哈雷建立的植物标本馆藏有三千种珍稀植物。在伦敦的困顿岁月里，福斯特严重地依赖向班克斯借贷来维持生计，大部分未能偿还。当福斯特即将离开英国时，乔治写信给班克斯，感谢他在父亲几乎被所有人遗弃的时候慷慨地伸出援手，并且尤其对“我父亲自己也很讨厌的那种暴脾气”表示歉意。[2] 即使是在经济最困难的时候，甚至花很多时间去逃避法院执达吏和寄出乞助信时，福斯特也从未停止写作。在乔治眼中，艰难困苦似乎格外激励了父亲。他继续发表学术文章，翻译瑞典文和德文的科学书籍，并参与布封关于地球进化的理论研究。[3] 福斯特评论布封1779年出版的《自然纪元》（*Epoques de la Nature*）时，对自然史的未来发表了自己的感想。他承认自己和同行花费了太多的时间“模糊地四处搜寻”，细数毛发、羽毛和鱼鳍，“过于微观地处理自然史。因而，现在是布封教我们把博物学家的显微镜换成望远镜的时候了”[4]。

---

① Hoare ed., *Forster Journal*, Ⅰ, p.92.

② Chambers ed., *The Indian and Pacific Correspondence*, 2008, Ⅰ, p.272.

③ 福斯特在伦敦的最后岁月，见 Hoare, *Tactless Philosopher*, ch. Ⅷ。

④ Ibid., p.199.

乔治先于其父四年多去世，但他拓展了新的方向。起初，他不断变换学术职位，但仍专注于太平洋研究。他撰写的《库克第二次远航》(德文版)很受欢迎。也正是他，将库克第三次即最后一次远航的官方记录译成德文，并写了两万余字的导言介绍“探索家库克”。其中有一点令人意外，尽管在决心号上发生了许多纠纷，但乔治毫无保留地对库克表达了钦佩之情。他赞扬库克与军官和士兵的相处模式，对船员健康的关注，以及执行纪律的敏锐决断、宽严相济。最重要的是，他对库克在航行中表现出的“钢铁意志”印象深刻。这一伟大远航改变了欧洲人对太平洋地区及其居民的认识：“作为一名航海家和探索家，库克至今仍是那个时代独一无二的骄傲，无人可以超越。”[①]

对于乔治来说，撰写有关太平洋远航的故事是位居第二的兴趣。正如他对一位朋友所说，多年来，唯一在他脑海中挥之不去的事就是渴望再次参加远航。他先是打算跟随荷兰商人威廉·伯茨(William Bolts)组织的奥地利远征队航行，计划流产后，他又准备参加一支雄心勃勃的俄国探险队，由俄国海军军官格里高里·伊万诺维奇·穆洛夫斯基(Grigory Ivanovich Mulovsky)率领，计划航行到南太平洋和北太平洋以及“所有”地方。乔治确信，“我们对科学的热忱是不会被忽视的”[②]。可是，俄国和土耳其在1787年爆发了战争，航行计划也被取消了。对乔治来说，这是他梦想的终结，健康状况和经济拮据迫使他接受了在美因兹(Mainz)担任大学图书馆馆员的职位。1790年，年轻的亚历山大·冯·洪堡陪同乔治沿莱茵河而上，穿越海峡来到英国，这是乔治对决心号的最后

---

① Forster, *Cook, the Discoverer*, pp. 165, 171.

② Robert J. King, 'The Call of the South Seas: George Forster and the Expeditions to the Pacific of La Pérouse, Mulovsky and Malaspina', *Georg-Forster-Studien*, 2008, XIII, p.164.

一瞥。洪堡回忆起他说的话，跟随库克远航“帮助我确立了自 18 岁以来一直在策划的旅行计划”①。在生命的最后几年里，乔治卷入了被战争蹂躏的莱茵兰（Rhineland）革命政治旋涡。1794 年，他在巴黎溘然长逝，年仅 40 岁。

福斯特在哈雷度过了余生，尽管仍存在一些非议和财务困难，但他在大学社区中受人尊敬，还是 20 个学术团体的会员。他的工作效率依旧令人印象深刻，不过他和乔治计划出版的《库克第二次远航》的自然史一直没有下文。他源源不断地发表有关地质学和矿物学的论述和散文，在哈雷撰写的最著名的书是《北方探索远航史》（*History of the Voyages and Discoveries Made in the North*，英文版于 1786 年问世）。之后，出于学术和财政方面的原因，福斯特转而从事编辑和翻译，并准备出版旅行文集。18 世纪 90 年代，他担任一套 16 卷系列丛书的主编，为德国读者提供了第一部连贯清晰的旅行记选编。堪称巧合的是，在 1798 年他去世之前，福斯特正在翻译路易 - 玛丽 - 安托尼 · 德图夫 · 米勒特 - 穆鲁（Louis-Marie-Antoine Destouff Milet-Mureau）撰写的拉佩鲁塞（La Pérouse）太平洋远航记，并急切地等待收到日志的副本，它记述了那次伟大的北太平洋探索远航，作者是四分之一世纪前决心号上的年轻水手乔治 · 温哥华（George Vancouver）。正如赫尔德所说，在福斯特的内心深处，他将永远是“南海的尤利西斯”②。

---

① Alexander von Humboldt, *Personal Narrative of a Journey to the Equinoctial Regions of the New Continent*, trans. Jason Wilson, 1995, p.15.

② Hoare, *Tactless Philosopher*, p.327. 约翰 · 莱因霍尔德 · 福斯特去世后，哥廷根的乔治 - 奥古斯特大学（Georg-August University of Göttingen）接收了他的民族志文物收藏。

第六章
“让科学家和科学统统见鬼去吧！”

——库克、温哥华和“实验绅士们”

库克船长去世后，1780 年 1 月消息传到英国。自那一刻起，世人对他最后一次太平洋远航的兴趣主要集中于前一年 2 月发生在夏威夷凯阿拉凯库亚海湾（Kealakekua Bay）的致命遭遇上。直到今天，学者们仍然对库克之死争论不休，相比之下，航行中其他令人困惑的方面却很少得到关注。甚至在 1776 年 7 月离开普利茅斯去寻找西北通道之前，库克的行为就有些异常。在前两次太平洋远航中，他打破了地理学家推测南半球存在一个温带大陆的幻觉，以专业的怀疑精神来审视令人迷惑的假说。他曾写道：“天上的云彩和粗厚的地平线肯定不是大陆的标志。”[①] 然而在第三次远航中，他轻率地依据不可靠的海图，沿北美洲西北海岸寻找西北通道的入口，结果令人失望，浪费了整整一个考察季。那次航行的海军指令的主要部分是库克亲自拟定的，对于北太平洋，他采信了一张虚构的俄国人贸易航道图，图中显示阿拉斯加是一个岛屿，在其东岸和美国大陆之间有一条宽阔的海峡，似乎提供了一条进入北冰洋的直接通

① Beaglehole ed., *Endeavour Voyage*, p.289.

道。[1]库克打算穿过这条海峡，沿大陆北部海岸向东航行，进入大西洋，然后返航。这是一条不大可能实现的航线，而且并不是他此行唯一的失算之处。

尽管库克在波罗的海和北美海域以及新近的南极都具有丰富的远航经验，但他接受了少数自许专家之人的理论，误以为北极在夏天是无冰的。因此，他的两艘船——决心号（再次出征）和发现号（*Discovery*）都没有进行防坚冰加固。令人费解的是，库克没有携懂俄语的人同行，尽管他止前往一个预期会跟俄国商人和海员打交道的地区；也没有证据表明他或海军部咨询过英国的有关专家，如威廉·罗伯逊（William Robertson）和威廉·考克斯（William Coxe），其实这两个人都搜集了有关俄国人远航的最新信息。[2]

该次远航的科学部分需放在上述背景下进行分析。在出发的几个星期前，库克有一次对决心号的少尉詹姆斯·金（James King）大发雷霆。金的任命很不寻常。他才二十出头，在牛津大学为天文学教授托马斯·霍恩斯比（Thomas Hornsby）工作，领取半薪，并由霍恩斯比力荐加入这次远航。[3]金受到的天文学训练令库克如虎添翼，这样他就不需要专门带一位平民天文学家了。不过，威廉·拜利仍旧参加（乘坐僚舰发现号）。除了具有科学训练的背景，金还是一位敏锐的观察者，他在远航中记录了一部完整的日记。库克去世后，约翰·道格拉斯博士编纂的官方航行记录在很大程度上依据了金的日记。当金向库克报到时，他对即将开始的远航缺少科学家随行表示了失望，库克的回答肯定令他大为震惊："让科学家

① Jacob von Stählin, 'Map of the New Northern Archipelago', 1774.

② 更多请参见 Williams, *Voyages of Delusion*, 2002, ch.9。

③ 有关詹姆斯·金的任命情况，见 Steve Ragnall, *Better Conceiv'd Than Describ'd: The Life and Times of Captain James King*, Kibworth Beauchamp, Leics., 2013, chs. 7, 8。

和科学统统见鬼去吧！”不过，这件事并非确凿无疑，因为它出自福斯特五年后写的文字。在库克第三次远航记录（未署名的德文版）序言中，福斯特写道，第二天，金就将库克的“这种无礼回答”告诉了福斯特，并补充说，他对这位指挥官的尊敬程度大大地降低了。在库克对科学的态度这个问题上，福斯特几乎不能算是一个不带偏见的证人。他在自己的日记中不同寻常地扮演了和解的角色，尽管语言并不如他想象的那样令人宽慰："我利用了一些机会化解矛盾。有些冲突是库克的性格使然，实际并不像看上去那么糟。不过他的确是一个性情乖戾的人，有时脾气暴躁，甚至手段卑鄙。”[①]关于库克和金之间的那番对话，人们或许希望有证人在场。不过即使无人亲见，事实摆在眼前：第一次远航有班克斯和索兰德带领的平民科学家团队随行，第二次有福斯特父子和斯帕尔曼参加，第三次没有任何科学家加入。肇因或许是班克斯返回英国后表现出的傲慢行为，以及福斯特在远航中牢骚满腹的表现，致使库克不再愿意接受任何“实验绅士”同行。不过一切都是猜测，并无实质证据。

于是，天文学方面由库克和拜利负责，金提供支持；自然史的任务被委托给外科医生威廉·安德森，用金的话说，他是“目前为止船上最正确无误、最有好奇心的一个人”[②]。安德森在22岁时作为外科医生助理参加了库克第二次远航，显示出对自然史和人类学

① Beaglehole ed., *Resolution and Adventure Voyage*, pp.xlvi-xlvii n., 引自1926年福斯特德译本的前言。库克这句话的德文是“Verflucht sind alle Gelehrten und alle Gelehrsamkeit oben drein”，这也许可以更好地翻译为对哲学家和哲学的攻击，因为尽管当时“科学”和“科学人”这两个词已经存在，“科学家”这个词直到19世纪才出现。参见 Dan O'Sullivan, *In Search of Captain Cook: Exploring the Man through His Own Words*, 2008, p.106。

② Beaglehole ed., *Resolution and Adventure Voyage*, p.lxxxiv.

的浓厚兴趣。他编纂了探险队造访的大部分太平洋岛屿的语汇，其中塔希提语词汇被收入远航的官方记录。乔治·福斯特在《库克第二次远航》中抱怨，他和父亲因病均未能参加在新喀里多尼亚的短途旅行。一位外科医生助理藏匿了“一大堆新奇的贝壳”和“许多新发现的植物物种”，显然指的就是安德森。[①] 1775 年 7 月，决心号返回英国时，索兰德访问了这艘船，他写信告诉班克斯，听说“一位姓安德森的外科医生助理搜集了不少植物”，尽管他尚未亲眼看见。[②] 在参加第三次远航之前，安德森将有关“南海的一些有毒鱼类的记述”寄给了皇家学会会长约翰·普林格尔爵士，这篇杰出论文于 1776 年发表在学会的《哲学交流》上。

从库克的角度看，安德森在第三次远航中被任命为决心号的外科医生是有优势的。库克了解并很看重他的能力，尽管他的主要职责是外科医生，但可以利用业余时间发挥自然史兴趣的长处。而且，谢天谢地，与班克斯、索兰德和福斯特不同的是，安德森将受到海军纪律的约束。为了协助安德森，邱园的园艺师大卫·尼尔森（David Nelson）随僚舰发现号参加远航，他是一名文职人员，由班克斯支付薪水。他的作用有限，但很奏效。一位著名的园艺师詹姆斯·李（James Lee）告诉班克斯，尼尔森是“担任这项任务的合适人选，他了解我们搜集植物的基本要求，具备一些植物学知识，还非常谦虚”[③]。在航行结束返回后，班克斯抱怨尼尔森没能带回“面包果和亚麻的合格标本”[④]。这也许正是反映了他的局限性吧。

在这次远航中，因工作杰出而获得最高赞誉的是约翰·韦伯

---

① Thomas et al., *Forster Voyage*, Ⅱ, pp.585-586.

② Beaglehole ed., *Resolution and Adventure Voyage*, p.959.

③ Chambers ed., *Banks's Indian and Pacific Correspondence*, 2008, Ⅰ, p.199.

④ Ibid., p.315.

（John Webber），他是海军部雇用的风景画家，描绘自然史不是他的主要职责，尽管也画了一些鸟和鱼。更确切地说，正如库克所解释的，“韦伯先生的目的是弥补书面记录中不可避免的欠缺，使我们能够保留和带回远航中最令人难忘的场景画面，这正是一名技艺精湛的专业艺术家所能胜任的”[①]。就这点来说，韦伯取得了巨大成功。这次远航的官方记录收入了他的 61 幅绘画；他后来创作的《库克之死》，栩栩如生地描绘了发生在凯阿拉凯库亚海湾的那场激烈冲突，堪称标志性杰作。他精心制作的自然史绘画较少受到瞩目，大英博物馆收藏了 56 幅，大部分是鸟类画。另有一位年轻的业余艺术家——发现号的外科医生助理威廉·埃利斯（William Ellis），也画了很多素描和彩图，他带回了 114 幅水彩作品，大部分的主题也是鸟类。在自然史绘画成果方面，第三次远航不可与前两次远航媲美（帕金森和乔治·福斯特绘制了数百幅植物图画）。

有一个疑问：在准备第三次远航时，库克对科学和科学家所持的反对态度是否反映在人员挑选方面？尽管库克发布的指示中包含关于天文、民族学和自然史观测的标准建议，但毫无疑问，他认为此行的目的纯粹是地理探索。对他来说，寻找西北航道是最重要的目标。指挥第一艘船驶过这条航道不仅会带来声望和荣誉，而且可获得议院提供的两万英镑奖金，这对库克是一个较重要的激励因素。作为一名出身卑微、财力有限的海军军官，自然期望在上层社会生活得游刃有余。在被任命为船长后不久，库克写信给自己的恩师——惠特比（Whitby）的老航海家约翰·沃克（John Walker），告知新的远航计划，并补充说：“如果幸运地安全返回，毫无疑问

① James Cook and James King, *A Voyage to the Pacific Ocean*, 3 vols, 1784, I, p.5.

将给我带来很大的利益。”[①] 最后这句话暗示了权威机构默许的一系列承诺和担保。此次远航为科学工作提供的条件差强人意。据保留下来的库克指示记录手稿，十几页中关于自然史仅寥寥几句。[②] 除拜利外，船上未配备全职观察员，这与库克之后的几次远航形成了鲜明对比：拉佩鲁塞、德·恩特雷斯塔克斯（d'Entrecasteaux）和马拉斯皮纳率领的探险队都有大批科学家随行。根据库克同詹姆士·包斯威尔之间的一段有意思的谈话，或许可以较清楚地了解他对科学研究的态度。约翰逊博士的传记作者回忆说，他们两人讨论了一项计划，建议政府派“探索者们”去太平洋地区生活几年，学习当地语言并考察居民的生活方式。[③] 倘若这是史实的话，它表明库克意识到了一点，就民族学考察来说，跟随海军舰艇仓促地访问各个岛屿是很有局限性的。这令人想起他在第三次远航中的一些反思，他觉得盘问汤加岛民的做法有“太多的失误”，而且外界船只的到来干扰、影响了岛民的正常生活，严重地损害了科学考察。库克感伤地说：“那里的人们原本总是像过节一样快乐的。”[④]

在决心号上，安德森一直坚持撰写完整详尽的日记。一方面，它在某种程度上可算作一部官方记录，在航程结束时上交给海军部，存入船舰档案；另一方面，它也是非官方的，因为属于私人笔记而不是外科医生的工作日志。日记的前两本幸存下来，截至 1777 年 9 月 2 日，当时船停靠在塔希提的维塔比哈湾（Vaitepiha Bay）。第三本不幸遗失，记述到 1778 年 6 月 3 日，当时探险队在

① Beaglehole ed., *Resolution and Adventure Voyage*, Ⅱ, p.1488.

② National Archives: Adm 2/1332, pp.284-296.

③ Anne Salmond, *Between Worlds: Early Exchanges between Maori and Europeans 1773-1815*, Honolulu, 1997, p.118.

④ Beaglehole ed., *Resolution and Adventure Voyage*, I, p.166.

阿拉斯加的库克湾（Cook Inlet）考察。正如比格尔霍尔指出的，有关某些地方的信息，从安德森日记中发现的远比从库克中的多。[①]安德森于1778年8月3日去世，在延宕多日的病痛中，他悲戚地预示了自己的结局。全船的人都感到哀伤。库克对他人的评价通常是很有保留的，但对安德森"非常敬重"，给予了罕见的赞誉："他是一个明智的年轻人，一个令人愉快的伙伴，他的专业水平非常出色，并掌握其他科学领域的丰富知识。"库克在航海日志出版前言中肯定了安德森的贡献，称他"对人对事有很多中肯的评论，增进了我在远航过程中的美好体验"[②]。发现号船长查尔斯·克拉克说，安德森的去世给这次航程留下了"无法弥补的遗憾，令人痛惜不已"。此事对詹姆斯·金的打击最为沉重，悲痛之余更加惋惜学术界的损失。他写道，"安德森具有广博的自然知识，工作持之以恒，不知疲倦，乃至损害了身体，他的高尚品格体现在自然科学和民族学研究的过程中……作为一位真正的绅士和科学家，必定从中获得了极大的愉悦。他是我所认识的一个最自由的灵魂，摆脱了一切精神桎梏"[③]。

从安德森的早期日记中，我们可窥见一位独立观察者的品质。在特内里费岛（Tenerife），他写道，仅凭三天的见闻就试图对这个地方做出描述是"相当专横冒失的"。1776年9月1日，当决心号穿越赤道时，他表示，对那些初次越过赤道的人施行"溺水仪式，是一种荒唐的习俗，任何有理智的人都应竭力制止而不是鼓励将这种仪式轻率地强加于人"。1776年底，库克遵照海军部的指

---

① Beaglehole ed., *Resolution and Adventure Voyage*, Ⅰ, p.cxci.

② Cook and King, *Voyage*, Ⅰ, p.4.

③ 献给安德森的致辞，见 Ibid, p.lxxxiii; Beaglehole ed., *Resolution and Adventure Voyage*, Ⅰ, pp.406 and n., and Ⅱ, p.1430。

示，占领了荒无人烟的凯尔盖朗岛（Kerguelen Island），安德森描写说，占领仪式“实在滑稽怪诞，或许更让人发笑而不是愤慨”①。此话可能反映了他的挫折感，因为他对库克说：“到目前为止，在这个半球的同一纬度上，所经之处全是一片荒芜，为博物学家提供田野考察的机会少得可怜。”② 其实他们并非一无所获，库克在日志里对该岛的企鹅做了描述，并提到安德森在沼泽地带发现了一个植物新属：凯尔盖朗卷心菜，拉丁名为“普林格利亚抗坏血病药”（*Pringlea antiscorbutica*），以纪念英国皇家学会会长约翰·普林格尔。③

同班克斯和福斯特一样，随着航程的继续，安德森将更多时间花在描述造访之地的居民上，而不是自然物产。发现号在好望角与决心号会合，安德森给班克斯写信说：“很高兴在发现号上遇到了一个懂植物学的人，他能协助检索植物学文献，我绝不虚妄地自许能胜任这个任务。”此人大概是指大卫·尼尔森。尽管安德森仍在搜集植物，但此信透露出了一个迹象，这不再是他的优先任务。我们知道，库克访问新西兰时曾对当地风俗有大量记述，而安德森对土著居民的描述则更加详细，笔触更为精妙。在塔斯马尼亚群岛（Tasmania）的探险湾（Adventure Bay）短暂停留期间，所有人的日记只是简单提到塔斯马尼亚人赤身裸体，唯有安德森颇有兴致地将这种举止与新喀里多尼亚土著人进行了比较。在随同库克的第二次远航中，他曾目睹一个有趣的现象：“当他们跟你谈话的时候，会十分自在地玩弄阴茎，如同孩子玩玩具，或一个人给自己的手表

① 安德森日记的这三段摘录，见 Beaglehole ed., *Resolution and Adventure Voyage*, Ⅱ, pp.732, 743, 769。

② Ibid., Ⅰ, p.43.

③ Ibid., pp.43, 45-46.

上弦。”安德森还记录了该地区的自然状态，尤其注意到无处不在的桉树。它们的标本被带回英国，收藏在伦敦自然历史博物馆里。探险队在夏洛特王后湾的较长停留期间，安德森也遵循同样的模式，在描述了树木和植物（尤其是“有用”的品种）之后，更详细地记述了当地的居民。在阿蒂乌岛（Atiu），蛮不讲理的岛民夺走了安德森刚采集到手的植物，还更加过分地把他拦在距离海滩 90 米以外的地方。“长久以来我一直渴望得到这样的机会，能够从容不迫地观察一些人类群体，他们顺从大自然的支配，不受教育偏见的影响，也没有跟较文雅民族交往而导致腐化。然而，现实令我失望了。”①

在库克群岛，库克和安德森都描述了珊瑚。库克的笔调冷静、平实，推测了珊瑚形成的过程，以及如何“通过珊瑚礁的蔓延向海里自然扩张”，他说：“在我看来，这种变化是持续不断的，尽管很难察觉。随着海水退潮，破碎的珊瑚和沙石等滞留在干燥的岩石中。”相对于珊瑚的起源，安德森则更注意它的迷人景观，后人的许多描述证实了他的观察：

> 一片巨大的珊瑚床，几乎与海面水平，这大概是自然界最迷人的景色了。它仿佛悬浮在水中；在它的脚下，海水骤然变得深不可测，看似几米，实际可达十几米。此时此刻，阳光照射在千姿百态的珊瑚礁上，熠熠生辉。有的珊瑚伸展出华丽的枝条，有的聚集成一只圆球或其他形态。闪闪发光的大蛤蜊半张着壳，点缀在四处，更增添了富丽气象。然而，在珊瑚丛中轻盈穿行的鱼儿是最令人惊艳的，凡能想象出的颜色无所不有：黄、蓝、红、

---

① Beaglehole ed., *Resolution and Adventure Voyage*, II, pp.1519, 788, 791 and n., 839-840.

黑，五光十色，妙不可言，超越了任何的艺术创意。[1]

有时候，安德森似乎对库克的某些做法保留看法。在诺穆卡岛（Nomuka），有一个人因偷盗铁栓被捆绑了好几个小时，痛苦至极，直到他交了赎金。安德森对此感到不舒服："我觉得这种做法有违正义和人道原则。应当先选择其他适当的惩罚措施，若不奏效，再索要赎金或捆绑也不迟。"[2]安德森记载了库克对汤加岛民实施的严酷惩罚，他诮责道，岛上的人"的确胆大妄为，朝我们投掷可可豆"。库克认为用刀砍断攻击者的胳膊是"最起码的惩罚"。在神秘的伊纳西（*inasi*）仪式上，库克赤裸着上身跟岛人共舞，安德森对这一有争议的行为显然有所保留："看起来，当地人宁愿阻止我们的好奇心，倘若他们不在乎冒犯我们的话。"[3]安德森批评当地茅屋的建筑拙劣，不过，岛民们"观察了海军的建筑（假如我可以冒昧地这样说），并且非常善于模仿，因而还不算太糟"[4]。这一讥讽似乎是针对库克的。

从汤加出发驶往塔希提，抵达后不久，安德森便开始了第三本日记，尽管它后来遗失了，但手稿中最重要的自然史观察和词汇均被收入航行官方记录，由约翰·道格拉斯博士编辑出版。其中有些段落直接引用了安德森的原文，比如对新发现的考艾岛（Kauai）

① 库克的描述见 Beaglehole ed., *Resolution and Adventure Voyage*, Ⅰ, pp.95-96；安德森的描述见 Ibid., Ⅱ, p.851。安德森的描述或许受到了约翰·埃利斯的影响，参见 John Ellis, *Essay towards a Natural History of the Corallines*, 1755。Rüddiger Joppien and Bernard Smith eds., *The Art of Captain Cook's Voyages*, Ⅲ, *The Voyage of the Resolution and Discovery 1776-1780*, New Haven and London, 1988, pp.26-27.

② Beaglehole ed., *Resolution and Adventure Voyage*, Ⅱ, pp.856-865.

③ Ibid., pp.909, 916.

④ Ibid., p.936.

和尼豪岛（Nihau）的描述；以及对努特卡湾（Nootka Sound）居民的观察——“跟当地语言有关的所有知识都是安德森的贡献”（库克语）。在去世的两个月前，安德森还在阿拉斯加的威廉王子湾（Prince William Sound）搜集了一些词汇和“许多对话”①。官方记录的某些段落仿佛照搬了安德森的手稿，尽管编者未注明。譬如，有关1777年10月在塔希提时船上蟑螂成灾的记录：“任何食物暴露在外，只需几分钟，上面就爬满了蟑螂，它们很快就把食物咬得像蜂窝一般。蟑螂对填充和保存起来的珍贵鸟类标本尤其具有破坏性。更糟糕的是，它们异乎寻常地嗜食墨水，因而贴在各种物件上的标签大部分都被吃掉了。”补充说明指出，这种攻击来自两种不同的蟑螂：自上次远航就留在船上的东方蜚蠊（*Blatta orientalis*）和在新西兰招引来的德国蜚蠊（*Blatta germanica*）。②采用昆虫的学名进一步证明，这段记录是出于痛心疾首的安德森的手笔。然而遗憾的是，我们没有发现安德森对夏威夷群岛和北美洲西北部沿海的观察记录，那是英国船只首次接触的地区。安德森的观察和采集工作几乎延续到生命的最后一刻，他的勇气和责任感令人敬佩。1778年1月10日，当船只抵达夏威夷群岛时，拜利注意到，库克的全体船员“都很健康，唯有外科医生安德森先生患有严重的肺病”③。

上尉詹姆斯·伯尼（James Burney）回忆了第三次远航中一个令人怅惋的故事。安德森和查尔斯·克拉克船长都患有肺结核，1777年8月发现号到达塔希提，准备去北太平洋之前，他们意识到北极的寒冷水域很可能致命，打算向库克辞职，留在塔希提，当地的温和气候或许有助于他们恢复健康。然而，由于克拉克的一些

① Cook and King, *Voyage*, Ⅱ, ch.XII and pp.334, 375.

② Ibid., Ⅱ, p.99.

③ Beaglehole ed., *Resolution and Adventure Voyage*, Ⅰ, p.263n.

“文件和记录”尚未整理好，便决定推迟到抵达胡阿希内岛之后再说。可是，至时文件仍未整理完毕。接着是下一站赖阿特阿岛，停留了一个月，他们还是没有采取行动。然后到了博罗巴岛（Borabora），这是社会群岛的最后一个港口，他们终于决定向库克提出离开探险队的要求。可是发现号在那里仅停留了几个小时，库克上了岸，克拉克和安德森没有同行，自然也没有提起这个话题。我们猜测，在这两个身患重病的人中，克拉克可能是更不愿意离开探险队的。正如比格尔霍尔分析的，“没有整理好文件并不是真正的原因，强烈的责任感和对指挥官的忠诚促使他坚守到最后一刻”[1]。

安德森将他制作的自然史标本和人种志文物留给了班克斯，连同一份手写的清单——“植物新物种……迄今未知的，1776，1777”，其中十几种植物用林奈分类系统的拉丁语名称（及英译）标明，它们是航程早期在范迪门斯地（Van Diemen’s Land，即塔斯马尼亚）、凯尔盖朗岛和新西兰搜集的。[2]不很清楚安德森在航程的后期是否继续在做田野笔记。在那个年代，大学和博物馆都尚未建立植物学和人类学系，因而，安德森将标本捐赠给了班克斯在苏荷广场32号的标本馆是完全可以预料的。班克斯在暴躁地拒绝参加库克第二次远航（除非完全答应自己的条款）之后，逐渐修复了与这位探险家的关系，并进而成为库克声誉的维护者，以及随行航海者的利益保护人。第三次远航清楚地表明了这一点。临行时，上尉约翰·戈尔（John Gore）将孩子委托给班克斯抚养（假如他因故未能返乡）；克拉克船长在堪察加半岛去世前，最后一封悲伤的信是写给班克斯的；班克斯阅览了此次航行中发回的所有官方文件；最

---

① Beaglehole, *The Life of Captain James Cook*, pp.568-569.

② 现收藏在伦敦自然博物馆的班克斯藏品部。

具决定意义的是，他成为“首要的顾问和权威协调人”，促成了第三次远航官方记录的编辑和出版。[①] 1780年末，在克拉克去世后，詹姆斯·金率领发现号回到英国，他写信给班克斯说：“我将您尊为我们这些探险者共同的核心。”[②]

在17世纪80年代，班克斯已有诸多头衔：准男爵、皇家学会会长、乔治三世和夏洛特王后的知交、内阁部长的顾问、国际科学界的赞助者，如今又成为与库克探索远航发现相关的企业推动者。植物学湾殖民地塔希提的面包果生意、北美洲西北海岸的皮毛贸易、南部的捕鲸业等，都是班克斯关注的事项。作为植物学家的班克斯超越了库克的传统航海方式，大力传播植物交换的福音，以促进帝国发展自给自足的经济。在全球性的企业活动中，远航船上博物学家的活动是相对小的一部分，但日益广为人知；多年来，班克斯至少正式委托了126名海外搜集家，将植物标本寄给班克斯标本馆和空间更大的邱园——它在班克斯的领导下欣欣向荣，日益壮大。[③] 在不列颠势力扩展的外围地区，班克斯的时代为科学人员创造了国内不具有的专业机会，譬如东印度公司的医疗服务和考察工作、海军部的水文勘测、搜集标本和建立植物园等，为清贫的年轻人提供了研究自然史的职业。[④] 班克斯参与了植物迁徙的试验，有的项目是随意的，有的甚至很奇特，包括将棉花种子从印度运到加勒比海，将茶树从中国移植到孟加拉，将胭脂虫从南美洲带到马德拉斯（Madras），等等，当然还有将面包果从塔希提移植到了加

---

① Carter, *Banks*, p.169.

② Natural History Museum, London: Dawson Turner Copies, Vol. 1, p.304.

③ David Mackay, ‘Agents of Empire: The Banksian Collectors and Evaluation of New Lands’, *Visions of Empire*, pp.39ff.

④ Drayton, *Nature's Government*, p. 127.

勒比海。[1] 在美国独立战争后的（英国）国家重组期间，班克斯扮演独角戏，一肩挑起信息中心、学术机构和金融公司的重任。在欧洲，唯一可与班克斯相匹敌的人物是巴黎皇家植物园的布封伯爵，他在王室支持下雇用了一批杰出学者，并鼓励法国海军和海外殖民地官员广为搜集植物和其他标本。

据说，当克拉克船长将库克去世的消息报到伦敦时，国王流下了眼泪。而海军部桑威克伯爵写给班克斯的信语气平淡："我们务必优先处理最重要的事务，可怜的库克船长已经不在人世。"[2] 从很多方面看，库克的第三次远航令人失望。1778 年和 1779 年，他两次尝试穿越白令海峡均告失败，船只勉强逃脱了被巨大冰块摧毁的命运。远航目标未能达到，且有两位船长丧失了生命，唯一的收获是它引起了人们对海獭的注意。在北美洲北部太平洋沿岸，从努特卡湾到阿拉斯加的一带海域可以轻松地捕捉海獭，获取皮毛。金在官方记录中写道，在海边，一只海獭皮只能换几颗珠子或其他小玩意，而在中国市场上可卖到 90—100 美元。记录中有约翰·韦伯画的一只年轻海獭——是在努特卡被杀死的，它的皮毛"柔软而华丽"（图 16）。跟随白令和奇里科夫远航的船员曾带回海獭皮，这个消息诱使俄国毛皮商人进入阿拉斯加水域，造成了人类和动物种群的一场浩劫，但他们的活动在西欧鲜为人知。金的报告揭开了隐秘的面纱，欧洲和美国商人对北太平洋提供的这一机会迅速做出反应。18 世纪 80 年代中期，在印度和中国的英国商人配备了船只，开往北美洲西北海岸，欧洲其他国家和美国波士顿的船只紧随而来。班克斯从一开始就对去西北海岸的贸易航行很感兴趣，在

---

① David Mackay, *In the Wake of Cook: Exploration, Science and Empire 1780-1801*, 1985.

② Beaglehole, *Life of Cook*, p.689.

他的主要支持下创立了一个新兴企业——乔治国王湾公司（King George's Sound Company），由理查德・卡德曼・埃切斯（Richard Cadman Etches）执掌。正如理查德的兄弟约翰所说，班克斯是该企业计划的主要赞助人，宗旨是“利用已故船长库克的远航发现推动国家公用事业的发展”。[①] 埃切斯兄弟共派出四艘船航行到西北海岸：1785 年派出乔治国王号和夏洛特王后号，由纳撒尼尔・波特洛克（Nathaniel Portlock）和乔治・迪克森（George Dixon）指挥，1786 年派出威尔士亲王号（*Prince of Wales*）和长公主号（*Princess Royal*），由詹姆斯・科尔内特（James Colnett）和查尔斯・邓肯（Charles Duncan）指挥。这几位船长除邓肯之外，都曾随库克航海。班克斯让阿奇博尔德・孟希斯（Archibald Menzies）在威尔士亲王号上担任外科医生和植物学家的工作，表明他仍然重视植物学研究。推荐孟希斯的人是爱丁堡大学医学院植物学教授约翰・霍普（John Hope）博士，他是最早讲授林奈分类系统的英国博物学家之一。他告诉班克斯，“孟希斯早年熟悉植物栽培，并在我的课堂上学过植物学原理，之后几年在哈利法克斯港站（Halifax station）的一艘海军军舰上担任外科医生助理，其间兴致浓厚地钻研植物学”[②]。

大西洋彼岸的孟希斯早先以通信方式结识了班克斯。1786 年 6 月，他将采集自巴哈马的一包种子寄给班克斯，有 56 个品种，并解释说他“是在嘈杂的驾驶舱里借着昏暗的烛光进行”分类的，因

---

① John Etches, *An Authentic Statement of All the Facts Relative to Nootka Sound*, 1790, p.2. 努特卡湾原称“乔治国王湾”，由库克命名，注意不要混同于今天的“乔治国王湾”（原名“乔治三世湾”）——地处澳大利亚西部，由乔治・温哥华于 1791 年标记海图并命名。

② Chambers ed., *Banks's Indian and Pacific Correspondence*, 2009, Ⅱ, p.126.

而难免会有失误。[①] 8月，他再次写信给班克斯，表示如果可以参加威尔士亲王号远航，将"满足我有生以来最大的雄心，并提供搜集种子和其他自然标本的最佳机会"[②]。出发之前，孟希斯特意前往班克斯的标本馆参观，以便熟悉库克第三次远航在西北海岸搜集的标本。

即便孟希斯在威尔士亲王号上写了日记，也没有保存下来，他仅留下关于航行的零星信息。船只在大西洋南部驶往合恩角的途中，他给班克斯发了两封信。1786年11月，他从佛得角群岛写信保证，"北美西海岸给我提供了一个新的研究广泛植物学和自然史其他分支的机会"。1787年2月，他从火地岛附近的史坦顿岛（Staten Island，又称埃斯塔多斯岛——Isla de los Estados）写信说："尽管这里气候恶劣，很不适宜人类居住，但我做了几次愉快的短途考察，研究和搜集了许多珍奇植物。其中一部分即使在林奈分类系统第十四版中也未被描述过。"[③] 在此次远航中，孟希斯肯定是施展了他的全部医术。当威尔士亲王号于1787年7月到达西北海岸时，科尔内特在日记中写道，船员们遭受坏血病的严重折磨，这片土地的"景象令人心情舒畅，我们已有十多个星期没见到任何绿色植物了。这使得情绪低落的人们兴奋起来，只要尚存一丝力气，就从底舱挣扎着爬上甲板"[④]。这两个季节里，他们一直在西北海岸进行交易活动。1787—1788年在夏威夷群岛逗留期间，搜集了大量的

---

① John M. Naish, *The Interwoven Lives of George Vancouver, Archibald Menzies, Joseph Whidbey, and Peter Puget*, Lewiston, NY, 1996, p.50.

② W. Kaye Lamb ed., *George Vancouver: A Voyage of Discovery to the North Pacific Ocean and round the World 1791-1795*, 4 vols, 1984, I, p.30.

③ 这两段信文引自 Chambers ed., *Banks's Indian and Pacific Correspondence*, Ⅱ, pp.136, 157。

④ Robert Galois ed., *A Voyage to the North West Side of America: The Journals of James Colnett, 1786-1789*, Vancouver, 2004, p.100.

皮毛，价格比十年前库克的船员们买的要便宜很多。科尔内特偶尔提到孟希斯上岸活动，但不清楚他能花多少时间搜集标本。虽然理查德·埃切斯曾告诉班克斯，“只要对科学有利”，孟希斯的活动不受限制，但此次航行是一项商业活动，船员和沿海居民之间的关系受贸易需求的左右，有时紧张，有时令人担忧，误会频繁发生。在决意获取皮毛、粮食和木材的过程中，科尔内特经常违反当地礼仪或侵犯所有权；而岛民也不时地偷窃，小到针线，大到长舟，激怒了船员们。当冲突上升为暴力时，受重创的是当地人，但科尔内特的人也感觉到压力。当威尔士亲王号不得不离开班克斯岛时，它的水手长，“一名真正的海员，从他的神态举止看，人们会觉得他一生中从未陷入过恐惧……（此刻却）像个孩子般的哭了起来”[①]。

这艘船在1789年夏进入家乡水域，孟希斯写信告知班克斯，他要寄去“一个小箱子，里面装着我在环球航行后期搜集的所有植物标本。我搜集的种子尚未包装，但你可以指望在几天之后收到”[②]。“一个小箱子”表明，孟希斯并未带回大量植物标本或民族志文物。很可能考虑到保存鲜活植物的实际困难，在孟希斯下一次更重要的太平洋远航中，班克斯不得不为保存标本提供更好的条件。与此同时，孟希斯进一步在班克斯的标本馆里学习，在那里遇见了林奈协会首任会长詹姆士·爱德华·史密斯（James Edward Smith），是他买下了林奈遗留的全部藏书和标本，并把它们迁到了伦敦。

在孟希斯远赴太平洋的那段时间里，班克斯一直在推动18世纪末两个最重要的太平洋项目。一个是派邦蒂号去塔希提为西印度

---

① Robert Galois ed., *A Voyage to the North West Side of America: The Journals of James Colnett, 1786-1789*, pp.150-151.

② Chambers ed., *The Indian and Pacific Correspondence*, 2010, Ⅲ, pp.35-36.

群岛搜集面包果，另一个是派第一舰队到新南威尔士建立罪犯定居点。虽然他的目标看上去是全球性的，但他最感兴趣的仍然是北太平洋地区。18 世纪 80 年代后期，北美西北海岸吸引了各国政府以及商人和地理学家的注意。海上皮毛商人的勘测结果似乎表明，有可能发现一条深入内陆的海峡，尽管这种观点同 1778 年库克所持的相反。沿海地区的皮毛贸易可提供一个缺失的环节，从而形成独立发展的北方贸易网络，将中国和日本跟西方连通、哈得逊湾公司（Hudson's Bay Company）的领地跟东方连通。然而，这一憧憬和设想破灭了。1790 年 2 月初，从马德里传来消息：前一年夏天，西班牙在努特卡湾攫取了英国的船只和财产。英国政府最初决定派一支海军探险队前往西北海岸，由亨利・罗伯茨（Henry Roberts）指挥，他曾参加库克第二次和第三次远航。计划派出两艘船：发现号和查塔姆号（*Chatham*）。他们将途经新南威尔士，在那里招募 30 人，运送去西北海岸，在那里建立一个殖民地。从威尔士亲王号返回的孟希斯以植物学家和博物学家的身份参加这一行动。但是，随着西班牙危机的加剧，英国舰队全面参战，考察计划又被搁置了。

1790 年 10 月《努特卡湾公约》[1] 签订之后，海军探险计划重新启动，但指令不同，指挥官改成乔治・温哥华，他也曾参加库克的最后两次远航。他的任务部分是探索——详细勘测西北海岸；部分是外交——试图收复 1789 年西班牙在努特卡湾攫取的土地。温哥华的期望是在沿海找到一块合适的定居地，但西班牙人只同意割让很小的一块条状土地，这迫使英国政府改变了企图在西北海岸建立

① 《努特卡湾公约》是西班牙王国和大不列颠王国在 18 世纪 90 年代签署的一系列三项协定，避免了二者争夺北美太平洋西北海岸部分领土的战争。这两个欧洲王国签署公约都未征求该地区居民的意见。——译者注

定居地的政策，对此孟希斯十分沮丧，并深感受挫。[1]他参加这次远航的正式职务是外科医生，但他提出“将利用本职工作的空闲时间”从事博物学活动。目前尚不清楚孟希斯为什么要求扮演双重角色，也不清楚温哥华为什么反对任命孟希斯为外科医生，而坚认亚历山大·克兰斯顿（Alexander Cranstoun）是更适合的人选。从这个尴尬的起点开始，温哥华和孟希斯在航程中产生了很多矛盾。他们争论的具体问题之一是关于木框玻璃植物箱，它实际上是一种小型温室，比拉佩鲁塞探险队用的植物箱大，十分笨重，被安放在发现号的上层后甲板上。携带温室是班克斯规划的，他已为守护者号（*Guardian*）订购了一个，准备运送植物去新南威尔士的新建殖民地。这似乎满足了孟希斯向班克斯提的“一个合适的储藏空间，可将采集的植物安全地带回”。毫无疑问，他试图避免再次遇到在威尔士亲王号上的难题。[2]博物学家们都很希望把在探险远航中搜集的东西带回本国，但面临着许多挑战，不仅要防止昆虫和啮齿动物的蹂躏，还要保护它们免受气候变化和咸水的侵蚀。压制的标本可以保存在纸页中，保存种子比较困难，而保护和浇灌鲜活植物是最大的挑战。这个问题的严重性在 18 世纪 70 年代的一本书中得到了证实。作者是植物学家兼商人约翰·埃利斯。他统计了从东海带回的植物和种子的损失率。他写道，从中国获得的种子“能够发芽的很少，不超过五十分之一”[3]。他的解决方案是在箱子正面安装细

① Robert J. King, ‘George Vancouver and the Contemplated Settlement at Nootka Sound’, *The Great Circle*, 32, 2010, pp.3-30.

② Chambers ed., *The Indian and Pacific Correspondence*, Ⅲ, p.59.

③ John Ellis, *Directions for Bringing over Seeds and Plants from the East-Indies and Other Distant Countries*, London, 1770, p.1. 关于 18 世纪 90 年代埃利斯和约翰·福瑟吉尔（John Fothergill）的植物箱设计，见 Nigel Rigby, ‘The Politics and Pragmatics of Seaborne Plant Transportation 1769-1805’, pp.87-93。

铁丝网，再加上可移动的百叶窗（图 17）。但是，对于长时间海上航行来说，植物不适合在甲板上过多地暴露，大舱室才是存放植物的最佳场所，但能否使用要取决于船长和军官们有无善意。另一种选择是甲板上的植物箱，专门用来保护和照管植物（图 18），1791 年用于温哥华的发现号，几年后用于马修·弗林德斯（Matthew Flinders）的调查者号（*Investigator*）。

所有海军舰长对自己的权威都十分敏感，在温哥华看来，后甲板上安放一个大温室，里面满是桶呀盆呀，还需要不断关照和浇灌，这对他是一种公然的冒犯。班克斯或许有所预见，便起草了一份《温哥华先生如何对待孟希斯先生的指示》，寄给了内政部副部长埃文·内皮恩（Evan Nepean），告知“这份文件十分必要，假如这两位绅士在出海后产生分歧的话”[①]。《指示》要求温哥华提供人手协助孟希斯搬箱运水，不应把木料放进“植物箱”里，温室的玻璃如有毁损应当“立即”修理，等等。更有可能令温哥华恼火的是，身为一位经验丰富的水文学家，他得按照班克斯制定的考察指南工作。不过，班克斯无法说服内皮恩将这份《指示》交给温哥华。温哥华究竟是否看到这份文件，不得而知。[②] 班克斯的记录表明，两人之间的关系恶化了。1790 年 12 月，纳撒尼尔·波特洛克船长写信给班克斯，说他“已向温哥华船长传达你要去拜访的消息，但他可能不会来拜访你”[③]。最具启示性的是，在探险队起航后，班克斯给孟希斯写了一张字条：“我无法猜测温船长会怎样对待你，根据他对我的态度来判断，你将不会获得通常从有船长头衔

① John Ellis, *Directions for Bringing over Seeds and Plants from the East-Indies and Other Distant Countries*, p.294; 类似的信件见 pp.234-235, 238, 以及 Chambers ed., *The Indian and Pacific Correspondence*, Ⅳ, pp.122-123。

② Chambers ed., *The Indian and Pacific Correspondence*, Ⅲ, pp.196-198.

③ Ibid., pp.178-179.

的人那里应该获得的待遇。”

班克斯给孟希斯下达了详细的工作指令。孟希斯是唯一参加此次探险的博物学家，他的任务分量丝毫不减，即“考察即将访问的所有国家的全部自然史”。除了负责描述和采集植物的基本任务之外，他还需报告“欧洲的谷物、豆类和水果可能会在哪些地方茁壮成长”，以备“将来从英格兰输送定居者”——这表明班克斯仍未放弃在沿海地区建立殖民地的构想。最后一项要求是，孟希斯要完成一部日记，连同他采集的民族志文物和自然史标本，返回后一起上交内政大臣。就孟希斯的日志而言，这项看似有益无害的指令在航程结束时造成了相当大的麻烦。[①] 虽然现存日志是一本生动的航海记录，内容包括直至 1795 年 3 月离开智利海岸开始返航，但对于植物学家来说，有两点令人失望。其一，最近的研究表明，在返回英国后，它被大幅度地编辑加工了，而班克斯要求的是第一手“全面和连续的航程记录”，但孟希斯的原稿没有保存下来。[②] 其二，班克斯希望赶在温哥华的官方记录出版之前，抢先发表一部航海故事，但孟希斯日记令人惊讶地缺乏植物学活动的细节（尤其是关于 1793 年和 1794 年的考察季）。据说孟希斯还另有专门的笔记，但不知所踪。温哥华返回英国后对海军部提出的抗议可以佐证这一猜测：“孟希斯先生对我们造访的不同国家的自然史各个学科的观察，应以某种方式同我的航海记录结合起来。”[③] 孟希斯根据事先附着的标签，将带回的干燥植物进行整理分类，做了大量艰辛的复原

---

① Chambers ed., *The Indian and Pacific Correspondence*, Ⅳ, pp.199-202.

② W. Kaye Lamb, ‘Banks and Menzies: Evolution of a Journal’, in Robin Fisher and Hugh Johnston eds., *From Maps to Metaphors: The Pacific World of George Vancouver*, Vancouver, 1993, pp.227-244.

③ Lamb, *Vancouver Voyage*, Ⅰ, p.227.

工作，但远没有完整地展现考察的全貌。[①]

发现号和查塔姆号于1791年4月1日从英格兰起航。温哥华始终怀疑在温带纬度地区发现西北通道的可能性，他后来说，出发恰逢愚人节，或许是讽刺性的预兆。对孟希斯来说，航行开始不久，他的职责就加重了。在船只离开好望角后，发现号的外科医生亚历山大·克兰斯顿中风瘫痪，温哥华要求孟希斯立即接替他的工作，在船只抵达努特卡湾时正式任命。孟希斯已是温哥华的私人医生，仍勉强接受了"恳求"。从此，作为船上的正式成员而不是编外平民船员，他服从温哥华的直接指挥。作为补偿，船长分配给他一间额外的小舱，用来存放搜集品。[②]在澳大利亚海峡的乔治国王湾和新西兰的达斯奇峡湾考察后，这个舱室很快就被装满了。在塔希提，孟希斯清楚地发现了前人留下的印迹：马塔维湾有一株"非常茂盛的"柚子树，是班克斯栽种的；邦蒂号船长威廉·布莱种植的橘树苗已达60厘米高。1792年4月，船只抵达北美西北海岸，开始主要任务——普格特湾（Puget Sound）和胡安德富卡海峡（Strait of Juan de Fuca）的勘测。从海峡东南乘船去探险湾短途考察时，孟希斯看到了引人注目的马杜拉或杨梅树（*Arbutus menziesii*），最初被命名为东方草莓树。他

---

① 有关调查见 Eric W. Groves, 'Archibald Menzies (1754-1842), an Early Botanist on the North-western Seaboard of North America…', *Archives of Natural History*, 28, 2001, pp.71-122。孟希斯1790年12月至1794年2月的日记收藏在大英图书馆：Add. MS. 36461；1794年2月至1795年3月的日记存在澳大利亚国家图书馆：MS 155。部分收录于C.F.Newcombe，*Menzies' Journal of the Vancouver Voyage April to October 1792*，收藏在不列颠哥伦比亚档案馆，V（1923）；A.Eastwood ed., 'Menzies California Journal', *Californian Historical Society*, II（1924），pp.265-340；Wallace M.Olson ed., *The Alaska Travel Journal of Archibald Menzies, 1793-1794*, Fairbanks, AK, 1993。由于章节和版本的多样，本书下面引用时通常简称为"Menzies Journal"并注明日期。

② Menzies to Banks, 26 September 1792, Chambers ed., *Banks's Indian and Pacific Correspondence*, Ⅲ, p.437.

写道，它是这里特有的树，“它像森林中的一种特殊装饰，常青叶衬托着大簇大簇的白色花朵，特有的棕红色光滑树皮，让最没有经验的观察者也会注意到它”。这里是植物学家的乐园，宽广的草地上鲜花盛开，松树高耸，“整个画面像一位高明的园林设计师精心创作的作品”[①]。几天后，孟希斯又看到了“盛开的大叶杜鹃”（*Rhododendron macrophyllum*），也叫太平洋杜鹃花，后被择为华盛顿州的州花。可以确定，他写日记时心中的读者对象是一般读者而不是植物学专家，例如他首先描述并命名了两种引人注目的植物，一个是兜兰（*Cypripedium bulbosum*）（又称 *Calypso bulbosa*，布袋兰，或误称为 lady-slipper，“淑女拖鞋”），另一个是杜鹃花（*Rhodendron ponticum*，即大花杜鹃），然后声明，他还看到了“其他种类的植物，在这里就不必繁琐乏味地列举了”[②]。随同彼得·普格特（Peter Puget）上尉在普格特湾的复杂海岸线上探险时，孟希斯抱怨说：“这类巡航探险于我的科学追求不太有利，船在多处停泊，但我能够待在岸上的时间太短。”[③]可是在那个星期里，他上岸多达 14 次，搜集了十几种科学界未知的植物。他不久便意识到，这样的旅行不允许他走得太远。无论是有仆人陪同还是独行，必须跟船保持相当近的距离，足以听到呼唤或枪声。我们很难判断温哥华对这些植物学考察行动的态度。在描述普格特湾的考察旅行时，温哥华带着讽刺的口吻说：“孟希斯先生找到了一种无休止的娱乐方式，我相信，这将使植物目录册变得更厚。”[④]

离开田园诗般的普格特湾，船只驶向乔治亚海峡（Strait of

① 'Menzies Journal', 2 May 1792.

② Ibid., 4 May 1792. 这两种植物的现代名称见 Newcombe, *Menzies Journal*, p.20。

③ 'Menzies Journal', 20 May 1792.

④ Lamb, *Vancouver Voyage*, Ⅱ, p.534.

Georgia)。很明显，发现号的体积太大，查塔姆号也过于笨拙，不易靠近海岸，因而只能乘小艇登陆。在三年的时间里，他们46次乘小艇进行短途考察，有时一次持续好几个星期。这种变换的方式增加了工作的强度，令官兵们疲惫不堪，尤其是向更北行进时。孟希斯对这些人充满了敬佩之情："在接近北极的严寒条件下，驾驶着没有篷的小艇，白天重复乏味地奋力划桨，夜间要保护自身的安全，四周是冷寂高耸的雪山，没有任何可取暖之物，只能在寒冷的石滩或潮湿的苔藓上度过寒夜，有时还要忍受饥渴的煎熬。"①旅途中似乎总在下雨，食品时常短缺，还有可能遭遇突然从水雾中出现的独木舟，驾舟者不很友善。船员们碰到了各式各样的沿海居民，其中包括萨利希人（Salish）、夸扣特尔人（Kwakiutl）、海达人（Haida）和特林吉特人（Tlingit）。在温哥华一行的眼中，他们时时存在，行为不可预测，经常分散考察工作的注意力或造成麻烦，有时甚至危及安全。当船只驶向乔治亚海峡时，巨大的山崖贴近海岸，船员们越来越难找到适宜宿营的平坦地面。普格特对某天经历的描述很有代表性，晚上11点，他们着陆了，"经过一整天艰难的海上跋涉，船和用具都湿透了，找不到可遮风避雨之处……无论是继续在水上漂浮还是上岸，都同样地难熬"②。孟希斯身负医生重任，尽管有两名助手，但他不能期望多次参加考察旅行，只能在离船较近的地方进行植物学活动。此次远航中，没有人死于坏血病，丧生的六人中仅一人因病而死，这应当归功于孟希斯的精湛医术。

在勘测胡安德富卡海峡的第一季中，温哥华发现，有两艘西

① 'Menzies Journal', 18 August 1792.

② Lamb, *Vancouver Voyage*, Ⅱ, p.587.

班牙船也在做同样的工作。他们是由西班牙探险队的指挥官亚历杭德罗·马拉斯皮纳派来的，任务是完成两年前开始的考察。温哥华一直确信自己是第一个通过这些航道的欧洲人，不免感到失望和懊丧。不过，两支队伍相处融洽，还互换了海图和信息。8月，温哥华率船绕过一座大岛的北端——这里后来以他的名字命名，之后到达努特卡，在那里，他与西班牙指挥官博德加·夸德拉（Bodega Quadra）就归还英国财产问题进行了交涉，谈判的过程颇为友好，但未达成协议。何塞·墨兹（José Moziño）和阿塔纳西奥·埃切弗里亚·戈多伊（Atanasio Echeverría Godoy），这两位西班牙人的植物学作品给孟希斯留下了深刻印象："他们是很有才华的自然史画家。"正如孟希斯指出的，他们的工作表明西班牙人"正在彻底摆脱长期以来受人诟病的好逸恶劳形象"[①]，相比之下，没有一位专业艺术家来协助记录温哥华的新发现。这很可能令孟希斯感到一丝讽刺。墨兹总计列出352种植物，以及多种哺乳动物、鸟类、鱼类、贝类和昆虫，其中许多图像都是戈多伊绘制的。墨兹根据观察撰写了《努特卡湾见闻》（*Noticias de Nutka*），尽管直到1970年才得以出版，它被编辑称为"独特的民族学和历史研究"[②]。

从努特卡湾出发，温哥华的船只向南航行到加利福尼亚，在夏威夷过冬。在蒙特雷（Monterey），孟希斯有机会向班克斯寄出了一份报告，建议他不要在胡安德富卡海峡建立定居点，因为这里很少见到海獭。夏洛特王后群岛和温哥华岛的海岸线提供了较好的贸易前景，而且，越早在那里建立定居点，获得的优势就越大。虽然

① 'Menzies Journal', p.128 (no date).

② José Mariano Moziño, *Noticias de Nutka: An Account of Nootka Sound in 1791*, trans.and ed. by Iris H. Wilson Enstrand, 2nd edn., Seattle, 1991, p.x; 自然史标本清单见 pp.111-123。

孟希斯负责医治多病的温哥华，两人也一同在海边散步，但他显然对船长为人处世的方式持保留态度。他告诉班克斯这次航行中发生了许多“怪事”；他批评温哥华以自己和西班牙指挥官博德加·夸德拉来命名几个大岛，“让他本人在海岸线上声名永存”。孟希斯还提到，植物温室的构造不如人意，“假如为保持空气流动而在下雨时不密封的话，从浸湿的索具上滴下的焦油和松脂油就会损伤植物的叶子和土壤；但假如将侧门打开通风，山羊、猫、鸽子等便会钻进去破坏植物”[①]。温哥华和船员们的活动周期是这样的：冬天待在夏威夷群岛；夏天去西北海岸，乘小艇进行艰难的考察工作；随后在努特卡等待伦敦的下一步指示。在夏威夷群岛的停留为船员们提供了必要的休息机会，但对孟希斯来说，冬天不是访问夏威夷的合适季节。虽然他发现了许多未知的树木和植物，但“这个时节很少有植物开花，我的研究几乎一无所获……作为一名专心笃志的植物学家，眼见周围有大量未知的和稀有物种，却缺乏获得有关知识的手段，实在感到焦灼和烦恼”。1793 年 3 月，他在毛伊岛（Maui）上的运气较好，有些植物正在开花或结果，它们是“从未被任何植物学家发现和描述过的”[②]。

5 月，船只返回去年考察曾经到达的最北端，彼时小艇的装备有了很大改进。孟希斯参加了那一季的首次小艇考察，他描述道，每艘船的尾部都有带帘的顶盖保护，其余部分有大天篷遮盖。一个底面厚实的大帐篷足以为船员们提供夜晚的庇护，而他们的备用衣物和物品则装在密封防水的帆布袋里。船员们每天可吃上两顿热餐：麦片粥和菜汤；官员有烈酒可供享用，还可酌情分发给手下的

---

① Menzies to Banks, 14 January 1793, Chambers ed., *Banks's Indian and Pacific Correspondence*, Ⅳ, p.53.

② 有关夏威夷和毛伊岛的发现，见 ‘Menzies Journal’, 26, 27 February and 15 March 1793。

人。尽管如此，工作还是相当艰苦。大部分考察都在大雨中进行，温哥华一度病了很长时间。有一次，考察艇离开主船23天，沿着一条严重断裂的海岸线航行，绘制了700英里的海图（原有大陆海岸海图仅覆盖不足60英里）。这一路上，温哥华命名了几百个地名，大多遵循传统方式——以王室、贵族、大臣、赞助人和同僚命名；也有少数感性的名字：凄凉湾（Desolation Sound），恶劣天气崖（Foulweather Bluff），叛徒湾（Traitors Cove），逃亡岛（Escape Island），毁灭岛（Destruction Island），毒蝎湾（Poison Cove），等等，以便提醒人们访问那些地方的危险和艰难；还有一个非正式的名字——饥肠湾（Starve-Gut Cove），由查塔姆号上一名船员命名，但从未标在海图上。温哥华的航海日志极其详细地记录了这趟考察，孟希斯的日记则对该地区的野生动物有更全面的描述。在北纬55°，接近纳斯河（Nass River）河口的瞭望台湾（Observatory Inlet），他们观察到了鲑鱼，温哥华仅一笔带过地提到"丰富多样"，而孟希斯生动地写道：

> 鲑鱼在海岸产卵的季节开始了，大股水流进入海湾，无数鱼儿顺势而来，很多露出了水面，我们轻而易举地就可用手抓住它们。若在溪流入口布一张网，便可捕捉到数目惊人的鲑鱼，要想把它们全部拖到岸上，就会把网撑破。[1]

在更北部的斯图尔特港（Port Stewart），孟希斯发现了一种"结着蓝莓果的植物"（*Clintonia uniflora*）。他严格遵循植物学方法对它进行了最佳处理：画了一幅素描，制作了一件干燥标本，并挖

① Lamb, *Vancouver Voyage*, Ⅲ, p.990; 'Menzies Journal', 23 July 1793.

了几株养在后甲板上的温室里。[1]

1793 年考察季节结束，船只再次沿加利福尼亚海岸向南航行，去夏威夷群岛过冬。在圣巴巴拉（Santa Barbara），孟希斯的植物学活动又遭到了打击，因为他“几乎每走一步都能发现未知植物”，但很少有开花或结籽的。不过，最主要的烦恼来自船上。在加利福尼亚海岸，他写信给班克斯，埋怨温哥华在温室的问题上总是“易怒和缺乏气量”，他附上了写给船长的一封信，开头的语气十分颓丧：“当面跟你谈有关温室的问题实在令我很不愉快，因而不得不采取书面的方式。”[2] 孟希斯提出了两个请求：一是用坚实的网覆盖温室，保护植物免受家禽和野鸽的侵害；二是在自己和助手离船工作时，指派其他船员照料植物。孟希斯告诉班克斯，此信递交两个月后，第一个问题才得到解决，而第二点则毫无回音。他离船期间，经常不得不劳驾某位军官帮助照看温室。由于不放心船上的植物，在整个远航过程中他只参加了四五次小艇考察，每次仅持续几个小时。

在夏威夷，孟希斯和三名船员“不畏艰险，坚持不懈，排除万难”登上群岛令人惊叹的最高峰莫纳罗亚（Mauna Loa）。这是欧洲人的首次登峰。孟希斯使用便携式气压计估测山的高度为 13634 英尺（约 4156 米），与后来测出的实际高度（13679 英尺）误差仅 46 英尺。对于温哥华来说，此次停留的主要业绩是在 1794 年 2 月与该群岛最有权势的大酋长卡梅哈米哈（Kamehameha）达成协议，将夏威夷的主权移交给乔治三世，尽管这从未被大不列颠政府承

---

① Groves, *Menzies an Early Botanist*, p.91.

② Menzies toVancouver, 18 November 1793, Chambers ed., *Banks's Indian and Pacific Correspondence*, Ⅳ, p.173.

认。[1] 在温哥华返回时，英国深深卷入了与大革命时期法国的激烈战争。

考察的最后一季，温哥华来到了阿拉斯加海岸，在那里发现了库克河（Cook's River），距离 18 年前库克抵达的最北点很近。对孟希斯来说，这段寒冷的日子是灾难性的，采自加利福尼亚和夏威夷的鲜活植物大部分都被冻死了。船只从重新命名的库克湾沿海岸向东行驶，直到前一年考察抵达的最北端。在发现号上，孟希斯忙于履行外科医生的职责，治疗冻伤、食物中毒和早期坏血病，抽不出时间参加这个季节的首次小艇考察。不过，在查塔姆海峡西侧的特林吉特，他在船上观察到陆地上的植被，顿时被深深地吸引，认为那是生长茂盛的烟叶。他相当自以为是地评论说："我们在这里看到了野蛮人中出现的农业曙光。它表现在种植一种满足狂热欲望的药物，而不是供衣食住行所需的实用作物，这超出了我们固有的想象。"[2] 在上岸考察期间，孟希斯继续采集植物，填补在库克湾被冻死的植物腾出的空间；他还尽可能地大量采摘野菜和浆果，把它们加进船员的饮食中。1794 年 8 月 19 日，船只完成最后一次考察返回，船长提供了额外的烈酒犒劳众人。温哥华写道，在高耸的山脉中没有发现任何水道；在考察结束的庆祝活动中，"船员们没少自我调侃：谁让我们专挑愚人节那天从英国出发呢，使得最终寻找西北通道成为笑柄"[3]。

回家的路是一条熟悉的航线：第一站是努特卡，然后是加利福尼亚海岸。在蒙特雷，孟希斯发现该地区"遍布各种新奇的植

① 英国议会从未批准该协议。尽管如此，其他国家认为该协议已经生效，这有效地保护了夏威夷在接下来的 30 年内免受外国入侵。——译者注

② 'Menzies Journal', 21 July 1794.

③ Lamb, *Vancouver Voyage*, Ⅳ, p.1382.

物”，他采集了 42 种，包括加利福尼亚海岸的巨型红杉，还有具有重要商业用途的蒙特雷松树。[①] 在努特卡采集的植物被大浪冲走不少，腾出了一些空间，他得以把这些植物苗存放在温室里。在特雷斯·马里亚斯群岛（Tres Marias Islands）的一次考察不够成功。孟希斯采集了一些新的植物放在小艇里，不幸全被巨浪卷走了。在加拉帕戈斯群岛的阿尔比马尔岛（Albemarle Island），他们没有看到巨型龟——该岛以它命名，但有其他很多东西令人着迷。孟希斯写道："我们惊讶地发现，赤道线上的这些崎岖不平的海岸是成千上万海豹和企鹅的家园；广阔的海面上波浪起伏，成群的巨大的蜥蜴朝着不同的方向游弋。"[②] 在圣地亚哥（Santiago），孟希斯通过一种异乎寻常的方式获得了猴谜树（*Araucaria araucana*）的标本：在总督举办的晚宴上，他把甜点上的一些猴谜果仁塞进了口袋[③]，回到船上成功地促使它们发芽，抵达英国时已长成幼苗，被栽种在邱园里。其中一株叫作"约瑟夫·班克斯爵士之树"，深受威廉四世的喜爱，一直存活到 1892 年。孟希斯采集的植物没有全部幸存到最后，因为在发现号离开圣海伦娜岛时，温哥华不得不派出很多人手去缴获一艘荷兰船（可孟希斯认为他们的首要任务是照管温室！），而把照管温室的任务交给了孟希斯的仆役。鉴于对温室的争论从未休止，接下来发生的事便有了一种可悲的必然性。一场暴雨突然袭来，仆人忙于应付其他事务，未能及时盖上防护板，结果许多植物的嫩芽被水淹没，再也未能恢复生机。孟希斯心烦意乱地写信给班

---

① 植物名称引自 James McCarthy, *Monkey Puzzle Man: Archibald Menzies, Plant Hunter*, Dunbeath, 2008, Appendix 5, pp.207-208。

② 'Menzies Journal', 7 February 1795.

③ 这一传说长期被认为是不可信的，但晚些时候，约瑟夫·胡克确认孟希斯亲口告诉他，是"他从总督的甜点桌上拿的"。Groves, 'Menzies an Early Botanist', p.114 n.108; McCarthy, *Monkey Puzzle Man*, ch.18.

克斯："我现在只能展示死树桩了！最后一次穿越赤道的时候，许多还欣欣向荣地活着呢。"[1] 虽是不幸事件，但温室的设计本身就不是很成功。天气骤变，海水冲击，加上动物的破坏，都给保护这些幼小植物带来极大的困难。

温哥华拒绝处罚这个未按船长命令行事的失职仆人。孟希斯表示抗议，"顿时勃然大怒，狂躁的举动和谩骂的言辞不容他人做任何解释"。事后孟希斯拒绝道歉，于是被羁押起来。温哥华给时任海军部长埃文·内皮恩写信，要求将孟希斯送交法庭审判。他声称，孟希斯"在后甲板上对我表现出极度蔑视和失敬，并且拒绝收回刻薄和不当的言辞"[2]。当孟希斯拒绝像其他船员那样上交自己的日记——坚称必须等待约瑟夫·班克斯或内政大臣的指示，二人的关系进一步恶化了。对于温哥华严厉处罚孟希斯的原因有几种可能的解释。首先很明显，早在航行开始之前，他就不满意班克斯代表孟希斯施行的干涉。其次，温哥华在库克第二次远航中是一名中尉，他或许目睹了船长库克与福斯特之间的一些矛盾，从而影响了他身为船长对孟希斯的态度。此外，温哥华的健康状况不佳，勘测工作十分艰难，也未能及时获得来自国内的指导。正如一位医学历史学家的分析，他承受了身体和心理的双重压力。[3] 孟希斯并不是唯一受到船长惩罚的人。在航程的各个阶段，军官、军校学员和船员都曾因过失而受到惩罚或训斥。托马斯·芒比（Thomas Manby）是一名能干的军官，指挥过多次小艇探险，有一次回到船上，遭到

---

① Menzies to Banks, 14 September 1795, Chambers ed., *Banks's Indian and Pacific Correspondence*, Ⅳ, p.309.

② Lamb, *Vancouver Voyage*, Ⅰ, p.218.

③ James Watt, 'The Voyage of George Vancouver 1791-1795: The Interplay of Physical and Psychological Pressures', *Canadian Bulletin of Medical History/British Columbia History of Medicine*, 1987, Ⅳ, pp.33-51.

温哥华劈头盖脸的辱骂。他说："我永远忘不了他对我的态度，永远不会原谅他使用的语言。"不过值得一提的是，在远航结束时，温哥华建议海军部给芒比晋级，称赞他是一名"非常积极、勤奋、值得尊敬的"军官。[①]

温哥华的返乡体验并不愉快。首先是薪酬拖延不发，其次是缴获荷兰船应得的奖金迟迟难以兑现，再加上还要为出版航海报告筹措经费。此外，他跟威廉·皮特阁下（Hon. William Pitt）发生了激烈的公开争论。皮特此时的头衔已是"卡梅尔福德勋爵"（Lord Camelford），他严厉批评温哥华在远航中对一件事情的惩罚措施：一名情绪不稳定的军校学生因不服从命令遭到鞭笞，然后被遣送回家。至于温哥华同孟希斯之间的冲突，最终以后者表示道歉画上了句号，这位植物学家被允许携带日记和植物离开发现号。对于健康状况迅速恶化的温哥华来说，这大概是矛盾的结束；但班克斯不这么认为，温哥华五年前的粗鲁态度仍令他耿耿于怀。当温哥华表示不同意将孟希斯日志与他自己的合并出版，班克斯便决定抢在温哥华之前尽快出版孟希斯的日志。但困难在于他的日志尚不符合出版要求，正如孟希斯所承认的，他"写东西很慢"。直到 1798 年 1 月，探险队返回已过了两年多，他仍在吃力地撰写"完整和连贯的叙述"。在一封语气悲戚的信中，他告诉班克斯，他从凌晨 5 点开始一直工作到下午六七点。赶在温哥华之前出版日志是"我最热切的期盼，出于不止一个原因（这是个有趣的旁白）"，但这是无法实现的。[②] 温哥华尽管身体不好，但擅长写作，加之有哥哥约翰协助撰写航程的最后一部分。当他在

① Lamb, *Vancouver Voyage*, I, pp.88, 209.

② Lamb, 'Banks and Menzies', in Fisher and Johnston, *From Maps to Metaphors*, p.239.

1798 年 5 月去世时，大部分文字已排版完毕，当年夏末出版了三卷本。此时，孟希斯大概已经放弃了出版日志的计划。他的幸存日志手稿最后一则写于 1795 年 3 月 18 日——远航结束的六个月前。

除日志之外，孟希斯还忙于整理从发现号带回的植物和文物。时任内政大臣波特兰公爵决定，一旦制作完目录，这些“奇特和自然的物产”将交给大英博物馆收藏，植物标本和种子则应和幸存的活植物一道归入邱园保存。[①] 虽然孟希斯是林奈学会的成员，经常在植物学方面提供咨询，但他发表的东西很少，仅在 1798 年发表了两篇关于苔藓的论文。一位植物学家在 1806 年指出：“孟希斯先生收集了多少不为人知的宝藏啊！但是很遗憾，他显然忽略了自己的发现。”[②] 孟希斯的大部分植物学发现最终还是公诸于世了，不过是由其他博物学家促成的，特别是他的同代人及朋友威廉·胡克（William Hooker），他引用了孟希斯发现的 190 多个物种。在美国西海岸，几个著名的树种和许多植物的学名都含有孟希斯的名字，譬如道格拉斯冷杉（Douglas fir）和马德龙树（Madrone tree）。[③] 由于他的发现推迟发表，因而并不是所有有关学名都跟他联系在一起。例如，1792 年在乔治亚海峡南端的桦树湾（Birch Bay）考察时，孟希斯写道，“在这里，我发现了美丽的山梅花灌木（*Philadelphus coronarius*），花繁似锦”；可是，在 1814 年弗里德里希·普什（Friedrich Pursh）编纂的《美洲植物区系》（*Flora Americae*）中，这种灌木的学名为“路易斯山梅花”（*Philadelphus lewisii*），因为它是在 1804—1806 年“路易斯和克拉克远征”的报

---

① Naish, *The Interwoven Lives*, p.439.

② Ibid., p.450.

③ 道格拉斯冷杉有两种，学名分别为：*Pseudotsuga menziesii* var. *glauca* 和 *P. Menziesii* var. *menziesii*；马德龙树的学名为 *Arbutus menziesii*。——译者注

告中首次被提到的。[1] 迄今为止，人们没有发现孟希斯留下任何田野笔记，而且他的许多标本都没有注明确切出处，因而，孟希斯作为博物学家的工作成就未能获得恰当的评估。

19 世纪二三十年代，在北太平洋考察的植物学家们，如哈得逊湾公司的大卫·道格拉斯（David Douglas）和为皇家园艺学会（Royal Horticultural Society）搜集植物的约翰·斯库勒（John Scouler），造访了孟希斯两次远航中许多熟悉的地方，将一些种子和鲜活植物寄送给孟希斯，征询他的见解。1828 年，三人有一次著名会面。道格拉斯记述道："我一整天都和孟希斯先生待在一起，就在那天晚上，斯库勒来了……三个北美人聚在同一个屋檐下。"[2] 六年后，道格拉斯去了夏威夷，他写道，一些岛民仍然记得孟希斯，尽管措辞有损其形象：一个"砍断人的四肢和采集草叶的红脸男人"[3]。

孟希斯继续在舰艇上担任外科医生，于 1802 年离开海军，在伦敦开了一家诊所。1826 年退休，1842 年去世，享年 88 岁。去世的两年前，孟希斯回顾了参加温哥华远航的岁月。漫长的时间使记忆变得温柔了。回想起船长和其他船员时，他脑海中出现的是优秀品质，而不是缺点："他们是多么了不起啊——一群优秀的军官——现在都走了。（远航的业绩）应归功于船长，是他挑选了所有的人，除了我。……他是一位伟大的船长。"[4]

---

① 'Menzies Journal', 16 June 1792; Groves, 'Menzies an Early Botanist', pp.83, 112 n.45.

② Groves, 'Menzies an Early Botanist', p.106.

③ Ibid. "砍断人的四肢"应是泛指外来者对岛民的一些野蛮行径，而不是孟希斯的作为。——译者注

④ Lamb, *Vancouver Voyage*, I, p.256.

第七章
“恶魔般的家伙在测试我的忍耐极限”

——随拉佩鲁塞和德·恩特雷斯塔克斯远航的博物学家们

与18世纪其他几乎所有的探索远航相比，由拉佩鲁塞伯爵指挥的法国远征不仅体现了启蒙时代的科学探索精神，而且反映出这一时期的大国对抗。库克第三次远航的大部分时间处于战争时期，但受到法国政府一项安全行动法令的保护，因为法国认识到那次探险在科学上的重要性。库克在夏威夷去世，多国人士深表哀悼。虽然如此，美国独立战争刚一结束，法国便开始准备探索远航，目的是与英国匹敌。这一重任授予一位最受尊敬的法国海军军官——让-弗朗索瓦·德·加罗普·德·拉佩鲁塞（Jean-François de Galaup de la Pérouse）。他曾参加七年战争，和平时期在印度洋服役，稳步晋级，1781年升为高级舰长。第二年，随着美国独立战争的结束，他下令派出三艘舰艇中队前往哈得逊湾，缉获英国皮毛贸易站。对法国船只来说，除了应付哈得逊湾公司的“要塞”里缺少阳刚之气的加农炮之外，更要克服冰山和船只搁浅的巨大威胁。拉佩鲁塞一方面果断地摧毁了英国的贸易站，另一方面表现出人道主义精神，给幸存者和当地供应商留下了足够的食物储备和弹药，使他们得以度过寒冬。

图1　布雷特上尉绘制的1740—1744年安森准将率领百夫长号环航途中，北太平洋天宁岛上的风光。画面里有棕榈树和柑橘树，但前景突出了一株面包果树。有船员记载："在岛上停留期间，我们很喜欢吃面包果，因而没有消耗船上供应的面包"

图2　一位无名艺术家的绘画。威廉·丹皮尔在新荷兰和帝汶岛发现的植物。2号图是后来被称为"斯图尔特沙漠豌豆"的一种植物。植物学家约翰·雷的随笔这样描述它：没有叶子，只有带深紫色斑点的猩红色花朵

图3 右上角是威廉·丹皮尔带回的“斯图尔特沙漠豌豆”标本，可以看出，图2无名艺术家的绘画与实物多么相近，同时也可看出约翰·雷的分类系统多么繁琐，他将这种植物命名为 *Colutea Novae Hollandiae floribus amplis coccineis, umbellatim dispositis macula purpurea notates*

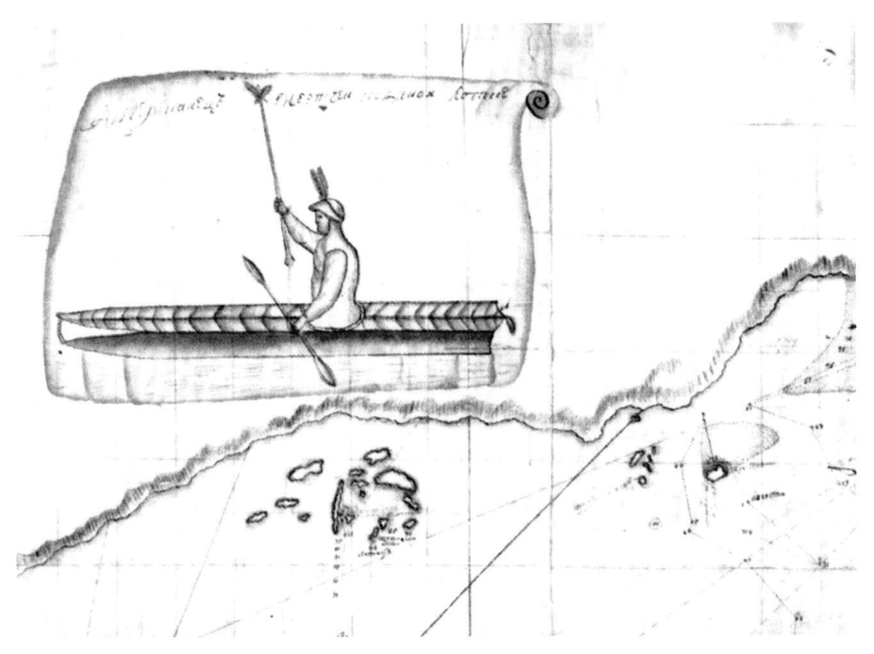

图 4　斯文·瓦克塞尔的绘画。阿拉斯加鸟岛附近，海豹皮筏上的一个阿留申人用一根云杉木棍指着白令的船，棍子和他帽子上都饰有猎鹰的羽毛

图 5　斯文·瓦克塞尔绘制的白令第二次堪察加探险图。迄今久已灭绝的海牛草图（A）是已知的唯一由亲眼见过这种哺乳动物的人（或在他的指导下）绘制的。它回答了关于这种动物是否有叉形尾巴的问题

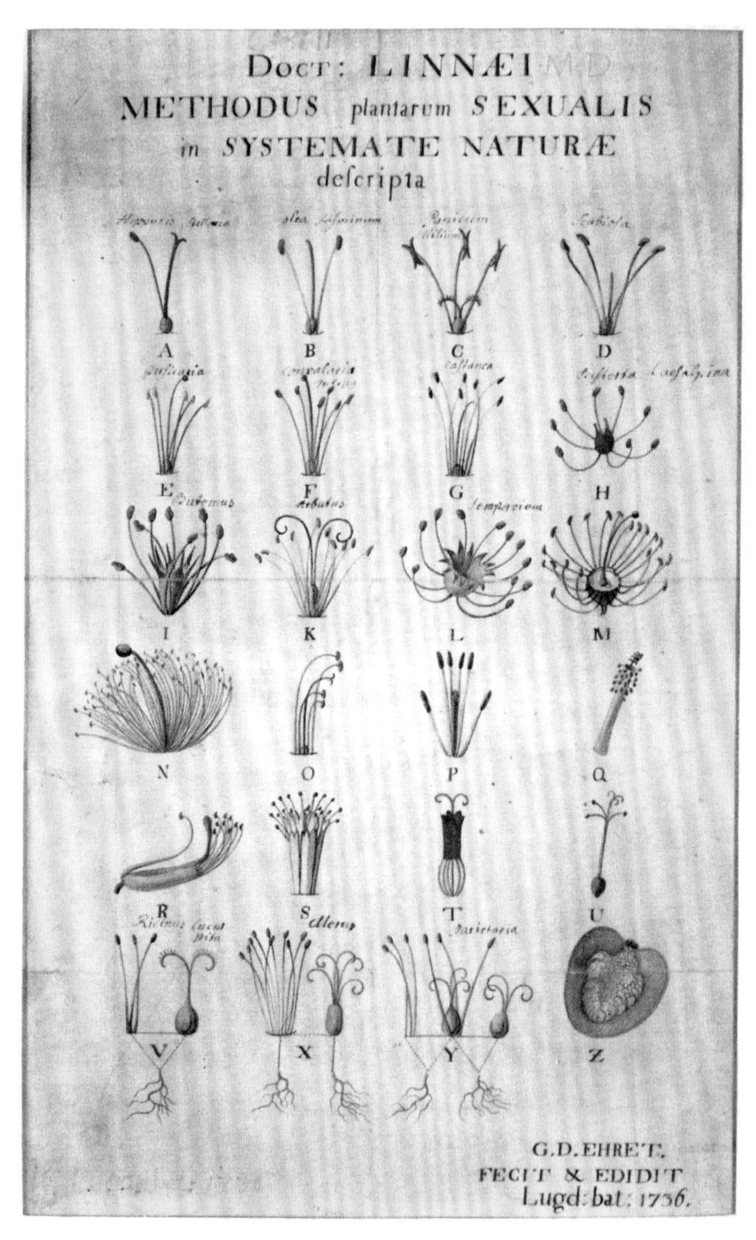

图 6　乔治·狄俄尼索斯·埃赫雷特（Georg Dionysus Ehret）绘制的林奈的分类系统，1736 年。24 纲是用字母表示的

图 7　悉尼・帕金森的绘画。三角梅在 1767 年由肯默生在里约热内卢首次描述；这件标本是下一年约瑟夫・班克斯在奋进号访问期间收集的

图8　悉尼·帕金森的绘画。塔希提面包果，1769年。库克在第一次访问塔希提岛时，称赞面包果是“地球上几乎自发地生产出来的东西之一，至少是只需很少的劳动。在食物方面，这些（土著）人几乎可以说丝毫不受我们祖宗的诅咒”

图 9　悉尼·帕金森的铅笔画，名为“袋鼠，奋进河”。它符合班克斯对这种生物的描述：“前腿奇短，在行走中毫无用处，后腿又长得不成比例，用后腿一下可跳七八英尺”

图 10　画中的这只澳大利亚鹦鹉是约瑟夫·班克斯在库克第一次远航后带到英国的。据说它原属于波利尼西亚的一位牧师兼航海家图帕亚。他在巴达维亚去世后，鹦鹉成为班克斯的财产。鹦鹉死后，班克斯把它送到了马尔马杜克·通斯塔尔（Marmaduke Tunstall）的私人博物馆，此图由著名的动物艺术家彼得·布朗（Peter Brown）绘制

图 11　漫画《捕蝇达人》将约瑟夫·班克斯描绘成一个愚蠢的花花公子，他戴着驴耳朵，试图捕捉一只蝴蝶，同时拼命地在地球两极保持平衡

图 12　漫画《拈花惹草的时髦英国佬》，画中丹尼尔·索兰德一手拿着植物学家的弯刀，一手拿着挖出的植物

图 13　1772 年 12 月，乔治·福斯特在库克第二次远航中画的一只站在浮冰上的帽带企鹅（*Pygoscelis antarcticus*）。这似乎是那天唯一的收获，因为福斯特在日记中写道："捉到企鹅的机会是非常小的……它们频繁潜入水中，在水下待得很久，有时还不断地跳进跳出，以惊人的速度在海岸线上行进，我们不得不放弃了捕捉"

图 14　约翰·弗朗西斯·里戈德（John Francis Rigaud）的绘画。在塔希提，乔治·福斯特正在画他父亲老福斯特手里握着的一只鸟

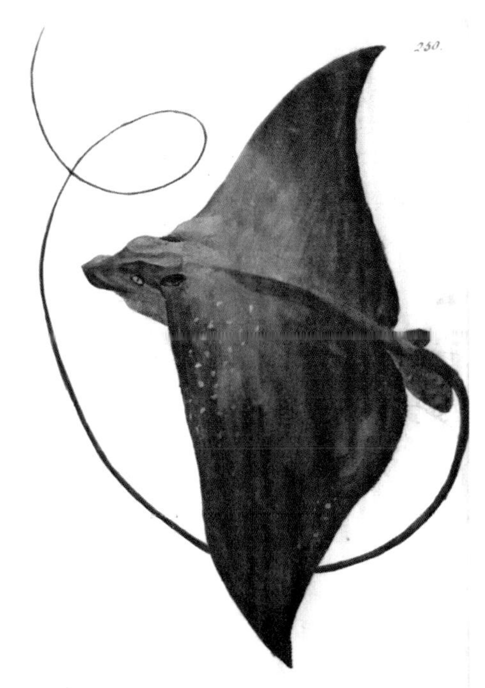

图 15　1774 年 5 月 10 日，约翰·莱因霍尔德·福斯特在塔希提的马塔维湾捕获了一种魔鬼鲼（Devil Ray，*Mobula Mobular*），又叫大鳐鱼。此图是他的儿子乔治第二天绘制的

图 16　库克第三次远航探险队的艺术家约翰·韦伯在努特卡湾画的一只从当地猎人手中购买的死海獭。远航的官方记录（1778 年）描述这只海獭“相当年轻，只有大约 11 公斤重，身体呈闪光的黑色，但因为许多毛发的尖部是白色的，所以第一眼看上去是灰色的”

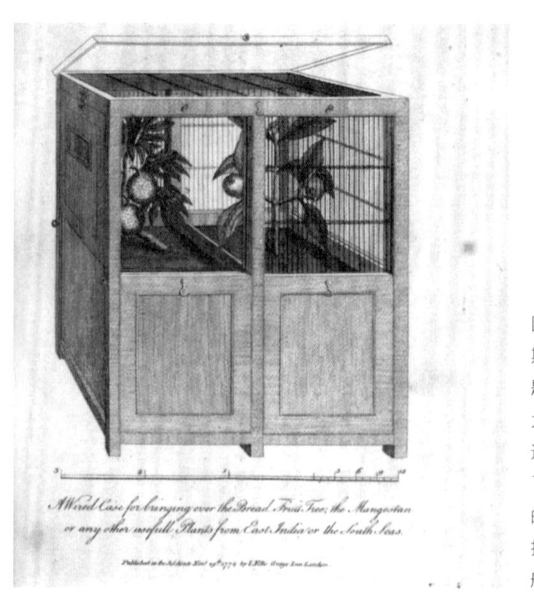

图 17　商人兼收藏家约翰·埃利斯讨论了在海上运输活植物的难题，他注意到，从中国运到英国的大量种子“能够发芽的很少，不超过五十分之一”。1775 年，他展示了一个用来置放面包果和其他植物的铁丝笼，并且附有说明“观察和指南：提供给对植物学一无所知的船长、外科医生和其他人”

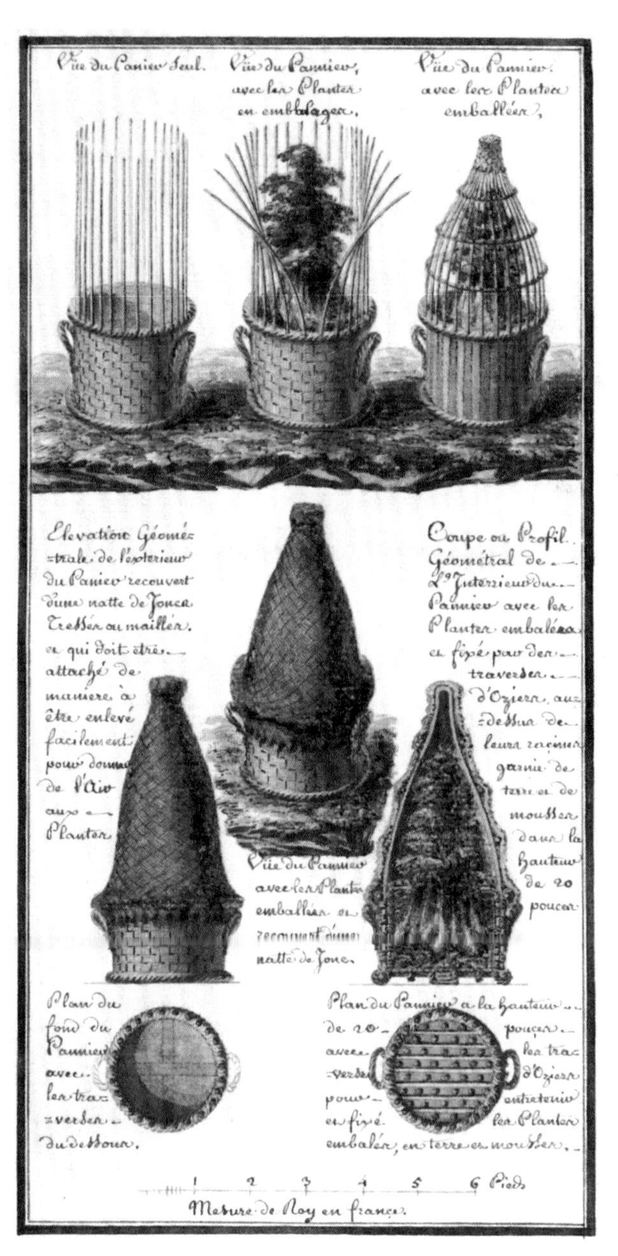

图 18　拉佩鲁塞远航期间在船上保存植物的各种容器。由巴黎皇家花园的首席园艺师安德鲁·图因设计

图 19　尼古拉斯・奥扎尼（Nicolas Ozanne）的画作，栩栩如生地描绘了 1787 年 12 月 11 日发生在图图伊拉岛的大屠杀。在这场屠杀中，拉佩鲁塞远航队的德・兰格尔、拉曼翁和其他十名船员身亡

图 20　约瑟夫・班克斯宽敞宅邸里的标本馆和图书馆一瞥，地址在伦敦苏荷广场 32 号。这里存放着班克斯自 1770 年直到 1820 年去世期间收藏的大部分藏品

图21　1792年5月，德·恩特雷斯塔克斯探险队访问范迪门斯地期间，植物学家拉比亚迪埃搜集的蓝桉（*Eucalyptus globulus*）。船上的木匠修理期望号用的就是这种木料。蓝桉现在是塔斯马尼亚州的州徽

图22　根据让·皮隆的素描《正在烹饪的迪门角野蛮人》（*Sauvages du cap de Dieman préparant leur repas*）制作的木刻画，展示了德·恩特雷斯塔克斯的船员跟塔斯马尼亚土著的友好关系。据说左起第二个戴帽子、穿长裤的是皮隆本人

图 23　何塞·卡德罗这幅罕见的绘画描绘了辛勤工作中的博物学家。1790 年 11 月底或 12 月初，马拉斯皮纳远航探险队在巴拿马城附近的拿俄斯岛（Isla Naos）海滩上寻找标本

图 24　1791 年 6 月，马拉斯皮纳远航探险队在阿拉斯加的马尔格雷夫港，图为特林吉特墓地的雄伟木质建筑（何塞·卡德罗绘画）

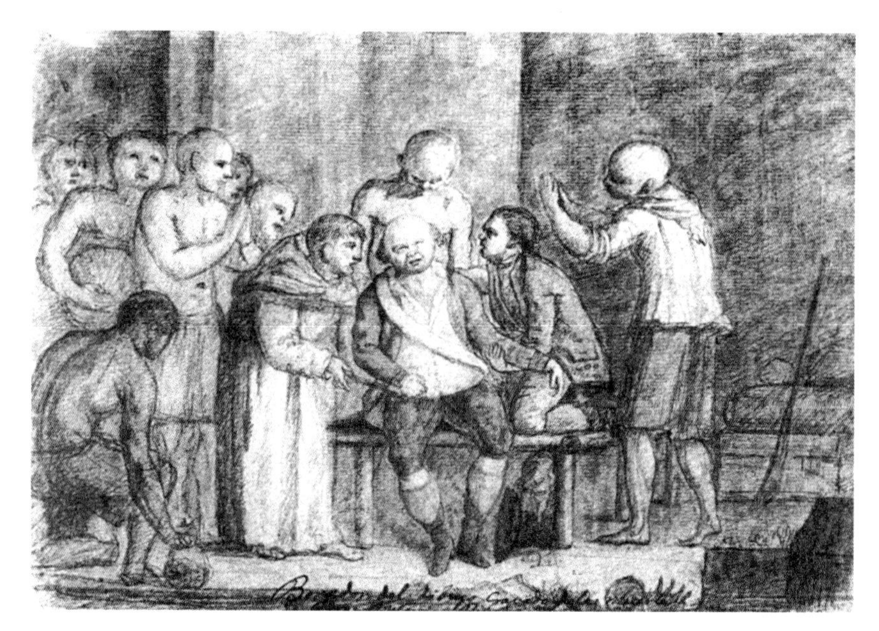

图 25　马拉斯皮纳远航探险队的首席博物学家安东尼奥·皮内达之死。1792 年 6 月 3 日在吕宋岛的巴多克（胡安·拉文内绘）

图 26　1794 年 6 月，在西福克兰岛的埃格蒙特港，马拉斯皮纳（右一）和助手们在进行重力实验，左边是他们的便携式天文台（胡安·拉文内绘）

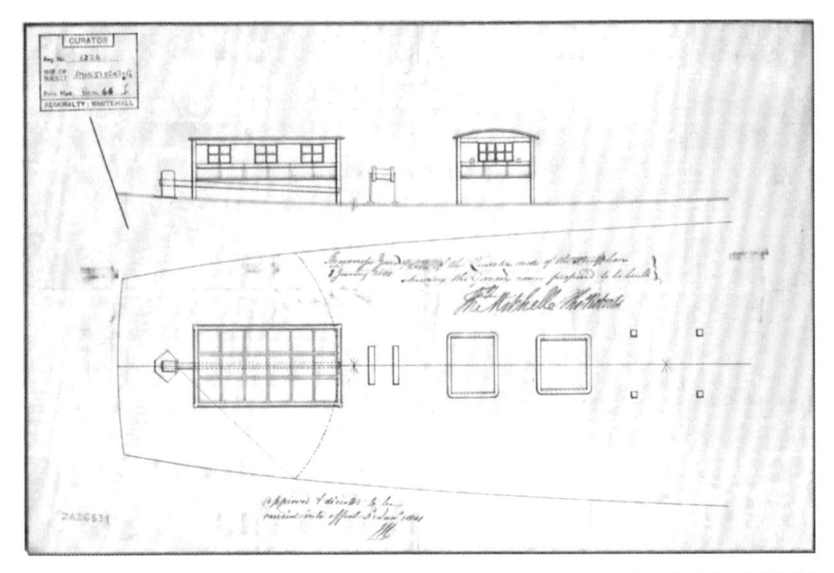

图 27　马修·弗林德斯率领的调查者号的后甲板平面图，可以看到 1802 年在杰克逊港为容纳活植物而建造的预制温室框架。它的大小和安放位置可能同乔治·温哥华的发现号上的相似，这曾导致阿奇博尔德·孟希斯和船长之间产生矛盾

图 28　塔斯马尼亚州玛丽亚岛的陵墓角（Cape des Tombeaux）。动物学家弗朗索瓦·佩隆正在挖掘一个土著人的墓葬，戴着当时大多数博物学家都喜欢的宽边帽子（参见图 23）（根据查尔斯·亚历山大·莱索的绘画制作的版画）

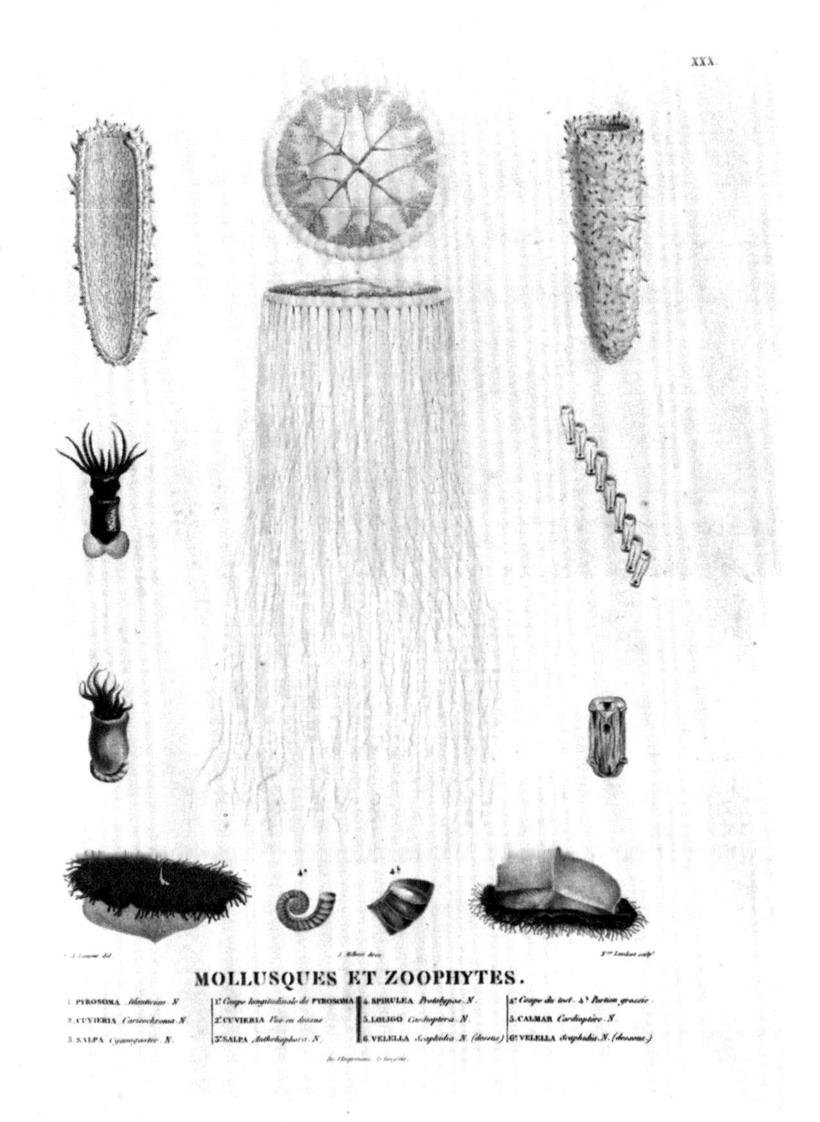

图 29　鲍丁远航探险中搜集的软体动物和植虫动物的细节图（查尔斯・亚历山大・莱索绘）

图 30　查尔斯·亚历山大·莱索为弗朗索瓦·佩隆绘制的肖像（在后者去世几天前完成），画中佩隆正在阅读《南方大陆探索远航记》第二卷的校样

图 31　约瑟芬皇后在马尔梅森（Malmaison）城堡的庭院，院中有袋鼠、鸸鹋、黑天鹅，以及鲍丁探险队带回的各种澳大利亚的植物

图 32　这幅棕榈树图是费迪南·鲍尔在调查者号之旅中绘制植物水彩画的一个范例。他最初可能是根据自己的色彩编码系统用铅笔绘制草图，返回英国后最终完成

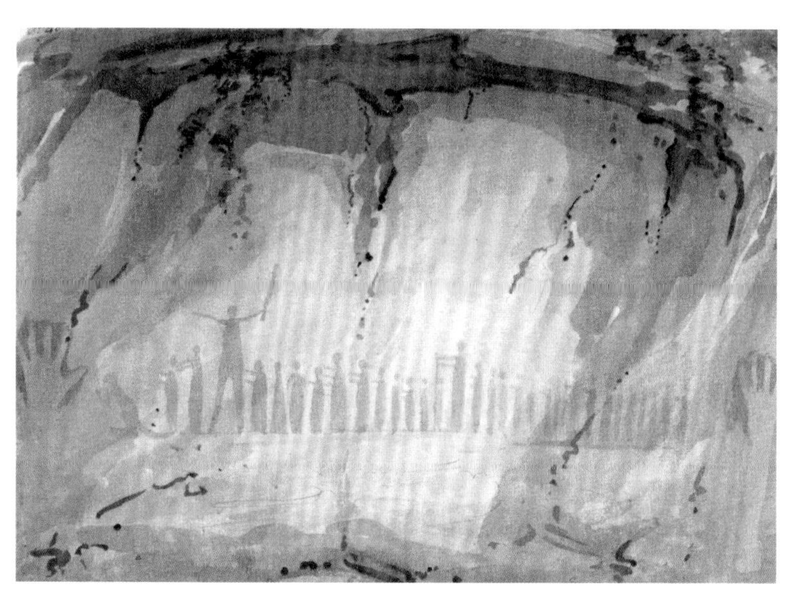

图 33　最早的土著人岩画复制品之一。一队土著人跟在一只袋鼠后面。威廉·韦斯托尔于1803 年在调查者号远航途中绘制

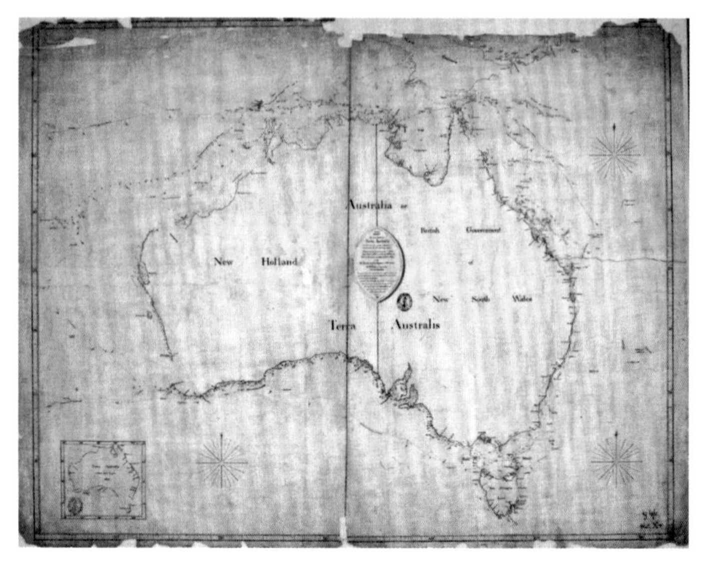

图 34 澳大利亚（或南方大陆）总海图。马修·弗林德斯于 1804 年在法兰西岛被拘留期间完成，直到 1814 年才出版

图 35 特克尼卡（Tekeenica）部落的一名火地岛人和他的独木舟、狗、住所。罗伯特·菲茨罗伊在《远航记》中将火地岛东南部的土著描述为：“个子矮小，长相丑陋，身体不成比例……他们粗野、鄙陋，极其肮脏的黑发半遮半掩，露出邪恶的表情，凸显了他们的野蛮特征。”他总结道：“他们是对人类的讽刺”（菲利普·吉德利·金绘画）

图 36　1835 年 2 月 20 日康塞普西翁大地震后的大教堂废墟。英国皇家海军小猎犬号上的威克姆中尉在两个星期后的绘画。菲茨罗伊在《远航记》中指出，大教堂的墙壁有“四英尺厚，由巨大的扶壁支撑”

1835.]　　BIRDS.　　379

differing from the Progne purpurea of both Americas, only in being rather duller coloured, smaller, and slenderer, is considered by Mr. Gould as specifically distinct. Fifthly, there are three species of mocking-thrush—a form highly characteristic of America. The remaining land-birds form a most singular group of finches, related to each other in the structure of their beaks, short tails, form of body, and plumage: there are thirteen species, which Mr. Gould has divided into four sub-groups. All these species are peculiar to this archipelago; and so is the whole group, with the exception of one species of the sub-group Cactornis, lately brought from Bow island, in the Low Archipelago. Of Cactornis, the two species may be often seen climbing about the flowers of the great cactus-trees; but all the other species of this group of finches, mingled together in flocks, feed on the dry and sterile ground of the lower districts. The males of all, or certainly of the greater number, are jet black; and the females (with perhaps one or two exceptions) are brown. The most curious fact is the perfect gradation in the size of the beaks in the different species of Geospiza, from one as

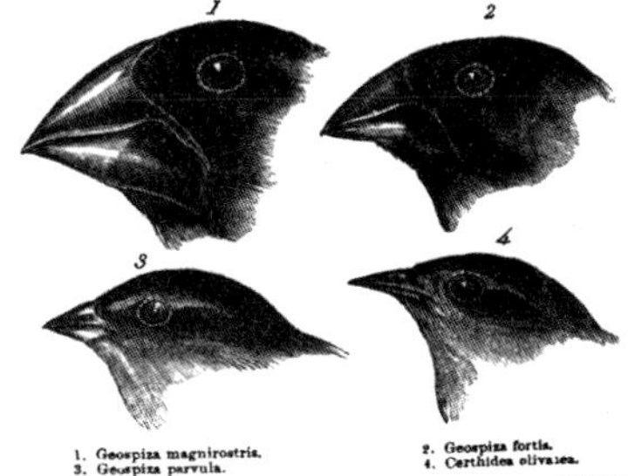

large as that of a hawfinch to that of a chaffinch, and (if Mr. Gould is right in including his sub-group, Certhidea, in the main

图 37　四只长着不同喙的加拉帕戈斯雀鸟，是英国皇家海军小猎犬号带回的标本。见达尔文 1870 年发表的《研究日志》(*Journal of Researches*)。达尔文写道：“保存有利的个体差异和变异，并且摧毁有害的个体差异和变异，我称之为自然选择，或者适者生存”

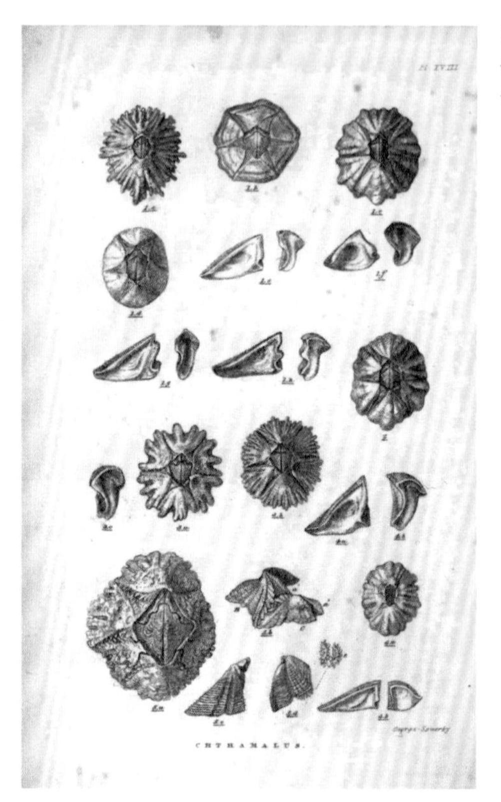

图 38　查尔斯·达尔文在 19 世纪 50 年代研究的藤壶标本，由自然史艺术家乔治·索厄比（George Sowerby）绘画

图 39　班克斯解剖显微镜，据信是查尔斯·达尔文在小猎犬号远航中使用的，如今陈列在位于肯特郡的达尔文故居唐恩府

库克在三次远航中已建立了从新西兰到阿拉斯加的太平洋主要航线，但仍有许多细节有待确证。法国人打算完成库克开启的大洋勘测事业。他们的目的是对太平洋地区的土地、民族和物产进行全面的科学研究，或许会比库克的航海业绩更胜一筹。拉佩鲁塞的这次行动堪称库克远航的“法国版本”①。不仅如此，它还是法国皇家学会启动的搜集项目向全球各个角落的延伸。布封伯爵在1740—1788年担任学会会长期间，大力推动在世界各地的植物和动物搜集活动，到了18世纪下半叶，法国海外领地之间的香料及其他经济作物的交易量急剧增加。参与策划这次探险的包括政府内外有影响力的人物：海军部长马雷切尔·德·卡斯特里斯（Maréchal de Castries），港口和军备主管克拉克·德·弗勒里厄（Claret de Fleurieu）——也是一位杰出的地理学家②，皇家地理学家让-尼古拉斯·巴赫·德·拉诺维尔（Jean-Nicolas Buache de la Neuville），还有国王本人。路易十六一直以来都对探险感兴趣，他积极参与拟定这次探险的指令，在弗勒里厄提交的草稿上加注大量的评语和建议。远航指令的大意是，拉佩鲁塞率领船队首先绕合恩角航行，进入南太平洋，在那里，他将用20个月的时间展开对新荷兰海岸和大洋岛屿群的勘测工作；然后前往北太平洋，完成对北美洲西北海岸的勘测，包括北纬50º—55º的地带，拉诺维尔认为可能会在那里发现西北通道的入口。他是支持这一假说的地理学家之一。国王亲笔批注：“这是一个必须仔细探索的地区。”③在完成对日本、千岛

① Catherine Gaziello, *L'Expédition de Lapérouse 1785-1788: réplique française aux voyages de Cook*, Paris, 1984.

② Claret de Fleurieu, *Découvertes des François en 1768 et 1769 dans le sud-est de la Nouvelle-Guinée*, Paris, 1790.

③ 指令全文见 John Dunmore ed., *The Journal of Jean- François de Galaup de la Pérouse*, 2 vols, 1994, I, pp.cx-cl, with the king's marginal note on p.cxvii。

群岛、朝鲜半岛和台湾岛海岸的考察之后，船队将驶往马鲁古群岛和法兰西岛。在返航途中，进入大西洋后，拉佩鲁塞仍需完成更多的勘测工作。“这是一次前所未有的探索之旅，是依据传统模式铸造出的一个宏伟版本。”[①] 它展示的雄心如此勃大，乃至有人怀疑，提出这一系列令人畏惧的目标是为了误导其他国家尤其是英国，而真正的目的或许是在北美洲西北海岸建立法国的立足点，通过迅速发展的海上皮毛贸易获取商业利益。

总体方案获得批准后便开始制订远航的科学计划。科学学会给探险队的学者提出了一长串建议[②]；布封同拉佩鲁塞会面，对自然史研究提出设想；年轻的园艺师让－尼古拉·科利尼翁（Jean-Nicolas Collignon）将参加远航，皇家花园的高级园艺师安德鲁·图因（André Thouin）为他起草了采集和保存植物的详细说明。[③] 科利尼翁的任务不仅是在偏远地区采集植物，而且还要将大量的种子、球茎和植物栽种到各个适宜的地区。为了在航程中有效保存标本，专门设计了带倾斜顶盖的特殊植物箱（图 18）。它们的侧面有便于浇水的孔洞，并有分层的金属丝网、玻璃板和木制百叶窗，以保护脆弱的植物。[④] 科学学会提出的考察建议近 200 页，特别建议博物学家专门寻找以下几种经济作物：“中国人用来造纸、塔希提岛人用来织布”的纸桑（paper mulberry，*Morus papyrifera*）；智利草莓（*Fragaria chiloensis*），弗雷泽尔在 1714 年

---

① John Dunmore ed., *The Journal of Jean- François de Galaup de la Pérouse*, 2 vols, 1994, p.xxvii.

② Williams, *French Botany*, pp.19-28.

③ Ibid., pp.34-49. 图上有科利尼翁撰写的说明，包括需要携带的设备清单，从用于存放植物和种子的各种尺寸的锡箱，到用于给采集的标本戳盖识别号码的金属压印器。

④ Nigel Rigby, Pieter van der Merwe and Glyn Williams, *Pioneers of the Pacific: Voyages of Exploration, 1787-1810*, 2005, pp.46-47.

率先带回；最重要的是新西兰亚麻（*Phormium tenax*），“当地人用它的纤维做帆布、绳索和各种织物。詹姆斯·库克船长带回了大量的新西兰亚麻种子到英国，但没有一粒发芽。因而，假如这次远航能够带回新西兰亚麻植物的根茎，那将是最好的礼物”①。关于博物学家担任的角色，科学学会对拉佩鲁塞提出了概括性指南，再次强调了他们的工作内容：“将确保采集自然、陆地和海洋的珍奇物种……对它们进行分类，撰写描述性条目，注明每个物种的发现地点，以及在当地人生活中的用途。”最后，拉佩鲁塞除了要求艺术家记录大自然的风景，还建议他们描绘“不同地方的土著人形象及其服饰、礼仪、游戏、建筑和航海载具，以及所有陆地和海洋产品”②。探险队返回法国后，拉佩鲁塞会将自然史的收藏、艺术家的绘画，连同博物学家的科学观察等资料，全部呈献给国王。在最后这一点上避免出现早期探索远航返回后的争议。

对于漫长而艰巨的探索远航来说，选择称职的高级军官和科学家是十分重要的。拉佩鲁塞曾担任450吨军需船指南针号（*Boussole*）的船长；保罗-安托万·弗莱里奥特·德·兰格尔（Paul-Antoine Fleuriot de Langle）曾伴随拉佩鲁塞在哈得逊湾探险，指挥另一艘军需船星盘号（*Astrolabe*）。这两艘船被改建为远航船之后，均被授予护卫舰的荣称。绝大多数军官在新近的战争中服过役，并且熟识这两位船长。至于随同拉佩鲁塞或德·兰格尔航行的15位科学家，情况就不大一样了，不乏脾气暴躁者，很难相处。他们并不都是平民编外人员。指南针号的高级外科医生克劳德·尼古拉斯·罗林（Claude Nicolas Rollin），星盘号的外科医生西

① Nigel Rigby, Pieter van der Merwe and Glyn Williams, *Pioneers of the Pacific: Voyages of Exploration, 1787-1810*, p.21.

② Dunmore ed., *La Pérouse Journal*, I, p.cxlv.

蒙·皮埃尔·拉沃（Simon Pierre Lavaux），均兼任博物学家；神父勒瑟弗尔（Father Receveur）和蒙格斯（Father Mongez）也是博物学家。有些学者的工作涉及多学科。例如，查瓦里埃·德·拉曼翁（Chevalier de Lamanon）加入指南针号的身份是物理学家、气象学家、矿物学家兼植物学家。他信奉卢梭主义关于原始民族具有高贵性的思想，这造成了他和拉佩鲁塞之间的分歧，亦可以说最终导致了他的死亡。所有博物学家在探索远航中都承担了很大的风险，因为他们在一门心思收集标本的时候，最有可能远离船只，遭遇土著人的袭击。随行的资深植物学家约瑟夫-休斯·德·拉马蒂尼埃尔（Joseph-Hughes de Lamartinière）是一位合格的医生，移居巴黎后，兴趣转向植物学。在星盘号离开法国港口之前，他就已经开始在布雷斯特（Brest）周围搜寻稀有植物。植物学和其他标本的绘画任务交给了普劳沃斯特（Prévosts）叔侄两人。后来证明，对前者的任命是这次探险中的不幸之举。随着天文学家、气象学家和其他专家的加入，迄今为止太平洋探索远航中阵容最壮观的一支科学家队伍组成了。相比之下，正如我们所知道的，库克最后一次远航时仅带了两位平民编外人员——艺术家约翰·韦伯和天文学家威廉·拜利，而将自然史观察和搜集的任务交给了冒险号的外科医生威廉·安德森。与库克不同的是，拉佩鲁塞还特地带上了一名会讲俄语的船员——年轻有为的巴塔利米·德·莱塞普（Barthélémy de Lesseps），其父曾是法国驻圣彼得堡总领事。

指南针号和星盘号于1785年8月1日从布雷斯特起航。进入南大西洋的航程平安无事，尽管拉佩鲁塞和拉曼翁在特内里费岛发生的争吵预示了未来的麻烦。拉曼翁率领一个小组攀登岛上著名的火山泰德峰（Pico de Teide），想要精确测量它的高度。这是合理的科学活动，他理所当然地以为骡子和搬运工的费用将由官方拨给。

结果他们未及登上顶峰，拉佩鲁塞便告知拉曼翁，他得自己支付大部分。拉佩鲁塞在日记中写了这段插曲，未加任何评论，但在给弗勒里厄的私人信件中流露出对这位科学家缺乏尊重：他（拉曼翁）是个性情急躁的家伙，为人刻薄，虽然自诩了解世界的形成更胜布封，但除了本身的物理专业，“就像个和尚一样无知”。为了增加幽默感，拉佩鲁塞甚至编了个笑话：拉曼翁“一直举着望远镜寻找回归线，因为见习领航员告诉他能观察到一百里格之外”[1]。不过，通过拉曼翁在特内里费岛写给海军部长的一封信，人们可以获得对这位博物学家的不同印象。他在信中附上了一种白豆种子，建议用它取代扁豆。扁豆在拉曼翁的家乡普罗旺斯是农民的传统基本饮食，但最近正在遭受枯萎病的摧残。他也并非没有幽默感，写道：“我的主啊，我们从特内里费的顶峰回来了……在那里度过了圣路易王盛宴之夜，为国王的健康干杯！没有任何一个臣民在海拔这么高的地方庆祝过这个盛宴。”[2]当船只抵达巴西海岸的下一个港口圣卡塔琳娜（Santa Catarina）时，二人的关系似乎修复了。拉佩鲁塞报告，他跟科学家们相处和睦，最后还是忍不住挖苦了两句：“他们之间有些竞争，每个人都偏袒自己的专业，不过早在我意料之中。”[3]

绕合恩角驶入太平洋，航道异常平静。1786年2月24日，船只抵达智利港口康塞普西翁（Concepción），停泊了三个星期。那是一段愉快的时光，西班牙当局对来访者表示友善。唯一令拉佩鲁塞焦虑的是，允许船员们过久地待在岸上或许不够明智。一旦

① John Dunmore, *Where Fate Beckons: The Life of Jean-François de la Pérouse*, Fairbanks, AK, 2007, pp.195-196.

② Dunmore ed., *La Pérouse Journal*, Ⅱ, p.456.

③ Ibid., p.464.

完成修缮工作，并将食物、水和木料装载上船，他们就放任自流了：“因为葡萄酒在智利很易获得，每户人家都是一个小酒馆；智利的普通妇女几乎像塔希提女人一样自由放荡、无拘无束。”[①] 博物学家们在岸上应该是很忙碌的，但是拉佩鲁塞并未提及，正如他在日志序言中解释的，拉曼翁、拉马蒂尼埃尔及其同事的日记中都会有详细的描述。出于一贯的实用考虑，拉佩鲁塞的日记中只记录了抗坏血病植物的细节。不幸的是，博物学家们没有顺利地将观察笔记带回法国。在星盘号上，德·兰格尔写信给海军部长赞扬他的两位博物学家：拉马蒂尼埃尔是“一个充满激情、不知疲倦的植物学家”；神父勒瑟弗尔在履行精神和科学职责方面十分勤勉敬业，并且是“一位宽厚的智者”。唯一令人恼火的是老普劳沃斯特，从不积极主动完成艺术家的任务，除非直接给他下命令。[②]

在这段逗留期间，拉佩鲁塞决定放弃指令给出的下一步路线，改为直接航行到北美洲西北海岸。他向弗勒里厄解释了这一决定，提醒他在离开布雷斯特之前有一条新闻传到了法国：曾跟随库克第三次远航的约翰·戈尔准备率船去西北海岸探险。拉佩鲁塞写道，“为了在哈得逊湾建立我们的立足点，我认为，最好赶在他之前到达那里”。谣传的约翰·戈尔探险之旅从未成行，但英国的六艘贸易船于1786年抵达该海岸，开始利用库克远航发现的丰富海獭资源。在向北航行途中，拉佩鲁塞打算访问复活节岛和夏威夷群岛，他对这两个地方都有特殊的兴趣。在不生长树木的复活节岛，拉佩鲁塞探险队仅停留一天，接触了当地人，并观察了神秘石雕像。十二年前，库克和他的军官们曾访问这里。与库克的猜测一样，拉

① Dunmore ed., *La Pérouse Journal*, Ⅰ, p.51.

② Ibid., Ⅱ, p.469.

佩鲁塞认为，巨大的石像是通过数英尺长的木杆移动的，不过每根木杆都需要一百来人合力才能推得动。园艺师科利尼翁陪同德·兰格尔深入内陆，发现了一块肥沃的土地，在那里栽种了蔬菜和果树种子。根据以前布干维尔和库克远航的报告，船员们预料到在波利尼西亚会遭到偷窃，但完全没想到的是，复活节岛上小盗贼的主要目标是帽子和手帕。拉佩鲁塞写道，回到锚地时，“我发现，几乎每个人都没戴帽子，手帕也不翼而飞……一个伸手助我跳下甲板的岛人，眼疾手快地攫走了我头上的帽子，然后便逃之夭夭”[1]。

探险队在夏威夷群岛待的时间也很短。库克七年前在夏威夷群岛丧命，因而拉佩鲁塞完全避开了它，选择停泊在毛伊岛，在那里装载了猪肉等食物，于 1786 年 6 月 1 日起航，驶向北美洲的西北海岸。仅三个多星期后，随着雾气消散，宏伟的圣埃利亚斯山耸立出云层，出现在眼前。它是由白令命名的。探险队到达海岸的时间是北半球的夏天。无论虚实与否，西班牙人的远航记载表明从这里有可能发现西北航道的入口。[2] 路易十六下旨必须在此处“十分仔细地探索”。当船只驶近海岸时，拉佩鲁塞有意降低自己的期望值：“现代地理学家们很容易接受这类地理传说。”甚至陆地上的景象也不能令他精神振奋，“眼前是冰雪覆盖的荒芜悲凉的土地”。经过九天向南航行，拉佩鲁塞率船通过了一系列令人毛发悚立的潮汐裂缝，进入北纬 58°52′ 的入水口，它是西班牙人和库克都未注意到的。拉佩鲁塞将之命名为“法兰西湾”（Port de Français，今称 Lituya Bay，利图亚湾），并建议，如果法国决定在这一带沿海设立贸易站，此处可能是个合适的落脚点。海獭的数量如此之大，拉佩

---

① Dunmore ed., *La Pérouse Journal*, I, p.65.

② Williams, *Voyages of Delusion*, ch.8.

鲁塞估计一年内能捕获上万只。指南针号的外科医生捉到了一只，不过是幼年的，只有几磅重。经过几个月的漫长海上航行，一直缺乏搜集机会，植物学家们感到沮丧，这个湾区的景象同样令人扫兴。它的海岸覆盖着树木、灌木，但几乎都是科学界已经熟悉的。拉佩鲁塞写道，拉马蒂尼埃尔发现“只有三种植物是未知的。一名植物学家在巴黎附近就能有类似的斩获”。拉曼翁则小有惊喜，他爬上入水口的悬崖，在海拔四百米处发现了扇贝。在拉马蒂尼埃尔、蒙格斯、勒瑟弗尔和科利尼翁的陪同下，他艰难地爬上周围崎岖不平的斜坡，寻找矿物标本。拉佩鲁塞对他们赞不绝口：“这些最不知疲倦和充满热忱的博物学家，无法到达顶峰，但攀登到了相当的高度，付出了令人难以置信的努力，没有一个石块和鹅卵石逃过了他们的搜索目光。”拉佩鲁塞描写特林吉特人“粗犷而野蛮，正如他们的土地坚硬而未被开垦”，接下来他说，“我们美化了土著人的形象，理由是他们跟大自然非常接近。然而，我在三十年的航海生涯中，亲眼见证了这些人的卑鄙和诡诈。坐在壁炉边著书立说的哲学家很可能反对这种说法”。这段话暗示他对卢梭的自然人思想持不同的看法，尽管可能在跟船上的博物学家们辩论之后，他的观点变得更加尖锐了。

船队发现，法兰西湾的尽头是一条死路，没有通道。更糟糕的是，两艘小艇在入口附近翻覆，船上的六名军官和十五名水手全部失踪，连尸体也没找到。探险队一直在海湾中待到了 7 月底，一方面抱着找到幸存者的一线希望，另一方面等待风向改变。当他们终于向南行驶时，拉佩鲁塞意识到，计划三个月完成对西北海岸的勘测根本不现实。鉴于海岸线的复杂性质、频繁的雾天以及潮汐和水流的危险，比较全面的勘测需要数个季节才能完成。当船只驶往加利福尼亚时，拉佩鲁塞的一段日记反映出对寻找通道的恼怒，他认为，想象有一条可航行的西北通道，同那些在更轻信时代里的“虔诚骗局”一样“荒谬”[①]。

在加利福尼亚海岸，探险队停泊在西班牙人十五年前建造的港口蒙特雷，轻松地度过了一个星期。这一带土地肥沃，科利尼翁给当地的传教站留下了各类植物的种子。“我们的植物学家一分钟都没有耽搁，抓紧搜集植物标本，但这个季节并不凑巧——夏天的烈日将果实晒干了，迸裂开来，种子飘散到了地里。”[②]从蒙特雷到澳门，在长达三个多月的远洋穿越期间，博物学家们几乎无所事事。他们的日志没有一部幸存下来，我们只能猜测他们日益积聚的挫折感和气恼，还可从拉佩鲁塞和科学家发生争吵的事件中看出一些迹象。拉曼翁未通知拉佩鲁塞，就带领几位科学家离开了船，在岸上宿营。对此拉佩鲁塞的反应是，不允许博物学家们参加葡萄牙当局邀请的社交活动，当他们表示异议时，更将他们逮捕，关押了 24 个小时。用凯瑟琳·加济洛（Catherine Gaziello）的话说，海员和科学家之间是“难缠的同居关系”[③]。一系列发往法国的信件概述了双方的不满。在发给弗勒里厄的报告中，拉佩鲁塞责怨拉曼翁及其同事的“虚伪”行为，“恶魔般的家伙在测试我的忍耐极限”，老普劳沃斯特则“毫无用处”和“无法管束”，至今只画了 15 株植物。另一方面，天文学家达格莱特（Dagelet）发牢骚说：“我们刚刚完成了一百天的航行，感觉像是一千天。”[④]拉曼翁在给卡斯特里斯的信中表示歉意，因为未能提交给海军部长令人满意的发现结果，“我应当呈交一份完整的报告”[⑤]，相反，只能满足于发送一些观察

---

① 上述两段中的引文摘自 Dunmore ed., *La Pérouse Journal*, Ⅰ, pp.95, 97, 129, 132, 133, 165。

② Ibid., pp.192-193.

③ Gaziello, *L'Expédition de Lapérouse*, p.195.

④ Dunmore, *Where Fate Beckons*, pp.217-218.

⑤ Dunmore ed., *La Pérouse Journal*, Ⅱ, p.486.

摘录，请部长转交给科学学会。

从澳门出发，船只驶往菲律宾的甲米地（Cavite，今马尼拉港），经过六个星期的停留后向北航行，准备在夏天探索鲜为人知的亚洲东北部海岸。从这时起，拉佩鲁塞希望在岸上停留更多的时间，因为前18个月里的15个月都是在海上度过的，“漫长的海上航行对我们的植物学家和矿物学者是没有吸引力的，他们只能在陆地上施展才能”[①]。在通过库页岛和大陆之间的鞑靼海峡（Strait of Tartary）期间，博物学家和其他科学家多次上岸考察，拉佩鲁塞对此的记录却十分简短。[②]有时候，他们的随意行为简直令拉佩鲁塞感到绝望。譬如，在鞑靼海峡最北端附近的卡斯特里湾（Kastri Bay），科利尼翁忙着播种从欧洲带来的种子，突然下起一阵滂沱大雨，把他淋成了落汤鸡。他决定点燃火堆把衣服烤干，但“不明智地使用火药，火苗引燃他手中的火药罐，引起爆炸，炸断了他的拇指骨，伤势严重。多亏资深外科医生罗林，才保住了手臂”[③]。这一带对欧洲人来说是完全未知的，在雾气弥漫的海岸上勘测的成果非常宝贵。库页岛和北海道之间的一个海峡是船只通往堪察加半岛途中的航道，至今仍以拉佩鲁塞命名。精疲力竭的拉佩鲁塞在给弗勒里厄的信中写道：“我简直无法用语言来描述这次探险的艰辛，只有亲身经历了才能体会。”[④]

1787年9月6日，船只抵达堪察加半岛，停泊在圣彼得港和圣保罗港。早期航行者在那里留下了遗迹，当地人带法国人凭吊了拉克罗伊尔的墓地，他在白令率领的北大西洋探险中遇难；最近的

---

① Dunmore ed., *La Pérouse Journal*, Ⅱ, pp.492-493.

② Ibid., pp.298-299.

③ Ibid., p.316.

④ Ibid., p.513.

一个墓地是查尔斯·克拉克船长的，他是库克最后一次远航的第二指挥官。在拉佩鲁塞写给巴黎政府的报告中，有一处批评了参加这次探险的科学家："一般来说，他们属于一类充满自尊和虚荣的人，在这种长期远航中很难领导。"[1] 在此停留期间，神父蒙格斯和勒瑟弗尔连同勘测员吉洛特-塞巴斯蒂安·贝尼泽（Gérault-Sébastien Bernizet）释放出被积压许久的能量，不畏艰难地攀上了阿瓦钦斯卡亚山（Mount Avachinskaya）。在八个哥萨克人的伴随下，他们到达火山口的边缘，回头向海湾望去，法国船舰显得比独木舟还小。拉佩鲁塞也留下了深刻印象："这座山上没有绿植，只有被积雪覆盖的岩石，崖壁陡峭超过 40 度，我以为它是不可能被攀缘的。也许从未有过如此艰险的科学探险旅程。"[2] 总体来说，植物学家们仍不满意自己的收获：大多数植物是已经熟悉的，参加白令远航的施特勒或是研究堪察加半岛历史的克拉舍宁尼科夫都曾描述过。在科学家中，神父勒瑟弗尔也许是最惬意的一个。大约此时，他写道："我从未感到无聊乏味，沉浸在各种各样的工作中，每天都过得飞快。我们的船长德·兰格尔先生十分友善，助我度过了这些愉快的日子。"[3] 此次停留中有一件令人兴奋的事，即收到了从鄂霍次克寄来的邮件，这是两年来第一次收到来自国内的新闻，除了私人和家庭信件，还有来自海军部长的官方信函，其中包括几项提升任命，拉佩鲁塞被升为准将。他还被告知，英国正计划在新南威尔士的植物学湾建立定居点，他受命调查此事。根据最初的指示，他应当从波利尼西亚（Polynesia）驶往新西兰。现在原计划被搁置了，他将

① Dunmore ed., *La Pérouse Journal*, Ⅱ, p.525.

② Ibid., p.349.

③ Edward Duyker, *Père Receveur: Franciscan, Scientist and Voyager with La Pérouse*, Sydney, 2011, p.27.

直接前往澳大利亚东海岸。几天之内船就起航了。在出发前，探险队将官方信函和日志交给了德·莱塞普，由他走陆路带往法国。用拉佩鲁塞的话说，这将是一次“艰辛而漫长”的旅程，事实证明了这一点。这位会讲俄语的法国人花了一年时间，换乘马匹、雪橇和小船，横穿西伯利亚，于1788年9月抵达圣彼得堡，10月17日到达巴黎。他当时才22岁。

穿越太平洋的漫长旅途，在极端寒冷的堪察加半岛和严酷热带地区的航行，对所有人来说都是单调沉闷的，很多人的健康受到威胁。拉佩鲁塞写道：“没有什么能改善这种冗长乏味的生活。”12月初，船只到达萨摩亚群岛，二十年前布干维尔将之命名为“航海者群岛”（Navigators Archipelago），因为“当地人旅行全靠独木舟，从不徒步从一个村庄走到另一个村庄”。岛民们已准备好跟他们进行交易。拉佩鲁塞遇到的麻烦是不易在图图伊拉岛（Tutuila）的北海岸找到一块安全的锚地。下锚之处是一片开放暴露的水域，到了晚上，船只摇晃得很厉害，仿佛是漂浮在深海区。因而，拉佩鲁塞决定第二天早晨上岸，只待半天，尽可能多换一些猪、鸡和水果。他们偶尔跟岛民发生冲突，有人向他们投掷石块；拉佩鲁塞觉得必须展示欧洲枪械的威力，便用手枪射杀了一些鸽子并击碎了木板。拉马蒂尼埃尔和科利尼翁寻找植物时离开海滩太远，孤立无援，岛民们便趁机要求用玻璃珠来交换每一棵植物。拉马蒂尼埃尔背着一袋植物蹚水回到小艇上时，岛人还用石头砸他。是时候离开了，然而德·兰格尔发现了一个“理想的小港湾，坐落在迷人的村庄脚下，附近有一道清澈的小瀑布”。德·兰格尔要求拉佩鲁塞允许他第二天早晨带人上岸，乘小艇去运水，将储水桶装满。他坚持说，饮用天然淡水是最好的抗坏血病疗法。这两个亲近的朋友为此发生了争执。我们在文献中只看到拉佩鲁塞的一面之词，那显然是一场激烈的辩论：

> 我对他说，我发现这些岛人太蛮横了。把小艇和长舟送上岸，若舰上的枪炮不能护助他们，是很危险的。我们的节制没有获得印第安人的尊重，那些高大强悍的岛人只看到我们体力上的弱点。不管我怎么说，都无法改变固执己见的德·兰格尔先生，他还说我若阻止，我个人将对坏血病的危害和蔓延承担全部责任，它已经在某种程度上露出苗头了。[①]

拉佩鲁塞写道，最终德·兰格尔没有“获得”允许，但自行“撕下了”一张许可书，一意孤行地带人上了岸。

德·兰格尔承诺在三小时内返回。第二天早上，12月11日，两只装有旋转小加农炮的长舟和两条小船出发了，总共有61名船员。一旦他们进入那个海湾，就看不见大船并处于它的射程之外了。德·兰格尔上次进入海湾时是涨潮，这次赶上了退潮，珊瑚礁上的水不足一米，两只长舟都搁浅了。在他们等待涨潮时，海滩上聚集了很多岛人武士，下午达到一千多人；一些人涉到浅水处包围了船只，其他人开始猛烈地向船员投掷石块。但德·兰格尔拒绝下令开火，因为“恐怕发动敌对行动在欧洲被指责为野蛮行为”。拉佩鲁塞推测，尽管他最终决定朝蜂拥而来的武士开枪，可是已经太迟了。他被击倒而死。这是一个发起总攻击的信号（图19）。船员们开枪打死了三十名袭击者，但是来不及重新装载弹药。“在不到五分钟内，搁浅船上的法国人全部丧命，游泳逃往其他两只船的人身上有多处伤口，几乎所有人的头部都受伤了；不幸的是，那些被

① Dunmore ed., *La Pérouse Journal*, Ⅱ, p.397.

撞倒在印第安人身旁的人立即就惨死于乱棍之下。”在疯狂的暴行中，岛人武士反复棒打死者，还把长舟砸得稀巴烂。在剩下的两只船上，船员们把水桶扔到船外，给受伤的人腾出空间，设法通过海湾的狭窄入口仓皇逃命。具有讽刺意味的是，当他们接近安全地带的时候，船上横七竖八地躺着血迹斑斑的伤员，却看见不远处停着几十条独木舟——岛民们正在平静地跟大船上的人进行交易。拉佩鲁塞利用他的权威，极力阻止船员们向“野蛮杀人犯的同胞兄弟和孩子”复仇。拉佩鲁塞失去了有“三十年情谊的朋友”德·兰格尔，“一个机智风趣、充满智慧、知识渊博的人，（他的）仁慈导致他失去了生命”。拉曼翁跟随这批人上岸寻找植物标本，也不幸身亡；另外还有十人丧命，二十人受伤。神父勒瑟弗尔也在那艘船上，他的眼角有一个小伤口，后来才意识到十分严重。科利尼翁打算上岸挖掘面包果树的根部，身体几处受伤。他写道：“我们被自己的善良本性蒙骗了。”[①] 两个月后，拉佩鲁塞在给弗勒里厄的信中说：“我对那些大肆赞美野蛮人的哲学家愤怒无比，仿佛批评野蛮人就是攻击他们自己。拉曼翁被他们残忍地杀害了，可他在去世的前一天还对我说，这些人的价值比我们要高。”[②] 拉佩鲁塞的这段话后来刊登在米勒特-穆鲁出版的远航记中，成为卢梭追随者驳斥的经典论点。

船员们的身心均受到沉重打击，情绪消沉，人手也不足了，拉佩鲁塞决定尽可能直接驶向植物学湾。在诺福克岛附近，他希望博物学家能够上岸，因为他们离开堪察加半岛后几乎无事可做。但是当时海浪汹涌，根本无法着陆。1788 年 1 月 24 日，他们到了植物

① Rigby et al., *Pioneers of the Pacific*, p.53.

② 拉佩鲁塞在日记中并在 1788 年 2 月 7 日给弗勒里厄的信中提到 1787 年 12 月 11 日的事件，见 Dunmore ed., *La Pérouse Journal*, Ⅱ, pp.396-411, 536-541。

学湾，发现一支停泊在那里的英国舰队。由亚瑟·菲利普（Arthur Phillip）总督指挥的第一舰队载着750名囚犯，几天前刚刚抵达。英国人发现这是一片贫瘠的沙质土地，风大干旱，感到失望，打算沿着海岸向北移到良港杰克逊（Port Jackson，后来的悉尼港）去。对这一巧遇，英国人比法国人更感吃惊，当时两国的关系是友好的。正如拉佩鲁塞所说："天涯海角遇老乡，欧洲人都可称同胞。"① 法国人在植物学湾停留了六个星期，新建了两艘长舟。令人格外悲哀的是，神父勒瑟弗尔在2月17日归天了，大概是两个月前被图图伊拉岛人袭击之后伤口感染所致。令法国人感动的是，神父勒瑟弗尔墓的墓碑在拉佩鲁塞的船只离开后倒了，英国总督菲利普又为他竖了一块铭刻墓文的铜碑。②

法国人在此逗留最后几星期的详情鲜为人知。2月1日，英国官员参观了法国船舰，拉佩鲁塞向他们展示了拉马蒂尼埃尔"非常完备的"自然史收藏，并说他已保存了三年，预计在15个月后返回法国，"他很高兴满足菲利普先生的任何要求"③。一个星期后，一位法国军官来到杰克逊港，把拉佩鲁塞的日记和信函连同其他信件一起交给了英国人，委托他们通过下一艘去英格兰的船递交给驻伦敦的法国大使。④ 在一封信中，拉佩鲁塞向一位朋友透露了长时间航行的负面影响，描述了在法兰西湾和图图伊拉岛遇到的灾难及后果："无论这次探险带给我什么专业上的优势，你都可以肯定，很少有人愿意付出如此巨大的代价。我归来的时候，你见到的是一

---

① Dunmore ed., *La Pérouse Journal*, Ⅱ, p.446.

② Duyker, *Père Receveur*, p.21. 还有一种可能他是在外出采集植物时被澳大利亚土著人杀死的，见 'The Death of Father Receveur', in *La Pérouse Journal*, Ⅱ, pp.564-569。

③ Paul G. Fidlon and R.J. Ryan eds, *The Journal of Philip Gidley King: Lieutenant, R.N. 1787-1790*, Sydney, 1980, pp.37-38.

④ John White, *Journal of a Voyage to New South Wales* [1790], Sydney, 1962, p.115.

个牙齿脱落、头发掉光的百岁老翁。务必提醒你的妻子，否则她会把我误认为我的祖父。”[①] 建造长舟的工作掩藏在栅栏后面进行，有武装人员保护；尽管植物学湾土著人的武器很差，但法国人绝不会再过度自信地让图图伊拉的事件重演。据新殖民地军事法庭的指挥官戴维·科林斯（David Collins）的说法，法国人“对那个国家及其土著的看法最为负面；有官员声称，在整个航程中，从未发现任何一个地方如此贫穷，居民如此可鄙、可怜”[②]。

尽管身体疲惫、心情悲伤，拉佩鲁塞仍决定完成使命。他打算从植物学湾航行到汤加、新喀里多尼亚、所罗门群岛和新几内亚岛，再去勘测新荷兰的北部和西部海岸。他计划在 1788 年 12 月到达法兰西岛，6 月返回法国。这是一个过于雄心勃勃的计划，即使是刚从欧洲到来的远征队也不易做到，更不用说他们已在海上煎熬了两年半之久。1788 年 3 月 10 日，指南针号和星盘号离开了植物学湾便神秘地消失了。拉佩鲁塞的传记作者称之为“湮没四十年”[③]。

假使拉佩鲁塞按计划在 1788 年底到达法兰西岛，消息将在三四个月后传至法国，他的船只应当在 1789 年仲夏回到布雷斯特。当时法国处于政治动荡时期，以 7 月 14 日攻破巴士底狱为标志；尽管如此，随着时间的流逝，仍没有探险队的消息，人们的焦虑日益加剧。法国人一方面通知英国和西班牙有船只失踪，并请求他们报告有关讯息；另一方面试图组织私人搜索队。1790 年 10 月，弗勒里厄伯爵被任命为海军部长，在他的努力之下，同时迫于失踪人

① Dunmore, *Where Fate Beckons*, p.248.

② David Collins, *An Account of the English Colony in New South Wales* [1798], Sydney, 1975, p.16.

③ 这是 *Where Fate Beckons* 一书第 22 章的标题。

员亲属和同事的压力，国民议会于1791年2月批准了一项官方搜索计划。国民议会法令的序言中包括以下响亮的宣言："欧洲人到遥远的纬度地区不再是侵略或摧毁，而是带去收益和回报；不再是占有导致腐败的金银矿藏，而是利用那些有用的植物，让人们的生活变得更加舒适和快乐。"①

这次航行的总指挥是德·恩特雷斯塔克斯，一位经验丰富的海军军官，在弗勒里厄策划拉佩鲁塞远航时曾与之密切合作。海军配给他两艘改装的军需船，类似拉佩鲁塞率领的船，一艘命名为研究号（*Recherche*），船长为亚历山大·德赫西米维·德·奥里博（Alexandre d'Hesmivy d'Auribeau），另一艘是期望号（*Espérance*），船长为让-米歇尔·霍恩·德·克马代克（Jean-Michel Huon de Kermadec）。

德·恩特雷斯塔克斯接受的指令不仅有寻找拉佩鲁塞，还有一项完整的科研计划，包括访问失踪船只不大可能经过的地区。议会的法令声称，采取此种方式，这次探险"将给航海、地理、商业、艺术和科学均带来益处"②。科学队伍中有三名博物学家、两名水文学家、两名天文学家、一名矿物学家、两名艺术家和一位园艺师，有两人在好望角离队。矿物学作为一门学科，当时远落后于植物学和动物学，首次派出了一位独立的代表——研究号上的牧师让·布莱维尔（Jean Blavier）参加探索远航。博物学家包括雅克-朱利安·胡图·德·拉比亚迪埃（Jacques-Julien Houton de Labillardière）、路易·奥古斯特·德尚（Louis Auguste Deschamps）和克劳德·里奇（Claude Riche）；他们和其他许多植物学家一

① Williams, *French Botany*, p.108; Louis-Marie-Antoine Milet-Mureau, *Voyage de la Pérouse autour du monde*, 4 vols and atlas, Paris, 1797, I, pp.lv-lx.

② Williams, *French Botany*, p.109.

样，曾受过医学训练。园艺－植物学家费利克斯·拉哈耶（Félix Lahaye）是他们的助手。所有博物学家都接到了一份冗长的指导文件，其中地质学部分占14页，动物学18页，植物学17页，园艺学29页。[①]

在博物学家中，拉比亚迪埃曾在黎凡特接受了系统的植物学训练，1799年发表了第一部关于德·恩特雷斯塔克斯探险的故事，接下来又出版了关于新荷兰植物的两卷著作。用他的传记作者的话说，拉比亚迪埃是"澳大利亚植物学、动物学和民族学的创始人之一"[②]。在参加研究号之前，他给在访英期间结识的约瑟夫·班克斯爵士写信，征询建议，并说"植物学是未来我最关心的题目，不过我也尽量不忽视自然史的其他领域"。班克斯回复："对于像你这样经验丰富的植物学家来说，访问即将去的国家是很不寻常的旅程，因而必须充分利用你所拥有的独特机会。"根据四分之一世纪前奋进号远航的经验，班克斯建议拉比亚迪埃准备大量夹存干燥植物标本的粗纸，以及用来存放标本夹的亚麻袋，用系袋绳上的结数来标记里面的内容。[③] 不过，拉比亚迪埃很难找到足够的粗纸，因为大部分纸张都发给驻布雷斯特的炮兵用于包装火药了，船舰正在那里进行装配。

从表面上看，这次考察工作的人员配备得当，装备精良，却忽略了一个要害——三位高级指挥官都有健康问题，最终都未能在

---

① Brian Plomley and Josianne Piard-Bernier, *The General: The Visits of the Expedition Led by Bruny d'Entrecasteaux to Tasmanian Waters in 1792 and 1793*, Launceston, Tas., 1993, pp.223-227.

② Edward Duyker, *Citizen Labillardière: A Naturalist's Life in Revolution and Exploration*, Melbourne, 2003, p.1.

③ 信件往来见 Chambers ed., *The Indian and Pacific Correspondence*, Ⅲ, *1789-1792*, 2010, pp.244, 272-273。

此次远航中幸存。此外，随着航程的进展，法国发生的政治事件对于在海外执行纪律造成了破坏性影响。从人员来源上看，绝大多数军官来自“大兵团”（1789 年 10 月——法国大革命初期被废除的一个特权集团），而科学家们除德尚之外，都比较激进，是共和党人的同情者。尽管在招募时较为留意，将直接卷入 1790 年港口海军叛变的人筛掉了，但船员中仍有很多人来自圣马洛（Saint Malo）或布雷斯特——这两个市都由雅各宾派掌权。[①]

这支船队于 1791 年 9 月 29 日从布雷斯特起航，首先造访了特内里费岛，包括拉比亚迪埃和德尚在内的一组人奋力登上了火山泰德峰。至此，登上泰德峰几乎成了博物学家在探索远航中的标准首发式。1792 年 1 月 18 日，缓慢行驶的船只抵达好望角，德·恩特雷斯塔克斯在那里收到消息，英国海军军官、船长约翰·亨特（John Hunter）的船失事后，他改乘一艘荷兰船航行，在海军群岛［Admiralty Islands，现为新几内亚岛东北部的俾斯麦群岛（Bismarck Archipelago）的一部分］看到一些土著人，“身着欧洲人的而且明显是法国海军的制服……亨特船长确信是拉佩鲁塞先生的遗物”[②]。经过进一步调查，人们对亨特的报告提出了质疑，因为他在研究号和期望号抵达后两个小时就离开了好望角——这或许可以说明他并无有价值的信息可提供给法国探险队。在两年后发表的关于访问海军群岛的报告中，亨特根本没有提到“身着欧洲人服装”的土著，唯一有关的暗示实际上无足轻重：一个岛民“手里拿着件东西，做出剃须的动作，连续地刮自己的脸颊和下巴；这引起我的猜测，最近也许有一艘欧洲船舶在此地失踪……可能是拉佩鲁

---

① Frank Horner, *Looking for La Pérouse: D'Entrecasteaux in Australia and the South Pacific 1792-1793*, Melbourne, 1995, pp.36-40.

② Duyker, *Citizen Labillardière*, p.12.

塞”[1]。尽管存有疑虑，德·恩特雷斯塔克斯仍觉得别无选择，必须根据所谓的亨特报告去实地调查一番。然而，他不得不先处理一个棘手的问题——博物学家和艺术家中有六人要求离开探险队，原因是不满意船长支付的费用，以及允许船上的外科医生采用竞争而非合作的方式搜集标本。德·恩特雷斯塔克斯个人的观点是，科学好比空气，属于所有的人。不过，他必须设法解决这一威胁性的“出埃及记”，否则将对探险的科学目标造成不可挽回的损失。最终仅有两位学者因身体抱恙在好望角离开。拉比亚迪埃又搜集了丰富多样的植物，托好望角的一位法国人带回国，但那个人未完成任务就命丧黄泉了。五年后，这些标本终于被运上了一艘法国战舰，结果被英国军舰截获，拉比亚迪埃的标本全部被拍卖，散落无踪。[2]

为了调查亨特可能观察到的蛛丝马迹，他们开始向海军群岛行进。德·恩特雷斯塔克斯希望直接横渡印度洋行驶到海军群岛，但在与东向季风搏斗了三个星期之后，他意识到这条航线走不通。于是，他打算采取迂回的、较长的朝南航线，绕经澳大利亚，在范迪门斯地停留，维修船只。探险队在塔斯马尼亚东南海岸的洛切切湾（Recherche Bay）停泊了五个星期，博物学家们有了充足的时间去附近地区考察，尽管拉比亚迪埃抱怨给养供应匮乏，船只不够用，限制了远途考察。他们总共搜集了五千件植物，包括大约一百个新物种。目前尚不清楚其中多少被做成了干燥标本，多少是鲜活植物和种子。搜集的桉树品种特别丰富，拉比亚迪埃后来发表了对七个新物种的描述，惊叹有的物种很高大，澳大利亚土著用它的树皮来盖屋顶。有一个物种叫作塔斯马尼亚蓝桉（Tasmanian bluegum），

---

① Horner, *Looking for La Pérouse*, p.52.

② 关于探险队在好望角的停留，详见 Duyker, *Citizen Labillardière*, pp.87-92。

树干可用来制造船的桅杆。木工修缮期望号时用的就是这种木料（图 21）。在日记中，德·恩特雷斯塔克斯对博物学家搜集了当地“所有珍贵物种”十分满意，大体上支持他们的工作。当研究号船长德·奥里博命令拉比亚迪埃把植物压干器从大舱中搬出去时，后者成功地向总指挥求助，德·恩特雷斯塔克斯下达命令帮助他。[①] 朱丽叶·德·拉朱尔维埃（Jurien de la Gravière）参加探险队时只有 19 岁，多年后回忆起当时船上的紧张关系：“冲突发生在地理学和自然史两个阵营之间。舰队司令被指控偏袒水文学家。之前有两个深度分裂的阵营，现在出现了三个阵营、四个派别。一场考验天使忍耐力的争斗爆发了。”[②]

博物学家更感兴趣的是上岸观察到的东西，而不是自己的外表。船上的一位军官描述了克劳德·里奇上岸时的衣着和携带的装备：

> 他套着一件宽大的帆布背心，前襟和后背都缀着口袋；腰间绑着一个巨大的文件夹，看上去像是子弹袋，下面挂着一把矿物学家用的小榔头；另一只肩带上吊着带亚麻布垫的镊子，是专为捕捉昆虫和蝴蝶用的；他的纽扣孔上挂着一只针垫，上面扎着许多细长的针；他身体的一侧别着一把军刀式短剑，一顶伞状的宽边皮帽遮护着头和肩；皮革绑腿保护他的腿不受伤害；最后，他

---

① Bruny d’Entrecasteaux, *Voyage to Australia and the Pacific 1791-1793*, ed. and trans. by Edward Duyker and Maryse Duyker, Melbourne, 2001, p.34; Duyker, *Citizen Labillardière*, p.104.

② S. G. M. and D. J. Carr, ‘A Charmed Life: The Collections of Labillardière’, in D.J. and S.G.M. Carr, *People and Plants in Australia*, Sydney, 1981, p.87, 节译自 Jurien de La Gravière, *Souvenirs d’un Amiral*, 1860。

还带有一支枪，这就是通常的全部装备。[1]

这次停留的一项瞩目成果应归功于水文学家查尔斯－弗朗索瓦·波坦普斯－波普（Charles-François Beautemps-Beaupré），他绘制了布伦尼岛（Bruny Island）和范迪门斯地之间的德·恩特雷斯塔克斯海峡的详细地图。1792 年 5 月 28 日，他们从洛切切湾起航，向东北方向驶往新喀里多尼亚。来自海岸的强风阻止他们从布满礁石的南岸登陆，德·恩特雷斯塔克斯便决定驶往新爱尔兰岛。途中他希望停靠在皮特岛（Pitt's Island，亦称瓦尼科罗岛，Vanikoro）。它是潘多拉号（*Pandora*）船长爱德华兹在 1791 年发现并命名的，但没有进行考察。“我决心去调查、勘测并绘制一张地图。”德·恩特雷斯塔克斯写道。可是当 7 月 7 日晚驶过附近海域时，他们没有看见这个岛。“我觉得，为了一次小勘测而浪费一个风平浪静的夜晚是不明智的，因而下令继续航行。”[2] 这是整个航行中最令人伤感的时刻，因为皮特岛恰是四年前拉佩鲁塞的船舰遇难之处，当时岛上可能尚有幸存者。相反，德·恩特雷斯塔克斯依据在好望角获得的据称是亨特提供的线索，从新爱尔兰岛驶往了海军群岛。当人们远远地看到“礁石上横卧的一棵大树，一头是竖起的树枝，另一头

① 引自 Duyker, *Citizen Labillardière*, p.109。将这段描述同林奈的自我描述进行比较是很有意思的。1732 年，他骑马在拉普兰旅行（附近没有船只可放他的大部分物品）：“我的装束包括一件西哥特兰布的不打褶外套——带镶边和毛绒领，一条齐整的皮裤，一顶猪尾假发，一顶绿色绒帽和一双高筒靴；一个小皮包，长约 60 厘米，不太宽，一边有钩子，这样就可以把它关上或挂起来。在这个包里，我装了一件衬衫、两件短袖衫、两只睡帽、一个墨水瓶、一只笔盒、一枚放大镜、一具小望远镜，还有一个纱布面具保护我不受蠓虫的骚扰，以及日记本和装订起来的一沓纸，用来压干植物……我的腰上挂着一把短剑，大腿和马鞍之间放有一支霰弹枪。我还有一个带刻度的八面杆，用于测量。”见 Blunt, *Linnaeus*, p.42。

② E. and M. Duyker, *D'Entrecasteaux Voyage*, p.69.

是粗大的根部，还以为是仅剩下部分龙骨、桅杆和尾部的一艘船的残骸”，一时间兴奋不已；德·恩特雷斯塔克斯写道，那个景象仿佛整个舰队都遭遇了海难。[①] 然而，这是在海上经常看到的一种幻象。在新爱尔兰岛附近的一个小岛上，水手们为能轻易摘取椰子而要砍倒椰树，拉比亚迪埃及时制止了他们。他一如既往地坦承：“假如听任他们胡来，岛上一棵椰子树也不会有了。”[②]

9月和10月上半月，他们停泊在荷兰管辖的一个小港，位于马鲁古群岛的安汶岛。许多船员都患上了坏血病，有必要在陆地停留一段时间。拉比亚迪埃被允许进行植物考察，但时间很有限，随后发表了一些观察结果。他对丁香和肉豆蔻特别感兴趣，并指出，这些香料在欧洲很受欢迎，价格不菲，但荷兰东印度公司付给种植者的价钱极低。他惊艳于当地总督和理事会秘书收藏的漂亮蝴蝶和贝壳，描述他们向驻巴达维亚的公司官员和欧洲人士展示这些标本，以此作为一种获取优惠的手段。[③] 对于博物学家们来说，这个地区不是人迹罕至的，因为早在18世纪中叶，《安汶岛植物细目》(*Herbarium Amboinense*)六卷本已出版，描述和解释了近一千种热带植物。该书作者是德国医生格奥尔格·艾伯赫·郎弗安斯(Georg Eberhard Rumphius)，他曾在荷兰东印度公司服务。拉比亚迪埃本人拥有这部巨著，还特意访问过郎弗安斯的墓地。[④] 这里是距欧洲最远的港口，归属于荷兰，收不到任何关于法国的新闻。不过，德·恩特雷斯塔克斯借此机会给弗勒里厄写了一份报告，概述

---

① E. and M. Duyker, *D'Entrecasteaux Voyage*, pp.79-80.

② J. J. H. de Labillardière, *Account of a Voyage in Search of La Pérouse*, 2 vols, 1800, I, pp.251-252.

③ Ibid., p.351.

④ Duyker, *Citizen Labillardière*, pp.122, 288; William Eisler, *The Furthest Shore: Images of Terra Australis from the Middle Ages to Captain Cook*, Cambridge, 1995, pp.113-115.

了探险队自从离开好望角以来的旅程情况。或许是由于克劳德·里奇对乘小艇考察没有获得帮助而牢骚不断，德·恩特雷斯塔克斯简短而冷淡地写道："关于博物学家的活动，我无可奉告。我既不欣赏他们的才能，也不看好他们的工作。"只有德尚受到了赞许，因为他"不参与任何派系"，"安静地"尽其职守。[①]（但是，连同其他信件一起，多疑的荷兰当局从未将这份报告转交给法国。）

从安汶岛出发，船只向西南方驶去，绕过澳大利亚西海岸，然后向东开往南部海岸。在埃斯佩兰斯湾（Esperance）短暂停留期间，里奇几乎丧命。他在搜寻标本时，将一个大盐湖误认为是海，迷失了方向，在酷热的天气里待了50多个小时，食物和水几乎耗尽，他精疲力竭，不得不扔掉了已经搜集的植物和岩石。当最终远远地看到了大船后，"我又开始采集，但身体极度虚弱，无法背负重担"[②]。里奇安全返回给人们带来的快乐是短暂的，这一事件导致军官和博物学家相互指责。后者声称，指挥官偏袒在船上工作的天文学家和水文学家，忽视博物学家的利益，上岸考察的机会很少，即使有机会登陆也拒绝提供船员护卫。作为回应，德·恩特雷斯塔克斯指出，是里奇本人不让仆人随行的，并说，他通常不允许博物学家参加沿海勘测船队，理由是沿海勘测在岸上待的时间通常比较短，此外还存在超载的问题。之后，他提出了一个观点，意味着他和博物学家之间的分歧非一日之寒："使用海军人员来从事这些探险工作的优势，无论怎样强调都不为过，因为他们比较清楚在这种情况下什么是允许做的，所以不会提出不可能被满足的要求。"假如依照德·恩特雷斯塔克斯的建议去做，那么，绅士博物学家参加探索远航的时代就要画上句号了。

---

① Horner, *Looking for La Pérouse*, p.103.

② E. and M. Duyker, *D'Entrecasteaux Voyage*, pp.119-126.

1793年1月下旬，这些船只再次驶离范迪门斯地，停泊在落基湾（Rocky Bay）的苏德港（Port du Sud），然后前往探险湾。上一年访问此地是秋天，这次正值盛夏，植物的花朵盛开，博物学家们非常高兴，一天之内便采集了三十种植物。在拉比亚迪埃后来描述和发表的标本中，有三种茅膏菜（carnivorous）——诱捕昆虫的食虫植物。[①] 他还发现了威廉·布莱前一年乘普罗维登斯号（*Providence*）访问这个海湾留下的踪迹——刻在一棵树上的"在这棵树的附近，威廉·布莱船长栽种了七株果树，1792年；植物学家S和W先生"。拉比亚迪埃不喜欢这句话，他说，将植物学家克里斯托弗·史密斯（Christopher Smith）和詹姆斯·威尔斯（James Wiles）的姓名缩写为一个字母，宣称是布莱亲手栽种了这些树，是对贵族军官们"表示敬畏服从"的例证，这正是他在法国船舰上时常遇到而深感愤怒的。[②]

与前一次造访不同的是，探险队遇到了很多土著人。首当其冲的仍是博物学家。拉比亚迪埃、园艺师德拉海（Delahaye）和两名船员一起在岸边采集植物，突然察觉到林中出现了许多土著人，手举长矛冲将过来。顿时，短兵相接，剑拔弩张。犹疑片刻之后，双方却都放下了武器。"从那一刻起"，德·恩特雷斯塔克斯写道，双方"建立了热情友好的关系"（图22）。[③] 他们经常跟土著人聚会，交换礼物，裸体不再令人震骇，船员们很自然地拥抱和抚摸土著孩子。探险队的艺术家让·皮隆（Jean Piron）描绘了土著人的集体和个人画像，印制发表在拉比亚迪埃的远航记中。拉比亚迪埃搜集整理出塔斯马尼亚人的84个词汇。参加库克第三次远航的安德森在

---

① 有关这种神奇植物的更多信息，参见 Duyker, *Citizen Labillardière*, p.141。

② Labillardière, *Account of a Voyage*, Ⅱ, p.77.

③ E. and M. Duyker, *D'Entrecasteaux Voyage*, p.141.

此短暂停留时只列出了九个词汇。德·恩特雷斯塔克斯则尴尬地回忆说，仅在一年前，他还怀疑这些澳大利亚土著是食人族呢。如今看来恰恰相反，正如海军上尉伊丽莎白－保罗－爱德华·德·罗塞尔（Elisabeth-Paul-Edouard de Rossel）所说，他们是一群“简单而善良的人”①。牧师路易·文特纳特（Louis Ventenat）意识到同澳大利亚土著人相遇的意义，他发现同伴们“不像塔斯曼那样（对土著人）视而不见；也不像马里恩那样想杀死他们。他们近距离对土著人进行观察，一起吃饭，待在茅屋里，连菲尔诺②和库克都从未有过这种体验”③。

有些法国人仍保留不同的看法。拉比亚迪埃徒劳地抗议说，土著妇女不得不潜入冰冷的海水中采贝，他们的男人却闲坐着烤火。④德尚进一步贬斥道：“很难找到比这更野蛮、更远离文明的人类物种了。”⑤德·恩特雷斯塔克斯仅有一次近距离地观察到这些澳大利亚土著，尽管如此，他还是热衷于记录下自己的印象，不同于先前几位英法访问者对塔斯马尼亚海岸居民的冷漠，同现代观察者对新南威尔士杰克逊港移民区附近土著的描述也有很大的差异：

> 这个部落似乎展现了原始社会的最完美形象。在这里，人们尚未被强烈的情欲操纵，或被文明造成的恶习侵蚀。一个群体由几个家庭组成，除了妻子和孩子之外，没有其他财产，也不存在

---

① Plomley and Piard-Bernier, *The General*, p.309.

② 这三个人分别指：荷兰航海探险家阿贝尔·扬松·塔斯曼、法国私掠船船长和探险家马克·约瑟夫·马里恩·杜·弗雷斯内（Marc Joseph Marion du Fresne）和冒险号船长托拜厄斯·菲尔诺。——译者注

③ Plomley and Piard-Bernier, *The General*, p.366.

④ Labillardière, *Account of a Voyage*, Ⅱ, p.53.

⑤ Plomley and Piard-Bernier, *The General*, p.378.

任何争议，因为唯一的酋长是由大自然指定的：父亲和长者……他们掌握了谋生的手段，必然得以享受和平与满足。因此，他们微笑的面容表达了一种幸福感，从未受到外来思想和无法实现之欲望的困扰。[①]

无论是事实还是想象，田园诗都是短暂的。不出几代人的时间，德·恩特雷斯塔克斯印象中简朴善良的居民大都从地球上消失了，被殖民者、捕鲸者和传染病一扫而光。

从此开始，厄运似乎降临探险队，步履维艰。据期望号的拉莫特·杜波尔塔伊（La Motte du Portail）中尉回忆，离开塔斯马尼亚时，大家都感觉德·恩特雷斯塔克斯的状况不太好："我越观察首领，越从他身上发现一种深深的悲伤迹象。我通过与霍恩·德·克马代克先生几次谈话，知道首领的悲哀是军官之间的纷争导致的。他们出于嫉妒和野心而互相扯皮，破坏了他的心境。"[②] 船接近新西兰北端时，拉比亚迪埃恳求着陆，去搜集新西兰亚麻的标本，他相信可以用这些纤维制造坚固的船用缆绳。但德·恩特雷斯塔克斯担心遭到当地人的袭击，拒绝了。拉比亚迪埃抱憾地说："这位领袖应当比其他任何人都更能理解这种植物对海军的巨大用处。"[③] 在汤加群岛没有发现有关拉佩鲁塞的信息，但是在汤加塔布岛（Tongatapu）发生了一起暴力事件，导致一名船员受重伤，两个汤加人丧命。当船只抵达新喀里多尼亚时，拉比亚迪埃发现，在汤加塔布岛采集的一些面包果植物死掉了，原因是研究号上的人将咸水泼在了上面。这是一起恶作剧。库克曾经描述那里的居民"友

① E. and M. Duyker, *D'Entrecasteaux Voyage*, p.147.

② Plomley and Piard-Bernier, *The General*, p.378.

③ Labillardière, *Account of a Voyage*, Ⅱ, pp.86-87.

好而彬彬有礼，丝毫不迷恋偷窃”[①]。然而，持续发生的偷盗事件和食人证据迫使船员们产生怀疑。博物学家去内陆冒险考察时，总有一支大护卫队跟随。在这个鲜为人知的小岛上，拉比亚迪埃充分利用远足考察的机会，在晚年出版了有关新喀里多尼亚的第一部植物区系。在整个航程中，与一些早期植物学家明显不同的是，他先花一天的时间上岸采集植物，在接下来的一天待在船上进行检索和分类。

在船只离开新喀里多尼亚前不久，期望号船长霍恩·德·克马代克因病去世。研究号船长德·奥里博接替了他的职务，德·罗塞尔上尉则升为旗舰舰长。克马代克的死对德·恩特雷斯塔克斯的打击是毁灭性的。在回忆录中，朱丽叶·德·拉朱尔维埃描写道，他“陷入了一种阴森的沉默，几乎对任何食物都感到厌恶”，不久便开始显现坏血病的症状。[②]当船只从新喀里多尼亚向东北方向行驶时，他们再次经过了皮特岛——拉佩鲁塞沉船遗址附近，还是没有停靠。它不过是广袤的西南太平洋中几百个岛屿之一。他们继续行驶，前往所罗门群岛。自门达尼亚在1568年发现它以来，一直存在着许多猜测和疑惑，这一次，德·恩特雷斯塔克斯确认了弗勒里厄对这一群岛的定义。然后，船只沿着新几内亚岛和新不列颠岛海岸航行到一片水域，自一百年前的丹皮尔之后，再没有欧洲船只到过这里。这项勘测工作是有价值的，波坦普斯－波普制作了精美的海图。他们很少着陆，博物学家没有机会继续工作。1793年7月8日，德·恩特雷斯塔克斯写道，船只必须前往爪哇，“行程越来越艰难”，食品供应几乎告罄，船员们的健康恶化，体力“被漫长的

① Beaglehole ed., *Resolution and Adventure Voyage*, p.539.

② S. G. M. and D. J. Carr, ‘A Charmed Life’, p.90.

艰苦航行耗尽了”[①]。这是他最后一篇日记。7月20日，他与世长辞。德·奥里博接替，可他也重病缠身，非常虚弱，甚至无法参加德·恩特雷斯塔克斯的葬礼。指挥官的去世对一支已经开始瓦解的探险队来说是残酷的打击，正如一位下级军官所写，德·恩特雷斯塔克斯“不仅是船长，更具有父亲的品格”[②]。

船只驶向荷属东印度群岛，更多的船员罹患了坏血病和痢疾，在9月初抵达布鲁岛（Buru Island）的凯杰利港（Kajeli）时，仅剩下三分之一的人勉强还算健康。德·罗塞尔写道，他们的眼睛“早已厌倦了干旱荒芜的海岸景象，现在面对一片肥沃的土地，感到宁静的满足”。他的另一段回忆很可能代表了所有船员的感受，除了博物学家们：“原始大自然的美丽最初令我们着迷，现在变得单调乏味，令人消沉……我们曾经怀着强烈的好奇心去拜访原始人并了解他们的习俗，这种欲望现在完全消失了。”[③] 10月底，探险队到达爪哇的主要港口泗水（Surabaya）。正如德·罗塞尔所说，在天涯海角“遇见的每个欧洲人都是老乡”，船员们自信探险队在从事一项有益的科学事业，期待获得荷兰总督的帮助。恰恰相反，他们震惊地听到了法国与荷兰开战的消息，路易十六已被处决，共和国宣告成立。他们顿时沦为战俘。

这是探险队出发两年来首次收到法国的消息，导致船上一直存在的意识形态分歧公开化了。保皇党德·奥里博指控拉比亚迪埃“散布背信弃义的言论”，里奇对国王被处决感到幸灾乐祸，这两个人与船员中的共和党人合伙策划着某些阴谋。荷兰总督面临两难选择：一方面不愿允许已成为敌方的法国人登陆；另一方面，在人道

① E. and M. Duyker, *D'Entrecasteaux Voyage*, p.261.

② E. and M. Duyker, *D'Entrecasteaux Voyage*, p.263.

③ Williams, *French Botany*, pp.194-195.

主义的冲动下，试图解救被困在船上的海员。1794年2月，荷兰人占领了这两艘法国船，逮捕了所有被德·奥里博指控的共和党人同情者，包括在船上的和已上岸的。拉比亚迪埃是被捕入狱的人之一，通过陆路被转移到三宝垄（Samarang）。德·奥里博和荷兰人要求拉比亚迪埃交出日记，后者奋力相争，最终得以保留。1794年8月，德·奥里博病故，船上仅存的一位高级军官德·罗塞尔接替职权。抵达荷兰控制的水域后，船员们欠下了大笔债务，为了偿还，罗塞尔被迫卖掉了研究号和期望号。不久后，罗塞尔和探险队的第一批幸存者乘荷兰的一艘护航舰前往法兰西岛，探险队搜集的珍贵标本也放在这艘船上。第二批幸存者，包括拉比亚迪埃，通过进一步的囚犯交换计划，于1795年3月离开爪哇，前往法兰西岛。一年后拉比亚迪埃抵达法国，震惊地听说那艘荷兰护航舰已被英国战舰截获，他搜集的37箱自然史标本全部被带到英格兰去了。①

法国的一切似乎都变了，甚至殃及通常不受政治动荡影响的科学界。拉比亚迪埃的一些同事在恐怖事件中被处决，有些人被降职或撤职。不被接受的“皇家花园”更名为“植物园”。连日历也改头换面了。对于拉比亚迪埃来说，这些都是次要的，最要紧的是找回他的标本。但这绝非易事。被放逐的国王路易十八已向英国索要这些收藏品，甚至同意先让乔治三世的妻子夏洛特王后从中挑选一些。约瑟夫·班克斯爵士，身兼英国皇家学会会长和政府科学顾问，成为解决这一事件的主要中间人。拉比亚迪埃在三宝垄身陷囹圄时曾写信给他，抱怨德·奥里博的行为，指责他把探险队搜集的科学信息交给荷兰人。回到法国后，拉比亚迪埃再次致信班克斯，

---

① 这一段是对探险队抵达荷兰东印度群岛后发生的一系列混乱和复杂事件的简要概括。详见 Duyker, *Citizen Labillardière*, chs. 13, 14。

呼吁他本着“对科学的热爱”协助收回藏品。到了1796年6月，班克斯认识到，尽管早些时候已达成某种协议，但将标本归还法国博物学家是正确的做法。正如他向拉比亚迪埃表示的，这是“我们通过你保护库克的收藏而学到的公理”，“两个国家在政治上处于战争状态时，科学家之间可以和平共处”。班克斯描述了这批藏品的状况，一方面，它们遭到相当大的损坏。在海上航行或是可能在英国海关扣留期间，大部分箱子的三分之一高度被水浸泡了。所以许多植物已“腐烂成粪肥”；大多数鸟类标本保存得很好，但有些“很糟糕，不得不丢弃”；部分昆虫标本被“压成碎片”；有价值的贝壳都被人劫掠了，仅剩下最常见的物种。另一方面，班克斯估计，幸存标本的数量仍有至少一万件。将这批收藏还给拉比亚迪埃后，班克斯给他写信称赞说：“我有幸寄给你这批壮观的收藏。我碰巧看到了其中的一些，十分钦羡。恢复和平后，我希望能从你那里获得一些复制品。”[①]

探险队解散后，拉比亚迪埃的同行博物学家德尚决定留在三宝垄。此后的几年，他在那里继续从事植物学研究。1803年，他在返回法国途中被捕，后因非战斗人员身份被释放，但搜集的六箱爪哇植物不幸遗失。他的许多绘画幸存下来，却从未出版。比较幸运的是园丁德拉海，他在航行中设法保存了一些活的植物以及干燥标本和种子，后来不失时机地当上了皇后约瑟芬（Empress Josephine）的园艺师。

拉佩鲁塞和他的船消失得无影无踪，但他的部分日记幸存下来，记载了从探险队启程直到抵达植物学湾的重要事件。当船只访

① 班克斯和拉比亚迪埃之间的通信，见 Chambers ed., *The Indian and Pacific Correspondence*, Ⅳ, pp.207, 277-278, 386, 408-409, 455；班克斯对这批收藏的描述，见 Duyker, *Citizen Labillardière*, p.208。

问各个港口时，这些日记被陆续送回了法国，由米勒特－穆鲁编辑出版。由于原稿失踪，不清楚编辑做了哪些改动，因而读者对日志的精确性有所保留。这部三卷本于1797年出版时，虽然在法国销售得很差，不过很快被译成了英语和其他几种语言。到了1977年，拉佩鲁塞的日记原稿被重新发现，表明米勒特－穆鲁版本的改动是很有限的。此人的研究专长是陆军而不是海军事务，主要的编辑加工是删除了日记中有关君主政体和古罗马爵位的语言。至于科学家们搜集和观测的成果，更不易找寻回来，尽管最终发现了一些残存物。1827年，爱尔兰商人彼得·狄龙（Peter Dillon）在瓦尼科罗岛发现了失踪探险队的一些遗物，且从岛民口中听说曾有船只撞礁遇难。[①] 在后来的几年中，又陆续找到了部分残骸——大炮、锚和船钟，它们被送回了法国。该探险队的最后一位幸存者德·莱塞普对一些物件做了鉴定。随着时间的推移，结合岛民传说和考古调查，拉佩鲁塞探险队的失踪之谜终于被部分解开了。

故事是这样的，在一场大风暴中，指南针号和星盘号估计是撞毁在同一块礁石上。许多船员要么死于海难，要么在挣扎登岛时被岛民杀死。少数幸存者造了一艘小艇，慌不择路，不知所踪。有两个人被遗弃在岛上，可能活了几年。潘多拉号在1791年经过时，或是第二年，假如德·恩特雷斯塔克斯按照原计划在瓦尼科罗登陆，他们极有可能获救。[②] 不幸的是，法国船只擦肩而过，消失在远方。不管是在大革命中还是在拿破仑执政的动荡时期，法国人对这支探险队的命运久久无法忘怀。1828年，国王查理十世（Charles

---

① Peter Dillon, *Narrative and Successful Result of a Voyage to the South Seas … to Ascertain the Actual Fate of La Pérouse's Expedition*, 2 vols, 1829.

② 更多关于瓦尼科罗岛海难的细节，见 'John Dunmore's comments', in Dunmore ed., *La Pérouse Journal*, I, pp.ccxix-ccxxviii。

X）奖励给狄龙一万法郎，这是国民大会在1791年承诺给提供有关拉佩鲁塞信息者的奖赏。

德·恩特雷斯塔克斯探险队的幸存者拖了很久才发表远航记录。最先着手的是拉比亚迪埃，他优先出版了自己的日记《寻找拉佩鲁塞之旅》（*Relation du voyage à la recherche de La Pérouse*），1799年问世，再版数次，后来还被译成英文和德文。毫无疑问，这一文献有助于拉比亚迪埃在1800年11月当选科学学会会员。由于这位植物学家同情共和党人，有人担心书中会带有政治倾向，事实证明这种忧虑是多余的。它叙述了很多故事细节，描绘了当地的风俗，提供了许多有关树木和花草的实用价值的建议；还收入大量蚀刻画，包括土著人、自然史标本和文物的画像，大部分是皮隆的手笔。拉比亚迪埃的植物学杰作《新荷兰植物标本》（*Novae Hollandiae Plantarum Specimen*）两卷本在1804年12月和1807年8月之间出版。

书中有265幅插图，存在不少错误，主要是植物的发现地点不准确，还有些标本同后来尼古拉斯·鲍丁探险所搜集的混淆了，用爱德华·杜克（Edward Duyker）的话说，这部作品犹如“璀璨的王冠，因一些宝石镶嵌错位置而略为逊色”[1]。然而，他或许是原创的作品在探险结束三十年后才问世。在探险出发之前，班克斯建议拉比亚迪埃特别关注新喀里多尼亚：“有关这些岛屿的观察非常肤浅。福斯特和库克相处得不好，几乎什么也没做，也没有其他博物学家拜访过那里。”[2] 1793年，拉比亚迪埃在新喀里多尼亚停留了两个多星期，在几次内陆旅行中搜集了大量的标本。经过长期的耽延，终于在1824—1825年出版了先驱性著作《澳大利亚－喀里多

---

① Duyker, *Citizen Labillardière*, p.232.

② Chambers ed., *The Indian and Pacific Correspondence*, Ⅲ, p.273.

尼亚植物集》(*Sertum Austro-Caledonicum*),其中包括对岛上 77 种植物的描述。显著的特点是,他在这部晚年成就的著作中,青睐安托万-洛朗·德·朱西厄的自然分类系统,而没有采用旧的林奈分类法。

德·恩特雷斯塔克斯直到去世前 12 天都在写日记,可惜手稿遗失了。他死后,探险队最后一位幸存的高级军官德·罗塞尔保存着日记,在英国流亡了几年。1802 年,《亚眠条约》带来了暂时的和平,他携带日记及其他文件回到法国。弗勒里厄在出版前读了这本日记,不满意地说,有太多的"删除、添加和移动",读起来非常"吃力"[1]。他要求德·罗塞尔做一份清晰的文本。我们无法确定德·罗塞尔的文本是否忠实于原稿。它的形式不像航海日志,而是连续的叙述,多处省略了细节,压缩了航行中单调乏味的内容。某种猜测是,德·恩特雷斯塔克斯或许在记录官方日志的同时,为了出版,又写了这本更具可读性的日记(库克在第二次和第三次远航中做了类似的事)。这仍然不能确定德·罗塞尔扮演了什么样的编辑角色。他是一个狂热的保皇党人,但该日记的中立语调表明,他没有试图使之倾向于自己的政治立场。1808 年,《德·恩特雷斯塔克斯寻找拉佩鲁塞的特殊远航记》(*Voyage de d'Entrecasteaux Envoyé à la Recherche de La Pérouse*)终于出版,距德·恩特雷斯塔克斯去世已过了 15 年。或许是因为这支探险队没有完成它的主要目标,所以这部远航记在法国和其他国家几乎未引起人们的兴趣。当德·恩特雷斯塔克斯的继承人要求分享这部书的利润时,只得到了粗鲁的回复:只卖出了 87 本。

这可真是一次命运多舛的远航啊!

---

① E. and M. Duyker, *D'Entrecasteaux Voyage*, pp.xxxix-xl.

第八章

“我们将集中力量考察自然史”

——亚历杭德罗·马拉斯皮纳的科学与政治远航

库克、布干维尔和拉佩鲁塞等人率领的远航闻名遐迩，相比之下西班牙人的伟大远航业绩逊色多了。1789 年 7 月，西班牙波旁王朝试图重振当年南海（Mar del Sur）远航的雄风，派出了一支新的探险队，从加的斯（Cádiz）出发，前往太平洋。它由亚历杭德罗·马拉斯皮纳指挥，装备精良。它在一个层面上体现了卡洛斯三世（Carlos Ⅲ）被欧洲启蒙运动激发出的哲学和科学兴趣；在另一层面上也是为了调研西班牙帝国在太平洋扩张的政治和经济状况。这不是传统意义上的探索远航，正如马拉斯皮纳所说，“连接地球各个遥远角落之间最安全和最便捷的航线都已经搞清楚了。任何进一步发现航线的尝试都将受到鄙视”[1]。这等同于是皇家科学（或植物学）学会进行的一次海洋科学考察，目的地是新西班牙。考察行动于 1787 年被批准，紧接着在墨西哥城建立了植物园和植物学研

① Andrew David, Felipe Fernández Armesto, Carlos Novi and Glyn Williams eds., *The Malaspina Expedition 1789-1794: Journal of the Voyage by Alejandro Malaspina*, 3 vols, London and Madrid, 2001-4, Ⅰ, p.lxxix.

究所。[①] 一系列短途陆地考察并不包括在官方最初的计划之内，而是马蒂恩·德·塞西·拉卡斯塔（Martín de Sessé y Lacasta）自己的想法，他是来自阿拉贡的医生兼植物学家。同样，建立海洋企业的建议也并非出自政府部门，而是由马拉斯皮纳和海军军官何塞·布斯塔曼特（José Bustamante）提出的。

马拉斯皮纳33岁，生于意大利，1774年加入西班牙海军，比布斯塔曼特晚了四年，后者虽不满30岁，却已是一名经验丰富的军官了。马拉斯皮纳是一位熟练的水文勘测师，曾和几名军官一起参与唐·维森特·托菲诺（Don Vicente Tofiño）的绘图项目，制作了完整的西班牙海岸图。他是一个博览群书、思想激进的人，政治和经济观点深受启蒙运动影响。在教育、修养和做派上，他与英国及其他新教国家对西班牙海军军官的刻板印象相去甚远。[②] 1786—1788年，马拉斯皮纳被临时派去皇家菲律宾公司参加环球远航，为后来的探险活动积累了经验。更直接的推动力是，1788年9月，他根据航行经历和观察，与布斯塔曼特一起向西班牙海军部长安东尼奥·巴尔德斯·巴桑（Antonio Valdés y Bazán）提交了一份建议——《环球科学和政治探索远航计划》。该计划在五个星期内便获得批准，不过目前不清楚是否经过卡洛斯三世御览，他当时身患重病，于1788年12月驾崩，儿子卡洛斯四世（Carlos Ⅳ）继位。

---

① 关于对新西班牙等其他重要陆地的皇家科学探险，分别由 Hipólito Ruiz 和 José Antonio Pavón（秘鲁和智利）以及 José Celestino Mutis（New Granada，新格拉纳达）率领，见 Iris H.W. Engstrand, *Spanish Scientists in the New World: The Eighteenth-Century Expeditions*, Seattle, 1981, chs. 2, 3。

② 关于马拉斯皮纳的生平和理念，详见 John Kendrick, *Alejandro Malaspina: Portrait of a Visionary*, Montreal and Kingston, 1999；关于马拉斯皮纳的哲学思想，见 John Black and Oscar Clemotte-Silvero trans. and eds., *Meditación sobre lo bello en la Naturaleza*, Lewiston, NY, 2007。

新国王虽不认同父亲的开明观点，但航行的准备工作没有中断。科学部分以库克和拉佩鲁塞的探险为模式，包括水文勘测和天文观测；自然史考察同新西班牙陆地考察并行不悖，博物学家们将为皇家植物园（Real Jardín Botánico，1755年在马德里成立）搜集标本。这些正是科学界努力的目标，因而，在1803年出版的《关于新西班牙王国的政治试验》（*Ensayo político sobre el reino de la Nueva España*）一书中，亚历山大·冯·洪堡宣称："相比其他任何政府，西班牙投入了更多的资金来推进植物学的发展。"启程之前，马拉斯皮纳写信给约瑟夫·班克斯，向他保证："我们航行的主要目的不再是发现海上航线……我们将集中力量考察自然史，也可能会搜集土著居民的语言。"[①]

然而，这次远航也有不便公开宣传的目的——加强和巩固西班牙的国家利益。探险队的优先任务之一是制作西班牙海外财产的详细分布图，调查它们的商业和防御能力，并提出改进措施。此外，它还将报告（据传说）俄国在加利福尼亚建立的定居点，以及英国在植物学湾新建殖民地的情况——"无论是从商业角度还是在发生战争的情况下，这些地方都是（同西班牙）利益相关的"[②]。据马拉斯皮纳和布斯塔曼特预计，远航将花三年半的时间。他们的船舰先绕合恩角进入太平洋，沿南美海岸从智利航行到墨西哥，穿越北太平洋到夏威夷群岛，再返回美国大陆，沿加利福尼亚北部海岸航行，然后访问中国广州。第二阶段前往西班牙领地关岛和菲律宾，再向南行驶，访问新荷兰、新西兰、社会群岛和汤加，最后经好望角返回西班牙。这项计划雄心勃勃，其政治目标包括最终的报告、

① Chambers ed., *The Indian and Pacific Correspondence*, Ⅳ, 2010, p.15 n.6.
② 《计划》的全文见 David et al., eds., *Malaspina Journal*, Ⅰ, pp.312-315。

建议和改革，都不同于英法前辈的远航。

库克和拉佩鲁塞的太平洋远航雇用廉价劳动力，船舰都是由军需船改造的，而西班牙的这次远航计划没有节省经费，专门建造了两艘帆船，或称小护卫舰，命名为发现号（*Descubierta*）和勇敢号（*Atrevida*），还配备了最新的航海和水文仪器。两艘船配员完全相同，每艘 102 名。军官们经过精心挑选，大多数都曾与马拉斯皮纳或布斯塔曼特一起航海。[①] 科学家中有一位军官学者堂·安东尼奥·德·皮内达（Don Antonio de Pineda），被任命为探险队自然史部的主管。马拉斯皮纳描述他“不仅具备科学所需要的所有天赋和才能，而且性格极好。他真正地热爱探究新事物，并十分爱惜自身的名誉——这或许是他做事情的唯一动机”[②]。皮内达有一位非常勤奋却常被人们忽视的助手，他就是植物学家路易斯·尼埃（Luis Neé）。他在法国出生，后成为西班牙公民，当时已 50 多岁，大概是探险队里最年长的成员。皮内达评价尼埃是“一个不知疲倦的人，他多年在西班牙的边远地带和山区采集植物，积累了丰富的经验，是这次考察的合适人选”[③]。另外有一位很晚才被任命的成员——捷克植物学家塔德奥·汉克，尽管不到 30 岁，已是一位杰出学者。他跟探险队其他成员不熟识。除了植物学的专业能力外，他还对地质学、矿物学、人类学和语言学感兴趣。汉克长途跋涉，穿越欧洲来参加这次远航，当他赶到加的斯时，发现号和勇敢号已

---

① 这次航行的官员和临时雇员的简介见 José Ignacio González-Aller Hiero, *Malaspina Journal*, Ⅲ, pp.333-358。

② Domingo A. Madulid, ‘The Life and Work of Antonio Pineda, Naturalist of the Malaspina Expedition’, *Archives of Natural History*, 11, 1982, p.45.

③ Domingo A. Madulid, ‘The Life and Work of Louis Née, Botanist of the Malaspina Expedition’, *Archives of Natural History*, 16, 1989, p.37. 注意：尼埃名字的拼写重音在第二个 e（Neé）。

在两小时前出发了。于是他搭乘商船，驶往探险队计划访问的第一个港口蒙得维的亚。可是那艘商船不幸在港口触礁撞毁了。接下来的情节不很清晰，有一种说法是，他游到安全地带，身上只有一本林奈的书。但是在给故乡友人的信中，汉克自述被一条救生船救起，没有衣服、文件和书，“所有东西都丢了”[①]。上岸后，他发现船队已在八天前驶往合恩角和太平洋了。汉克仍不气馁，毅然决定穿越南美大陆的大草原和安第斯山脉，花了八个月，终于在1790年4月追上了大部队。马拉斯皮纳报道，一路上，这个了不起的年轻人还搜集了近1400种未知的或未被准确描述过的植物物种。[②]

汉克加入探险队时，植物学家皮内达和尼埃已有了很多收获。在拉普拉塔河（Río de la Plata）的圣加布里埃尔岛（Isla San Gabriel）上，他们采集了各种各样的灌木和花朵，这些植物似乎展现了那个国家的全部自然史，而不仅是一个小岛。在西福克兰岛（West Falkland）的埃格蒙特港（Port Egmont），他们取得了“显著的成果”，皮内达采集到了一只企鹅的骨架。[③] 探险队里有几名非专业人士也十分热衷于搜集标本，甚至还有人尝试学习动物标本剥制术，当然并不总能成功。[④] 当地有些收藏家将标本赠送给船上的博物学家。在瓜亚基尔（Guayaquil），一位市长送来了大量的干燥药用植物和填充的鸟类标本。至于汉克，他竟将一条活鳄鱼带回船

---

① María Victoria Ibáñez Montoya, *La expedición Malaspina 1789-1794*, Ⅳ, *Trabajos científicos y correspondencia de Tadeo Haenke*, Madrid, 1994, p.124.

② *Malaspina Journal*, Ⅰ, p.176. 有关这次探险的植物学成就总况，详见皇家植物园的展示目录，收入 Pabellón Villanueva ed., *La Botánica en la expedición Malaspina*, Madrid, 1989。

③ *Malaspina Journal*, Ⅰ, pp.52, 101, 108.

④ 关于填充和保存动物标本的问题，见 Richard Coniff, *The Species Seekers*, New York, 2011, pp.60-66。

上。[1] 尽管采取了各种防护措施，标本的损失率还是很高的。在巴拿马停泊时，马拉斯皮纳记载了一件令人悲哀的事："皮内达利用机会，再次检查从瓜亚基尔搜集的珍贵鸟类和动物珍藏，试图让标本接触一些新鲜空气……他设法在甲板上找到了一处空间，把标本箱搬了过去。可是当我们打开箱子，吃惊地发现全部收藏品都已腐烂，毫无价值了，虽然事先采取了某些预防措施。"[2]

皮内达特别留意有实用性和药用价值的植物和树木。他向马德里的海军部长巴尔德斯报告说，在瓜亚基尔内陆旅行时，他和尼埃发现了一些有价值的药用植物。而且，森林里有一种分泌胶汁的树："它显示的特性跟从葡萄牙带到马德里销售的弹性胶相同，以前不知道在我们的殖民地也生长这种树。土著人将胶液放在火上烤化，然后涂在亚麻布上，便获得了柔软的优质油布，可用于制作防雨帽、靴子和帽罩。"[3] 在回到西班牙后提交的报告中，尼埃列出瓜亚基尔地区至少有 55 种树木的木材和纤维可用于造船。[4] 对于植物学家来说，"这里总体上是一块乐土，将有显著的科学收获"[5]。在雷亚莱霍（Realejo），皮内达再次向巴尔德斯报告了很多有用的树木和植物，他说，这些发现"可以刺激港口一带某些萧条和贫困地区的经济发展"[6]。对于搜集和记录来说，艺术家是必不可少的，他们在探险的各个阶段都提供了服务。何塞·古依奥（José Guío）

① *Malaspina Journal*, I, p.256.

② Ibid., p.293.

③ Engstrand, *Spanish Scientists in the New World*, p.50.

④ Eduardo Estrella, 'La Expedición Malaspina en Guayaquil: estudios de historia natural', in Mercedes Palau Baquero and Antonio Oroxco Acuaviva eds., *Malaspina '92*, Cádiz, 1994, p.71.

⑤ Ibid., p.70.

⑥ Engstrand, *Spanish Scientists in the New World*, p.54.

和何塞·德·波索（José de Pozo）是最早加入的两位。后来又有四位新成员——何塞·卡德罗（José Cardero）、托马斯·德·苏利亚（Tomás de Suria）、费尔南多·布拉姆比拉（Fernando Brambila）和胡安·拉文内（Juan Ravenet）。尼埃提到古依奥时，说他“十分称职，很有耐心，懂得植物学原理，能够正确识别植物的各个部位，包括繁殖的方式。他的画很简洁，仅展示了系统分类要素。依据附加的条理性文字描述，便足以清楚了解这种植物了”[①]。从这一评价可以看出画家的重要性。除植物标本以外，古依奥不愿意画其他主题，后因健康原因退出了探险队。波索是名动物画艺术家，早期航行中的鸟类和其他动物图出自他的手笔。后来马拉斯皮纳发现他懒惰而固执，在秘鲁就打发他返乡了。卡德罗在航行初始时只是一名船舱工，却颇具绘画才能，因而成为“科学组”成员。当探险队到达新西班牙时，他绘制的鸟、鱼和陆地动物图为自然史记录做出了重要贡献，同时，他还绘制了一些杰出的风景图（图 23、24）。苏利亚是墨西哥圣卡洛斯学院毕业的年轻艺术家，在阿卡普尔科加入探险队。除绘画技艺娴熟外，他还保留了一本日记，生动地记录了参与的航行，为马拉斯皮纳和军官们朴实的日志增添了一些色彩。刚登上勇敢号时，苏利亚心情很好，因为他分到了一间小舱室，虽然是和另一名船员共享。但很快他就发现，所期望的艺术和文学工作空间太小了，或者说几乎没有：“躺在床上时，我的脚顶在船的一侧，头紧贴床头板……胸脯距离甲板不到 8 厘米。噢，甲板就是我的屋顶，在床上简直无法移动。我被迫用一卷布把头盖住，虽然令我窒息，但总比遭受成群的蟑螂攻击好点儿。”[②] 布拉姆比拉和拉

① *Malaspina Journal*, I, pp.256, 258n.

② Engstrand, *Spanish Scientists in the New World*, pp.63-64.

文内在太平洋阶段加入了探险队，他们的主要贡献是画人物和风景图片。此外，皮内达、尼埃和汉克也作了一些画，作为搜集活动的补充。维多利亚·伊巴涅茨（Victoria Ibáñez）研究了汉克的大量手稿，其中“最出色和神奇的部分”是这位植物学家保存的一个笔记本其中的12页，“为希望绘制植物标本的艺术家提供帮助，列出了2500多种水彩‘色调’的代码，并讲解了如何混合不同颜色来构成颜色组”①。这些颜色代码可帮助汉克准确再现植物和其他标本在鲜活时的真实面貌。后来，费迪南·鲍尔（Ferdinand Bauer）参加马修·弗林德斯的远航时也使用了这个颜色系统。不管这几位艺术家有什么局限性，他们用最精确的视觉术语记录了马拉斯皮纳探索远航的成果，就这一点来说，胜过了18世纪的其他探索远航。②

1790年8月在卡亚俄，探险队准备将首批主要考察收获运往西班牙。秘鲁总督安排了装运，包括海图、日志、天文观测和植物学及其他绘图，接下来是19箱植物、动物、矿物和其他文物。后来，他们又分别从阿卡普尔科和马尼拉将日志和大量标本运往西班牙。这种中途出货的做法是马拉斯皮纳探险同英法太平洋远航的一个重要区别。由于发现号和勇敢号大部分时间在西班牙控制的海域航行，他们有大约一半的时间在海港度过，另外有10%的时间停泊在开阔的海岸，在海上航行的时间约占40%。相比之下，库克第二次远航有70%的时间在海上，福斯特的沮丧情绪与此有关。此外，马拉斯皮纳鼓励博物学家去内陆旅行，这类活动可持续几个星

① Victoria Ibáñez, *Botanical and Zoological Investigations on Exploration Voyages to Alaska in the Second Half of the 18th Century*, p.12. 我十分感谢 Robin Inglis 审阅这篇文章的打印稿。汉克的颜色代码被收入了 Ibáñez, *Trabajos científicos de Haenke*, pp.98-101。

② Carmen Sotos Serrano, *Los Pintores de la expedición de Alejandro Malaspina*, 2 vols, Madrid, 1982. 此段中的大部分信息由热心的罗宾·英格利斯（Robin Inglis）提供。

期甚至更长，而且通常会派武装人员随行。正如我们所知道的，在这一时期的其他探索远航中，博物学家和军官的紧张关系是突出的问题，而在马拉斯皮纳探险队里，人们基本上可以和睦相处。不过，在陆地长时间停留也存在某些弊端，马拉斯皮纳记录了船员们在港口出现的一系列问题——违反纪律、擅自脱队和感染性病等。

1791 年 3 月，发现号抵达阿卡普尔科，靠近太平洋海岸西班牙定居点的北部（勇敢号已先行到达）。马拉斯皮纳列出的一份名单显示，出航 20 个月以来，总共减员 143 名，原因多样，大部分是脱队。与出发时每艘船配员 102 人相比，这个减员比例是相当高的。在阿卡普尔科期间，他们又安排了将一批货物运往西班牙，包括 132 件植物和动物绘画，四箱植物、动物和矿物标本。与此同时，植物学家忙着上岸搜集新品种。皮内达不吝言辞地表扬尼埃付出的努力，甚至称赞他"发现了许多未知植物，等同于自希波克拉底以来所有植物学家描述的数量"。勇敢号在圣布拉斯（San Blas）停留期间，科学家们搜集的标本体现出了对植物实用性的重视，进一步表明他们从当地居民那里获得了帮助。[①] 皮内达获得了一份当地树木名录，并附有各种医疗用途的说明。艾里斯·恩格斯兰（Iris Engstrand）描述了其中十几种，讲解了树皮、荚果和水果对各种病症的治疗效用，包括虫咬、坏血病、黄疸和狂犬病等。[②]

在抵达阿卡普尔科之前，探险队一直遵循可预测的航向行进，尽管比最初的时间表延迟了一些，而且马拉斯皮纳已决定放弃环球航行的计划，从合恩角直接返回西班牙。航程进行了一半，已完成大量工作。据皮内达估计，总共搜集了 7000 株植物、500 种动物

① Engstrand, *Spanish Scientists in the New World*, p.52.

② Ibid., pp.53 and n.

和 400 种化石。[1] 他认为，“如果计算一下其中基本未知的和林奈描述不准确的植物数目”，将给世界已知植物名录增加三分之一。马拉斯皮纳从阿卡普尔科骑马前往新西班牙的首都墨西哥城，会见了总督雷维拉·吉格多（Revilla Gigedo）。经过近两年的航行，马拉斯皮纳显然对很少收到国内的信息和新指令感到不快。巴尔德斯的来信批准了他的活动，但没有指示“下一步的工作目标”；总督对护卫舰“未来的最佳行动方案也未提出任何建议”[2]。鉴于没有相反的官方命令，船只准备横渡北太平洋去夏威夷群岛进行为期三个月的访问。就在此时，科学队伍的成员开始分头行动：尼埃和吉奥（Guio）随同安东尼奥·皮内达离开了勇敢号，前往墨西哥城，途经新西班牙的大部领土，进行考察和搜集活动，并提交报告。受到交通条件的限制，搜集活动的规模不大。在陆地探险期间，皮内达被提升为步兵上校。

在墨西哥城时，马拉斯皮纳收到了布斯塔曼特从海岸发来的消息——国内下达了令人意外的新指令，简短却明确。[3] 它命令探险队向北航行到阿拉斯加，在那里搜寻一条可连通大西洋的海峡——据说是洛伦佐·费雷尔·马尔多纳多（Lorenzo Ferrer Maldonado）在 1588 年发现的。几个世纪以来，真假难辨的传闻一直诱惑着航海家们去搜寻一条所谓的西北通道，而费雷尔·马尔多纳多讲述的故事是最为奇特的。他声称，他驾船从里斯本穿过戴维斯海峡和北极圈北面，向西航行了 2000 英里，到达北纬 60° 的位置，又从那

---

① Engstrand, *Spanish Scientists in the New World*, pp.101-102.

② *Malaspina Journal*, Ⅱ, p.53.

③ 在 1790 年 12 月 22 日安东尼奥·巴尔德斯（Antonio Valdés）的新指示中，实质性部分只有 7 行字，参见 ibid., p.417。在同一卷 427—484 页《费雷尔·马尔多纳多的幻想》（The Ferrer Maldonado Fantasy）中包括了费雷尔·马尔多纳多所著《关系》（*Relación*）的现代翻译文本和有关文献。

里穿过传说中的安妮亚海峡（Strait of Anian），到达北美洲的太平洋海岸，发现了一个能容纳五百艘船的大港。他停泊在那里时，遇见一艘大船驶向波罗的海，船上满载珍珠、黄金、丝绸和瓷器。这个故事显然十分荒唐，公众对它不感兴趣是完全可以理解的。然而，为什么在两百年后，西班牙档案馆重新翻出这一记录，试图当真对待呢？这很难解释。法国皇家地理学家拉诺维尔在回忆录中支持马尔多纳多的说法，但因为拉佩鲁塞几年前去阿拉斯加海岸探察利图亚湾时寻找西北通道的结果令人失望，所以他的可信度降低了。

马拉斯皮纳别无选择，只好返回阿卡普尔科，准备北航，放弃去夏威夷的计划。在给马德里的正式回复中，他提到马尔多纳多的说法有些“令人费解”，在私人信件中，他干脆称之为“虚构”和“不实”。勇敢号上的布斯塔曼特指责拉诺维尔的回忆录意在“迷惑欧洲”[①]。由于皮内达和尼埃去了新西班牙内陆，船上的全职博物学家只剩下汉克一人，艺术家苏利亚和卡德罗的主要亦最重要的贡献是记录阿拉斯加的风土人情（图 24），而不是自然史。因而，这一“科学和政治远航”最终可能变成一次常规的发现航线之旅，正是马拉斯皮纳早先所说“将会受到鄙视的”。

1791 年 5 月，马拉斯皮纳和布斯塔曼特从阿卡普尔科向北航行，他们是被动服从命令的，而当海员们听说目的地是阿拉斯加而不是夏威夷时，立即有十来个人企图离队。根据到过西北海岸的西班牙航海家建议，马拉斯皮纳在大洋里绕了一个很大的弯，然后从北纬 56° 驶向阿拉斯加海岸。日记描述了沿途被积雪覆盖、令人惊叹的山峦。由于气候严寒，苏利亚无法在甲板上作画，被迫撤到底舱里。6 月 27 日，在北纬 59°15′，发现号和勇敢号驶近海岸，看见

---

① *Malaspina Journal*, Ⅱ, pp.431, 465.

了一个巨大的海口，人们兴奋不已。马拉斯皮纳不得不承认这个入口（Yakuta Bay，雅库塔湾）跟马尔多纳多描述的很像，并补充说，“想象力提供了一千个理由来支撑人们的希望”①。1787年，英国皮毛商人乔治·迪克森（George Dixon）访问了这个海湾，将之命名为马尔格雷夫港（Port Mulgrave），但他主要关心贸易，没有进入海湾深处。黄昏时分，小帆船在海滩和特林吉特村落附近下锚。探险队在这里设立了一个便携式天文台，苏利亚和卡德罗进行素描工作。汉克则开始搜集民族志文物和植物标本，他后来告诉一位朋友，在当地居民中走动时他有点害怕，同时也因能有机会直接观察人类的原始状态而感到兴奋。②他们同亚库塔特湾（Yakutat Bay）的特林吉特人的关系一直比较紧张，发生了两次严重冲突。无论是在岸上还是在船上，船员们都随身携带着武器。

7月2日，随着船只修理和储备饮水任务完毕，马拉斯皮纳准备探索入口的内部河段，以寻找安妮亚海峡。他带了两艘小船和15天的食物，没有同意让汉克参加，仅向他保证会亲自搜集“一切有关自然史的东西”，并在返回后全部交给他。③这一许诺并不足以安慰失望的汉克。不出几个小时，重大发现的希望就破灭了。船员们先是听到雷霆般的巨响，那是浅水滩和冰川中巨大冰块崩解发出的声音，接着便看到了入口的末端，低岸上横着一道冰川（Hubbard Glacier，哈伯德冰川），后面矗立着海岸山脉的悬崖峭壁。沮丧的马拉斯皮纳将之命名为德森加诺港（Puerto de Desengaño）。就在他离开船只这段时间，船员们在锚地上与特林吉

① *Malaspina Journal*, Ⅱ, p.104.

② Ibáñez, *Trabajos científicos de Haenke*, p.137.

③ *Malaspina Journal*, Ⅱ, p.123. 马拉斯皮纳以汉克命名了哈伯德冰川附近的一个小岛，以示对他的诚意。

特人发生了尴尬对峙。经过一番争斗，马拉斯皮纳才掌控了船，逃离是非之地。虽然探险队搜集了丰富的民族学和自然史资料，而且苏利亚和卡德罗制作了一些优秀的素描和绘画作品①，但令人失望的是，他们没有发现可通行的海峡。事后马拉斯皮纳在日记中反思，“在被我们视为科学和启蒙的时代”，人们居然对马尔多纳多和其他航海家虚构的故事这么当真。② 21 世纪的读者或许会感到惊讶吧。

1791 年 8 月，船队从阿拉斯加向南驶向努特卡湾，这是前一年爆发危机的地点，几乎导致西班牙和英国开战。汉克像往常一样活跃，在努特卡的西班牙新聚居地周围“仔细地考察植物、陆地动物、鱼类、鸟类、土壤和海滩”③。后来，他在这里的发现一度被归功于尼埃，这种混淆在远距离探索远航中始终存在。接下来的一个月在蒙特雷，汉克更加紧张地工作，因为春天已经结束，有些树的果实差不多消失了。卡梅罗河（Río Carmelo）河岸枝繁叶茂，接近海岸的地带混杂生长着种类繁多的植物（它们的种子无疑是通过冬天的雨水传播的），遍布方圆一百多里格，不是短途远足所能企及的。④ 在蒙特雷，汉克发现了巨型加利福尼亚红杉，并安排将它的标本连同当地橡树的标本运到了西班牙。他总共描述了 15 种“可用于造船和建筑房屋”的树木。⑤ 返回阿卡普尔科时，马拉斯皮纳

---

① María Dolores Higueras, *NW Coast of America: Iconographical Album of the Malaspina Expedition*, Madrid, 1991.

② *Malaspina Journal*, Ⅱ, p.477.

③ Ibid., p.176n.

④ Ibid., p.209.

⑤ Ibid., Ⅰ, p.lxvii. 关于有用木材的报告，见 Donald C. Cutte, *Malaspina and Galiano: Spanish Voyage to the Northwest Coast 1791 and 1792*, Vancouver, 1992, pp.75-76 ‘Maderas de construcción, de fabricas y muebles’。

收到了来自墨西哥城的消息，皮内达和尼埃已跋涉了1200英里，并留下了13箱标本，准备运往马德里的皇家自然科学院或自然历史博物馆。墨西哥的西班牙皇家法院（Royal Audiencia of Mexico）给他们提供了一切帮助。法官唐·奇里亚科·冈萨雷斯·卡拉哈尔（Don Ciriaco González Carajal）的“房子仿佛一座学苑，他的宏伟自然史收藏在任何时候都对皮内达开放”[①]。从阿卡普尔科也运出了一些货，包括汉克的一箱标本。这位植物学家去内陆旅行时，很高兴地发现，新西班牙的一些矿工来自他的故乡波希米亚，不由产生了浓郁的思乡之情。他哀叹，自从离开故乡两年半以来，没有收到家人的任何消息。[②]

1791年底，当马拉斯皮纳准备再次从阿卡普尔科起航时，主要的探险任务已经完成了。他们制作了西班牙所属美洲海岸线的详细地图，核实了主要港口的确切位置，进行了多项科学实验，搜集了大量的自然史标本，并观察和描绘了从巴塔哥尼亚到阿拉斯加的土著居民。不太对外公开的业绩是，马拉斯皮纳还调查了西班牙殖民地的政治、经济和防御状况，提出了改进建议。但就距离和时间而言，这次远航只完成了一半。从太平洋到菲律宾的航程漫长，要经过关岛，然后才能向南行驶。皮内达的关岛陆地之旅日记——从乌马塔克（Umatac）到阿加特（Agat），揭示了他对矿物学的兴趣。他罗列了一些树木，但后来放弃了，因为遇到了“一些不熟悉的属，我将向在岛上考察的植物学家［尼埃和汉克］请教”。他更感兴趣的是一种岩石现象：从裂缝里冒出的气体和尘灰形成了晶体。他赶在大雨到来之前做了一些实验，加热了释放物，发现“它变成

① *Malaspina Journal*, Ⅱ, p.245.

② Ibáñez, *Trabajos científicos de Haenke*, p.138.

雪白色，尖端发出磷光”，并将它与硼砂混合在一起，“形成了白瓷”[①]。尼埃继续从事比较传统的工作，采集岛上的植物标本，他后来在《马里亚纳群岛植物学观察》（*Observaciones Botanicas—Islas Marianas*）一书中描述了其中60种。

1792年，布斯塔曼特乘勇敢号访问了澳门。马拉斯皮纳在菲律宾度过了将近九个月，主要进行海岸勘测，他的博物学家们则艰难跋涉去内陆考察。远足有时是很危险的。当船到达马尼拉时，还没等到下锚，跃跃欲试的汉克就迫不及待地上岸了。从首都到吕宋岛北部的旅程花了三个多月，在此期间，他随时面临来自未被同化的部落和海盗的威胁。正如他在日记中警示的，“任何脱掉衣服、放下自卫武器而进入梦乡的旅行者，几乎肯定会在黎明前被割断喉咙”。在如此艰险的情况下，他搜集了约两千种植物标本。他写道，“对最勤奋和最实干的植物学家来说，这都堪称一生完成的工作”[②]。在吕宋岛南端附近的索索贡港（Sorsogon），尼埃离开发现号前往首都马尼拉进行为期三个月的陆路旅行，收获甚丰，在旅途接近尾声时，雇了五个脚夫帮助携运搜集品和行李。尼埃的指导思想是“我的考察活动不仅限于搜集植物。我还培育和种植可可、桑葚、靛蓝、胡椒、糖和棉花……而且，尽可能增进动物学和贝类学方面的知识”。可能出于同等的学术和商业原因，发现号上的人迷恋贝壳收藏。在萨马岛（Samar）的帕拉帕格（Palapag），军官们购买了当地居民所能提供的全部贝壳之后，又亲自扫荡了整个海滩，“三天之内，附近海岸上没有一块石头未被翻开查看，也没有

① Marjorie G. Driver ed., *The Guam Diary of Naturalist Antonio de Pineda y Ramirez February 1792*, Mangilao, Guam, 1990, pp.4, 8.

② *Malaspina Journal*, Ⅱ, pp.399, 402. 关于汉克在吕宋岛的旅程概要，见 Ibáñez, *Trabajos científicos de Haenke*, pp.139-140。

任何一种贝壳逃过我们的眼睛”。

皮内达也于1792年4月下旬从马尼拉出发，由拉文内和当地的一位博物学家陪同，前往东部和北部进行搜集工作。他们经历了“无法忍受的酷热”，“被拖进一种昏睡状态，仅被恼人的皮疹和虫咬而惊醒”。皮内达做了一个不明智的决定，去攀登圣伊内斯山（Santa Inés Mountains）。“他穿过厚密的草丛，独自爬上山顶。露宿一夜，只有一条毯子。最要命的是，他只带了一点儿难以下咽的冷食。这些艰难困苦对他的健康造成的损害是无法挽回的。”尽管身体虚弱，皮内达仍坚持继续旅行。他的笔记“是在神志不清的情况下涂写的，错误、重复和自相矛盾比比皆是，开始显示出病入膏肓的征兆。他的记忆力下降，混淆了不同的种属；他躺在褥草里或便携床上（由印第安人抬着），精力耗尽，但意志尚存”。皮内达发着高烧，却拒绝休息，“不停地记述这个国家的见闻，计划自己的行程”。6月20日，他到达了小镇巴多克（Badoc），昏迷三天后去世了（图25）。失去这位朋友兼同事，对马拉斯皮纳是一次毁灭性的打击，也是这次探险的巨大损失。在悼念皮内达时，马拉斯皮纳提到这位博物学家的广博兴趣：“他的想法既雄心勃勃又切实可行。他的考察范围几乎覆盖西班牙王国在美洲大陆的全部领土，包括对其矿产开发的关注，对当地语言的研究，以及对殖民地的管理状况、社会风俗和民情的分析。这些宝贵的思想财富虽在他的笔记中有所阐述，但基本上同他一起消亡了。”事实上的损失更大，可能是由于内容的敏感，一些笔记似乎是用密码书写的。[1] 皮内达把整理笔记的工作留给了他的弟弟阿卡迪奥·皮内达（Arcadio Pineda），但面对这项艰巨任务，似乎没有什么进展。为了向皮内达表达最后

① 此段中的引言见 *Malaspina Journal*, Ⅱ, pp.403-413。

的敬意，探险队的军官们联合出资在马尼拉为他立了一座纪念碑。

访问吕宋南部的棉兰老岛之后，勇敢号和发现号沿着半圆形的航道进入太平洋。1793 年 2 月底，他们抵达新西兰南岛的西南海岸，进入库克命名的“神奇峡湾”（Doubtful Sound），绘制了海图，被沿用多年。由于天气恶劣，他们无法在神奇峡湾或达斯奇峡湾登陆，马拉斯皮纳决定航行到新南威尔士和在杰克逊港的英国罪犯定居地。早在离开西班牙之前，马拉斯皮纳就曾经提议访问新南威尔士，因为它具有潜在的政治和商业意义。在杰克逊港停留一个月反映了他的这种想法。西班牙军官们和英国的主人进行了友好的交往，这毫无疑问体现了远离家乡的欧洲人之间的真诚友谊，但马拉斯皮纳的日记也揭示出，这些仪式使他得以“谨慎地为我们国家的利益遮上一块面纱”[①]。事实上，马拉斯皮纳在那里从事了隐秘的间谍活动。英国的这块殖民地建立初始前景很不乐观，但在短短五年间就取得了显著的进步。在回忆录《对太平洋英国殖民地的政治考察》（*A Political Examination of the English Colonies in the Pacific*）中，马拉斯皮纳阐述了这一新殖民地给西班牙在太平洋的利益带来的威胁，甚至可能成为战时入侵智利或秘鲁的基地。为了消除隐患，他建议西班牙属下的美洲和英国殖民地之间建立商业关系，将潜在的敌人转化为互惠的贸易伙伴。[②] 尽管西班牙政府不可能采取这一政策，但此建议反映了马拉斯皮纳对政治和经济事务的思考已不落窠臼。

对于汉克和尼埃来说，这个地区是令人兴奋的新世界。在海上漂流了四个月之后，汉克被杰克逊港的景象迷住了。他写信给班克

① *Malaspina Journal*, Ⅲ, p.75.

② Robert J. King ed., *The Secret History of the Convict Colony: Alexandro Malaspina's Report on the British Settlement of New South Wales*, Sydney, 1990.

斯说："当我们驶入港湾，渐渐地接近尽头，一片新奇而陌生的陆地出现在眼前，它覆盖着茂密的树林和灌木。不言而喻，我激动无比，也燃起了丰富斩获的希望。"着陆后，植物学家在探险队的天文观测台附近发现了一块适宜暂存植物的地方。汉克写道，这"令我们喜出望外"。他们进行了几次远离定居点的旅行，深入到土地肥沃的帕拉马塔（Parramatta）地区和植物学湾南部的内陆。最后的一次旅行可能促使汉克给班克斯写了一封信（虽然在利马也曾写信给他），正是在这个地方，班克斯和索兰德"搜集了大量植物，从而使这门技艺得以被称作可尊敬的植物学"[①]。值得记载的是，除植物之外，汉克还搜集了许多动物标本，包括 3 只袋鼠胎儿、1 只袋鼠、4 只负鼠、1 只黑天鹅、23 只鹦鹉和 1 条鲨鱼。[②]

离开杰克逊港后，马拉斯皮纳直接驶往汤加群岛最北端的瓦瓦乌（Vava'u）群岛。库克没有到过这里。马拉斯皮纳在瓦瓦乌停留了十天，其政治目的比在杰克逊港更清晰了——占领此岛。这是西班牙航海家弗朗西斯科·穆雷尔（Francisco Mourelle）1781 年造访的后续，是此次远航中实施的第二项占领行动。同亚库塔特湾一样，瓦瓦乌很少有欧洲人登陆，因而探险队的观测、绘画和词汇搜集具有特殊的价值。汉克继续采集植物，但更关注鸟类和鱼类，发现了"大量在已出版的自然史著作中未完整记录的物种"[③]。在瓦瓦乌的短暂停留同库克远航有最多的相似之处。布斯塔曼特的有关记载仿佛是引自霍克斯沃斯或布干维尔日志中的狂喜片段："美丽的风景无与伦比……在这片令人欣悦的土地上，最乏

① Victoria Ibáñez and Robert J. King eds, 'A Letter from Thaddäus Haenke to Sir Joseph Banks', *Archives of Natural History*, 23, 1996, p.258.

② 全部标本清单参见 ibid., p.257。

③ *Malaspina Journal*, Ⅲ, p.131.

味的想象力也无法抗拒大自然所激发的甜蜜和安宁的感受。目睹这里的人丰盛、快乐和恬静的生活……我们不由产生对幸福的哲学思考。”[1]

然而并非一切都是和谐的，出现了小偷小摸事件，和岛上的首领也产生了误解。对于继续航行来说，更严重的问题是船员不守纪律。此时船员大体包括两类人：自始参加航行的老海员，如今已疲惫至极；在菲律宾和其他地方补充的年轻海员，普遍缺乏经验。从瓦瓦乌到南美大陆的两个星期航行中，马拉斯皮纳在日记里发泄了愤怒的情绪。他写道，许多人讨厌戒律，即使是很温和的规则。[2]他试图与船员们建立的信任“像烟雾一样消散了”。更令人忧虑的是，他和军官们的关系也破裂了，因为他们要求“更多的休息时间，却承担更少的义务”。他说，在这种情况下，“纪律被当作暴政，谨慎被视为胆小，正常的和平共处愿望成为懦弱的标志”。他甚至暗示出现哗变的可能性。人员关系破裂也是马拉斯皮纳自身状况衰退的征兆，首先当然是身体上的，也有可能是精神上和情感上的。他不仅独自担任了近四年的远航统帅，而且之前为皇家菲律宾公司服务，在此次出航前只休息了几个月。不过，马拉斯皮纳的批评并不适用于尼埃和汉克。相反，当船只抵达卡亚俄港时，他称赞他们“不知疲倦，很聪明，很有用”。在船队绕过合恩角进入大西洋的长途航程中，由于很少有机会考察植物，马拉斯皮纳没有要求尼埃和汉克随船旅行，而是准许他们离开探险队，深入南美洲大陆，考察那些“科学界尤其是植物学界未知的地区”[3]。汉克和尼埃

① *Malaspina Journal*, Ⅲ, p.140.
② Ibid., pp.156-158.
③ Ibid., p.168.

先后在卡亚俄和康塞普西翁离船，根据命令，到蒙得维的亚同探险队会合。

在卡亚俄，马拉斯皮纳为了躲避争吵不休的军官们，带着乐器和书籍离开发现号，到附近的马格达莱纳（La Magdalena）去静养。他写道，在那里“我可以脱下指挥官的可憎伪装，安静地让衰弱的身体得到恢复”①。自1791年10月以来，他已有两年多没有收到来自马德里的正式信函或指示了。他很可能觉得自己被最亲密的同僚背叛，并被上司抛弃了。更令他担忧的是，在卡亚俄考察期间，西班牙与大革命时期的法国之间爆发了战争，这种政治局势可能给仅配备了轻型武器的护卫舰带来严重威胁。因而马拉斯皮纳做出决定：为了降低风险，发现号和勇敢号走不同航线去蒙得维的亚，万一遭遇敌舰，可避免所有考察成果毁于一旦，同时可以扩大勘测的地域范围。皮内达的日记和论文存放在勇敢号上，他的兄弟阿卡迪奥·皮内达和外科医生佩德罗·冈萨雷斯（Pedro González）继续整理标本和进行分类。从马拉斯皮纳指示的措辞来看，迄今为止这方面的进展似乎不大，他命令皮内达和冈萨雷斯“将所有资料分为两大类，一类是纯科学的材料，确定哪些归入详细备忘录，哪些归入自然史；另一类是令人愉悦的、娱乐性的，又具有教育意义的材料，包括对大自然巨大多样性的哲学思考”②。

船员们患病和脱队的情况非常严重，后者最为棘手。马拉斯皮纳和布斯塔曼特不得不补充人员才能继续航行，这些新增海员来自先行驻扎在卡亚俄的海军舰艇。通常每艘船上约有一百名军官和士兵。记录显示，航行期间先后在发现号上服役的有215人，在勇

① *Malaspina Journal*, Ⅲ, p.163.

② Ibid., p.175.

敢号上服役的有 240 人。[①] 在 250 名减员中，因探险导致的死亡或“损失”较少，只记载了 20 个姓名，尽管留在港口医院的船员有些可能亡故了未统计进去。可以肯定的是，马拉斯皮纳和军官们持续面临着强化训练和纪律的问题，日记反映出他对处境日益感到气恼。

由于船员们的身体日渐虚弱，还伴随着敌船骚扰的威胁，马拉斯皮纳放弃了在南美洲海岸某些更加雄心勃勃的勘测计划。他在西福克兰岛进行了勘测和科学研究（图 26），布斯塔曼特在东福克兰岛（East Falkland）也做了同样的工作，之后船队在蒙得维的亚会合。尼埃此时回到了探险队。马拉斯皮纳见到他颇感欣慰，“他几乎每天都暴露在危险的环境之中。我现在觉得，他很快就能脱离由于盲目热爱植物而遭遇的巨大风险了”。尼埃穿越山岭和大草原，采集了四百多种未知的植物标本，以及山上的各种岩石，“这些岩石标本为我们的岩性调查提供了很多信息”。汉克付出的努力更加突出。他仍然待在上秘鲁（即玻利维亚），马拉斯皮纳又给了他一年的离船时间，“在植物学和岩性领域进行详细研究，并在漫长旅途中搜集新的鸟类标本。他对许多矿泉和朱古维利亚（Guancavelica）的著名朱砂（汞硫化物）的分析，大大丰富了这个领域的知识宝库”[②]。后来，汉克在科恰班巴（Cochabamba）附近定居下来，再也没有返回欧洲。他对所有要求他返回西班牙的命令不予理睬，但很谨慎地与王室资助人保持联系，在余生里接受定期的财政收入。[③] 汉克于 1817 年去世。

---

① Pablo Antón Solé, ‘Los Padrones de cumplimiento pascual en la expedición Malaspina, 1790-1794’, in *La Expedición Malaspina (1789-1794), bicentario de su salida de Cádiz*, Cádiz, 1989, pp.173-238.

② 有关马拉斯皮纳对尼埃和汉克的表彰，参见 *Malaspina Journal*, Ⅲ, p.249。

③ Ibid., Ⅰ, p.xlv.

从蒙得维的亚到加的斯的最后一段航程是令人扫兴的，发现号、勇敢号和一艘皇家护卫舰护送着一批笨重的商船，横渡具有巨大潜在危险的大西洋水域。行进速度缓慢，人们的情绪颓丧，然而马拉斯皮纳和军官们仍继续坚持进行观测，随时检查仪器。马拉斯皮纳的最后一篇日记写于 1794 年 9 月 21 日，结尾关注的是船舶计时器的状况。这完全符合他高度敬业的特点。至此，探险队已经离开西班牙五年零两个月，带回了“大规模的信息，创下有史以来探险队搜集的纪录”①。

* * *

在回到西班牙的两天内，马拉斯皮纳便写信给朋友保罗·格雷皮（Paulo Greppi），表示渴望参加西班牙军队在鲁西荣（Roussillon）的作战活动。10 月 7 日，他致信仍为海军部长的巴尔德斯，语气冷静决断：“如果不是被整理远航的大量文件一事拖累，我将立即奔赴战场。”② 这不需要太长时间就能完成，他对部长表示。但显然马拉斯皮纳过于乐观了。他打算发表的远航记录，不仅在规模上将使太平洋探险的前辈们相形见绌，甚至超过库克最后一次远航的浩瀚三卷本，还将完全否定人们的指控——西班

① Dolores Higueras Rodríguez, ‘The Malaspina Expedition, 1789-1794’, in Martínez Shaw ed., *Spanish Pacific from Magellan to Malaspina*, Brisbane, 1988, p.156. 马德里的海军博物馆收藏了数千份有关此次探险的文件清单，见 Dolores Higueras Rodríguez, *Catálogo critic de los documentos de la expeditión Malaspina en el Museo Naval*, 3 vols, Madrid, 1985-1994；其概要以及保存在西班牙和其他地方的文件档案目录，见 Dolores Higueras Rodríguez, ‘The Sources: The Malaspina and Bustamante Expedition: A Spanish State Enterprise’, *Malaspina Journal*, Ⅲ, pp.371-386。

② Carlos Novi, ‘The Road to San Antón: Malaspina and Godoy’, *Malaspina Journal*, Ⅲ,pp.313-332.

牙迄今为止一直对他们的发现保密。更确切地说，这次探险结果的公布将“最终揭开掩盖西班牙海外势力的神秘面纱”。首先计划出版七卷文本，一部图集，包括70张海图（海港布局和海岸图景）和70张对开绘画。马拉斯皮纳希望出版续集，收录皮内达、汉克和尼埃的作品。这项不朽的工作不仅是事实的记录，而且将揭示“现行法律对西班牙海外帝国的迟缓但有害的影响”，还会对变革和改进提出详细具体的建议。[①]

1794年12月，马拉斯皮纳与布斯塔曼特和探险队的其他官员一起受到王室接见，但他感觉自己被浮夸浅薄的仪式蒙骗了。写给保罗·格雷皮的信表明，恭顺和圆融不是他的强项：“这一天的感受将足以认清我们的制度。我周游世界，见识大涨。我曾希望，无论当前制度如何混乱，从错误的路线到正确的道路，从荒谬到理智的哲学，仅一步之遥。”[②]马拉斯皮纳看问题也不仅局限于西班牙海外帝国的立场，他向海军部长巴尔德斯提交了一份备忘录，就与法国缔结和平条款阐明了自己的观点。一个没有外交经验的海军军官对如此敏感的问题发表评论，激怒了大权在握的总理曼努埃尔·戈多伊（Manuel Godoy），他认为该评论“缺乏原则和节制”，并建议巴尔德斯令马拉斯皮纳将备忘录“销毁，并纠正他的错误行为”[③]。1775年3月，马拉斯皮纳再次受到国王和王后召见，并被晋升为舰队司令。尽管这是受到官方青睐的迹象，但是他愚蠢地迈进了政治雷区，卷入了一场旨在取代戈多伊和其他部长的阴谋。11月，对“皇家海军准将堂·亚历杭德罗·马拉斯皮纳”的逮捕令发出了。这是官方最后一次提到他的将军头衔，从此，人们将简单残忍地称

① *Malaspina Journal*, ‘Introducción’, Ⅰ, pp.lxxxi, lxxxiv.

② Novi, ‘The Road to San Antón’, in ibid., Ⅲ, p.325.

③ Ibid.

他为“罪犯马拉斯皮纳”[1]。在马拉斯皮纳本人缺席的情况下，国家咨询议会草率地听取了对他的起诉，剥夺了他的军衔，并判处十年徒刑，关进位于拉科鲁尼亚阴森的圣安东尼要塞监狱。戈多伊在议会上宣称：“依我看来，此人已丧失了理智。”[2] 帮助马拉斯皮纳整理远航记录的官员被命令停止工作，交出全部有关文件。在监狱里，马拉斯皮纳埋头阅读和写作，但他有时会产生幻觉，譬如声称自己在被捕时曾被考虑作为海军部长的候选人，以取代巴尔德斯。[3]

马拉斯皮纳计划出版的七卷本仅有一卷问世，涉及此次探险的一个附属部分——1792 年迪奥尼西奥·阿尔卡拉·加里亚诺（Dionisio Alcalá Galiano）和卡耶塔诺·巴尔德斯（Cayetano Valdés）分遣队在胡安德富卡海峡进行的勘测。该书试图挑战乔治·温哥华在美洲西北海岸的远航记录。然而，尽管附有一套精美的地图，但它在事件发生十年之后才问世，比温哥华远航记的出版还晚了四年，因而太不够分量，也太过时了。

西班牙人的这本远航记中没有提到探险队整体和马拉斯皮纳，仅偶尔不具名地提及一位“小巡洋舰司令”。马拉斯皮纳已从历史文献中被抹去了，在大多数情况下，他率领的探索远航也被忘却，尽管其中一些成员的工作记录逐渐找到了出版的渠道。

从船队访问的各个港口运回西班牙的自然史标本最终都抵达了目的地，在马德里的皇家科学院和皇家植物园落脚，总共有 70 只箱子。在航行结束时，尼埃列出了他安排运回西班牙的植物标本件数和出口港：

---

① Kendrick, *Alejandro Malaspina*, p.139.

② *Malaspina Journal*,III, p.316.

③ Kendrick, *Alejandro Malaspina*, p.148.

布宜诺斯艾利斯的潘帕斯（Pampas）：507 件

德塞阿多港（Ports Deseado）和埃格蒙特港：235 件

奇洛（Chiloé）和智利：1167 件

秘鲁：1609 件

巴拿马：449 件

新西班牙：2940 件

菲律宾：2400 件

植物学湾：1155 件

亲情岛（Friendly Island）[汤加]：160 件

总计：10622 件

此外还有 5000 多件草类、苔藓、藻类和真菌标本，总数达 16 万件，实在惊人。[①] 尼埃的植物学发现中比较重要的部分后来被收入了《植物学图谱》(*Icones et Descriptions Plantarum*，共六卷，1791—1804）第五卷。编者为西班牙的植物学权威、皇家植物园园长安东尼奥·乔斯·卡瓦内尔（Antonio José Cavanilles）。由于标签不准确，有些植物的发现权被错误地归属他人，尽管如此，卡瓦内尔估计，尼埃所描述的植物中有一半是科学界未知的，它们成为皇家植物园新建标本馆的核心部分。[②] 用尼埃采集的种子培育出来的植物美化了马德里和西班牙其他地区的园林，并用于交换其他国家的标本。1801—1803 年，尼埃在《自然科学学报》(*Anales de ciencias naturales*）上发表了四篇关于一些独特植物的文章。尼埃的工作也遇到了一些挫折，他将有关植物描述和田野记录的 13 个

① *Malaspina Journal*, I, p.xcvi; Engstrand, *Spanish Scientists in the New World*, p.106.

② Sandra Knapp, Lectotypification of Cavanilles Names in *Solanum* (Solanaceae), *Anales del Jardín Botánico de Madrid*, 64, 2007, p.196.

文件夹寄回了西班牙，有 8 个没有抵达目的地。他列出的综合清单表明，他在植物学湾采集了 1155 种植物，但在笔记中只描述了 60 种。[①] 尼埃曾希望完整地发表他的藏品，成为一部“植物史综述”，但西班牙的官僚机构拒绝了这项为国增光的出版要求。路易斯·尼埃事业未竟，于 1807 年去世。[②]

探险队还有大量的搜集品很少受到关注。汉克一直锲而不舍地搜集自然史标本和民族学文物，却不大重视通过官方渠道将它们运回西班牙。他把其中许多作为个人收藏，通过一家波希米亚贸易公司运往欧洲，连同 1.5 万字的田野工作笔记，在布拉格的纳斯普雷斯克博物馆（Náprstek Museum）找到了归宿。[③] 汉克去世后，捷克植物学家普雷斯尔（K. B. Presl）发起了一个重要的出版计划——将布拉格的汉克收藏品整理出版，预计有 20 个部分，但由于缺乏资金，于 1835 年中止，仅完成了六个部分。直到近几年，学术界才普遍认可汉克工作的重要意义，他的著作和传记先后问世，并且在布拉格召开了一次专门的国际会议，出版了一部论文集。[④]

有关皮内达收藏的研究，尤其是大量的动物标本，因他早逝而严重受挫。正如马拉斯皮纳哀叹的：“倘若命运允许我们把皮内达安全地带回祖国，他将运用自己的丰富知识研究这些收藏品，那么西班牙该获得多大的益处啊！”[⑤] 皮内达留下的文稿有日记、科学观察笔记、航海日志和个人文件。远航归来后，他的弟弟报告说，仅自然史论文就有五个四开本的本子，每本都有四五百页。随着马

---

① Felix Munoz Garmendia ed., *La Expedición Malaspina 1789-1794*, Ⅲ, *Diarios y trabajos botánicos de Luis Neé*, Madrid, 1992, p.40.

② Ibid., p.44; Madulid, ‘The Life and Work of Louis Née’, pp.41-43.

③ *Malaspina Journal*, Ⅱ, p.118n.; Ⅲ, p.385.

④ Josef Opatmý, *La Expedición de Alejandro Malaspina y Tadeo Haenke*, Prague, 2005.

⑤ *Malaspina Journal*, Ⅰ, p.xcvi.

拉斯皮纳名声受辱而倒台，出版皮内达文稿的梦想也破灭了，它们散落到西班牙和其他国家的档案馆。①

探险队的水文工作进展比较顺利。1809年，探险队成员埃斯皮诺萨·泰洛（Espinosa y Tello）发表了回忆录：《西班牙航海家在世界各地的天文观测》（*Memorias sobre las observaciones astronómicas, hechas por los navegantes españoles en distintos lugares del globo*），它不仅包括取自马拉斯皮纳日记的细节，而且敢于提及马拉斯皮纳的名字。奇怪的是，《马拉斯皮纳日志》首次出版的是俄文。一位俄国外交官在马德里获得了西班牙文原作的复制件，它先被译成法文，又译成俄文，1824—1827年间在圣彼得堡的一个俄国海军期刊上分六个部分发表。俄国学者亚历克赛·波斯特尼科夫（Alexsey Postnikov）发现了这部历史文献。② 由于日志的内容被翻译了两次，并且是连载的形式，它的首次问世没有得到理想的反应，不得不等到一百年之后的1885年，才以西班牙文出版，由佩德罗·诺沃·科尔森（Pedro Novo y Colson）做了大量的编辑加工。用奥斯卡·斯皮特（Oskar Spate）的话说，这位编辑使马拉斯皮纳的日志"复活了，但旋即重新葬送了"，它"共有681页，其中573页是双栏排版，没有索引，甚至没有目录"③。直到1990年，马拉斯皮纳日志的原始手稿，包括他所做的修正，才得以出版，被收入一部综合学术巨著，共九卷，包括布斯塔曼特的日志，尼埃、皮内达和汉克的自然史观察，天文和水文勘测，以及马拉斯皮纳和探险队其他成员撰写的政治和人类学文章。至此，马拉斯皮

① Eduardo Estrella, *La Expedición Malaspina 1789-1794*, Ⅷ, *Trabajos . . . de Antonio Pineda Ramírez*, Madrid, 1996；Madulid, 'The Life and Work of Antonio Pineda', pp.49-50, 53-56.

② *Malaspina Journal*, Ⅲ, p.385n.

③ O.H.K. Spate, *The Pacific Found and Lost*, Rushcutters Bay, NSW, 1988, p.177.

纳在夭折的“导言”中设想的计划实现了，在探险队返回加的斯两百年后，它所经历的漫长征程和付出的艰辛努力终于结出了硕果。

1803年，在拿破仑·波拿巴（Napoleon Bonaparte）出面干预之后，马拉斯皮纳被释放出狱，但是他必须接受一个严格的限制条件——永远不再踏上西班牙的领土。他的余生在蓬特雷莫利（Pontremoli）度过，离他的出生地穆拉佐（Mulazzo）不远。他退休后的经济状况似乎尚可维持，但据1806年9月的一份文件记载，他卖掉了自己的六分仪，那是海军军官拥有的最珍贵的私物。[①]这个细节着实令人唏嘘。恢复名誉和军衔完全无望，他精心准备的、雄心勃勃的远航记录出版计划亦付诸东流。这一探险之旅，在水文、天文和自然史观测方面均为科学界树立了新的标杆，竟然从历史的视野中消失了。在相当漫长的时间里，18世纪太平洋航海家亚历杭德罗·马拉斯皮纳的名字也被世人忘却了。1810年4月，马拉斯皮纳去世。

---

① Kendrick, *Alejandro Malaspina*, p.161.

第九章
“当一位植物学家首次踏上这个偏远国家的土地时，他感觉置身于一个新世界”

——尼古拉斯·鲍丁和马修·弗林德斯在澳大利亚的勘测活动

约瑟夫·班克斯爵士后半生的职业生涯笼罩着耀眼的光环，他成为皇家学会主席，国王和内阁的顾问，事实上的科学部长。然而，无论他晚年享有多么高的威望，在某种程度上，跟随库克率领的远航之旅仍是他生命中最重要的篇章。在后来的几年中，他成为库克同航者的保护人，以及与库克远航发现相关事业的推动者，反映出奋进号远航对他性格和世界观的重要影响。在很大程度上，英国在植物学湾开辟罪犯定居地的决策取决于班克斯的建议。用他的话说，派第一舰队将果树、植物和种子带到“气候条件类似法国南部的植物学湾”，让它们在那里生根发芽，繁茂生长，前景应当十分乐观。[1] 作为对这一成功举措的回报，当地历任总督不断给班克斯寄去各种植物和动物标本，可谓“礼尚往来”。1800 年，年轻的海军军官马修·弗林德斯携带着一份全面考察澳大利亚海岸和土地自然资源的计划，从新南威尔士返回英国后第一时间就联络上班

① Alan Frost, *Sir Joseph Banks and the Transfer of Plants to and from the South Pacific 1786-1798*, Melbourne, 1993, p.6.

克斯，这是毫不奇怪的。弗林德斯曾参加威廉·布莱的第二次远航，到塔希提采集面包果植物，之后同船上的外科医生乔治·巴斯（George Bass）一道，驾小船在杰克逊港北部和南部的海岸线上进行了短途考察。通过在巴斯海峡（Bass Strait）巡航，他们两人证明了范迪门斯地是一座岛，并发现该海峡提供了一条从开普敦到悉尼的捷径。温哥华远航中船长和博物学家的关系紧张问题没有令班克斯退缩，他将重心投向了另一项雄心勃勃的项目：水文和自然史相结合的科学研究。

1800 年 9 月 6 日，弗林德斯在斯皮特黑德给班克斯写了一封信，总结了自己在澳大利亚水域的工作，然后提出了全面的沿海勘测计划。他希望搞清楚，是否存在一条南北走向的海峡，将荷兰探险家发现的新荷兰同“伟大的库克船长”发现的新南威尔士隔开了。如果找到了它，将提供印度和悉尼新殖民地之间的一条捷径，具有“几乎无法估量的优势”。弗林德斯充满诱惑力地写道：“毋庸置疑，这个广袤地区的大部分仍是完全未知的，或仅在航海技术不发达的昔日被部分地考察过。鉴于探索地理和自然史的总体兴趣，尤其是从不列颠民族的利益考虑，似乎需要对地球上仅存的这一未知的辽阔地带进行全面彻底的考察。”[1] 两年前，班克斯曾向海军部提交过类似计划，但由于英国在同大革命时期的法国激烈作战，被否决了。现在，班克斯又提出了一项新的提案，指出新南威尔士尚未向英国出口有价值的产品，以补偿建立年轻殖民地所花的成本。他总结道：“这样一个自然条件非常适宜作物生长的国家，至今未能为英格兰这类制造业国家提供重要的原材

① Paul Brunton ed., *Matthew Flinders: Personal Letters from an Extraordinary Life*, Sydney, 2002, p.51.

料……是不可思议的。”[①]

1800年，内阁部长们对法国显露的野心感到紧张，这对他们支持班克斯的探险建议产生了影响。那年夏天，法国政府向英国申请通行许可，以便派出尼古拉斯·鲍丁率领的一支科学探险队前往澳大利亚水域。按照惯例，准予通行是理所当然的，尽管班克斯怀疑法国所宣称的意图——勘测新荷兰西北部海岸是为了掩人耳目，因为相比其他地区，航海家们对“这部分海岸已有较多的了解”[②]。班克斯的担心不无道理。最初提出这项远征建议的是鲍丁，还获得了法国国家研究院科学家的支持，但是第一执政官拿破仑·波拿巴的命令明显透露出更大的意图，他下令“派出一支远航队，主要目的是探索欧洲人尚未渗透的新荷兰西南海岸”[③]。这个地带相当于今天南澳大利亚和西维多利亚海岸线。假如有一条大海峡把这个地区与英国声称的新南威尔士领土分开，那么法国人就可以在那里建立殖民地，把他们的澳大利亚旧梦变成现实。[④] 弗林德斯写道，“一个重大的地理问题有待解决”，即揭示了他的澳大利亚之旅和鲍丁远航的一个重要动机。[⑤] 英国东印度公司决定赠给弗林德斯及其官员1200英镑，用于购买食品和饮料，“以鼓励科学人员做出有价值

---

① Phyllis I. Edwards ed., ‘The Journal of Peter Good’, *Bulletin of the British Museum (Natural History)*, Historical Studies, 9, 1981, p.11.

② Harold B. Carter, Sir Joseph Banks(1998), p.414. 不列颠发给鲍丁的通行证的完整复制件，见 Jacqueline Bonnemains, Jean-Marc Argentin and Martine Marin eds., *Mon Voyage aux Terres Australes: journal personnel du commandant Baudin*, Le Havre and Paris, 2001, p.42。

③ Frank Horner, *The French Reconnaissance: Baudin in Australia 1801-1803*, Melbourne, 1987, p.42.

④ 更多的有关史料见 Leslie Marchant, *France Australe*, Perth, 1998；Trevor Lipscombe, ‘Two Continents or One? The Baudin Expedition’s Unacknowledged Achievements on the Coast of Victoria’, *Victorian Historical Journal*, 78, 2007, pp.23-41。

⑤ Matthew Flinders, *A Voyage to Terra Autralis: … in His Majesty’s Ship the Investigator*, 2 vols, 1814, Ⅰ, Introduction.

的发现，并寻找新的航道，从而促进东印度公司的商业发展”[1]。这进一步证实了英国人对此次远航可能带来的商业利益所抱的期望。

1800年11月底，海军部选定了一艘船——一艘334吨的战舰，由运煤船改造而成，被重新命名为调查者号。弗林德斯很兴奋，他将像库克一样，乘坐由北方运煤船改造的舰艇扬帆远航。然而，这艘船在改建时受到了某些损坏，在长时间航行中不断出现问题。它表面很漂亮，用铜皮包裹，但下面的木头已开始腐烂。[2] 弗林德斯参与了船的改建，班克斯则负责监督企业活动的科学内容。就此而言，他在海军部的老朋友埃文·内皮恩写道：“你提出的任何建议都会得到批准。”[3] 船上有五名平民编外人员，其中最有名的是罗伯特·布朗（Robert Brown），一位酷爱植物学的年轻军医。1793年，植物学家詹姆士·爱德华·史密斯——林奈学会的第一任主席，曾概括了布朗和其他博物学家可能面临的机遇和挑战。在新南威尔士的罪犯定居点建立后的几年里，大量的动植物被运回急切期待着的英国。新殖民地最早出版的书籍之一是由外科总医师约翰·怀特撰著的，书中包括“65幅未描述过的哺乳动物、鸟类、蜥蜴、蛇、奇异球果和其他自然物产的图像”[4]。史密斯在《新荷兰植物学》（*A Botany of New Holland*）一书中解释说：“当一位植物学家首次踏上这个偏远国家的土地时，他感觉置身于一个新世界。整个植物种群，乍一看似乎很熟悉……仔细观察之后则证明是完全陌生的……不仅物种本身是新的，而且大多数的属，甚至连目都是前所未知

① David Mackay, *In the Wake of Cook: Exploration, Science and Empire, 1780-1801*, 1985, p.5.

② Nigel Rigby, 'Not at all a particular ship': Adapting Vessels for British Voyages of Exploration, 1768-1801', in Juliet Wege et al. eds., *Matthew Flinders and his Scientific Gentlemen*, Welshpool, WA, 2005, p.21.

③ Carter, *Joseph Banks*, p.415.

④ John White, *Journal of a Voyage to New South Wales*, 1790, title page.

的。”[1] 如果说澳大利亚的植物对博物学家来说是一种挑战，动物学家关于袋鼠和鸭嘴兽分类的争论表明，那里的一些动物更令人困惑。总而言之，人们对这个新世界的自然史了解得越多，就越对林奈坚持的宇宙存在链和“太阳底下没有新鲜事儿”的推论产生怀疑。[2]

调查者号上的成员还有园艺师彼得·古德（Peter Good），拥有在海上照料植物的经验；奥地利出生的植物学画家费迪南·鲍尔；19 岁的风景画家威廉·韦斯托尔（William Westall）；以及采矿师约翰·艾伦（John Allen），他们的地位和薪水均由班克斯决定。班克斯也批准了弗林德斯拟定的工作指令。温哥华探险队的科学成员曾在一项协议上签字，协议要求他们“自愿服从舰长的一切命令”，并在返回后将自己的日记和其他观察记录交给海军部。班克斯吸取了这一教训，确保此种情况不再发生。另外，他向内皮恩提出在调查者号的上层后甲板建造植物温室的建议，这是一个更敏感的问题，因为“温哥华的船上围绕温室发生的纠纷损害了国王的远征大业和科学利益”[3]。调查者号的安排比较巧妙，在航行初期，弗林德斯和军官舱室所在的后甲板不受打扰，直到抵达杰克逊港后，才在后甲板上竖起预制的植物温室框架（图 27）。参加探险队的还有弗林德斯的弟弟塞缪尔·弗林德斯（Samuel Flinders）少尉和表弟约翰·富兰克林（John Franklin）——海军军校学生和未来的北极探险家。

在准备过程中还有一出幕后戏。为了协调事业和婚姻生活，弗林德斯愚蠢地许诺新婚妻子安妮（Ann）可以跟他一起参加调查者

① Bernard Smith, *European Vision and the South Pacific*, 2nd edition, New Haven, 1985, p.168.
② Ibid., p.167.
③ Carter, *Joseph Banks*, p.415.

号远航。海军部和班克斯得知后，断然拒绝。于是弗林德斯做出抉择。他信中的措辞同库克相仿，显示出全面彻底考察新荷兰的雄心，“在我之后，将无来者”[①]。同安妮结婚之前，弗林德斯曾提醒过她：“我会将生命的一半奉献给你，不是全部。”[②] 许多海军军官或许也给家人留下了同样的文字。1801 年 7 月，弗林德斯被晋升为指挥官，告别了新婚三个月的妻子，从斯皮特黑德起航。直到九年多以后，他们才再次团聚。

* * *

当弗林德斯离开英国时，鲍丁已率领他的两艘船抵达法兰西岛。船的名字分别为地理学家号（*Géographe*）和博物学家号（*Naturaliste*），同弗林德斯的调查者号一样，对于各自的远航计划来说堪称名副其实。鲍丁的探险计划比英国的规模更大，更复杂详尽。他的船上有 22 名平民编外人员，包括植物学家、动物学家、矿物学家和艺术家，人数超出预期，他们携带的大量装备和行李也使船更加拥挤。此外还接收了 15 名军校生（都有过硬的人脉关系），鲍丁觉得是不必要的配员。在此次远航的幸存文件中，有一份用于自然史考察的物品清单，列有花盆、植物干燥纸、绘图纸、水罐、镊子、修剪刀、昆虫针（有两万根）[③] 等等，并提出了航行准备的注意事项。鲍丁下达的指令是由经验丰富的克拉雷·德·弗

---

① Miriam Estensen, ‘Matthew Flinders: The Man and His Life’, in Wege et al., *Flinders and His Scientific Gentlemen*, p.3.

② Brunton ed., *Matthew Flinders*, p.39.

③ Nicolas Baudin, *The Journal of Post Captain Nicolas Baudin*, trans. Christine Cornell, Adelaide, 1974, pp.586-590. 为了区分这部“航海日志”和不完整的鲍丁私人日记，在正文中称为“鲍丁航海日志”，但在注释中称为 Cornell 翻译的《鲍丁日志》（*Baudin Journal*）。

莱里（Claret de Fleurieu）起草的，其中对如何处理船长和博物学家之间的关系提出了建议：“在任何情况下，只要他（船长）愿意，他将千方百计地给博物学家的研究工作提供帮助。只要未发现不妥之处，他可以延长在某些地点的停留时间，以便博物学家获得更多的自然史考察成果。但是，一定要时刻观察和掌握季风的动向，在一个地方停留太久可能会导致六个月无法出航。”此外，船长还应在不违反纪律的前提下，发给“不适应航海生活的人”一些补助津贴。[①] 可惜，这些建议并没有使鲍丁变得明智。

法国科学院和自然历史博物馆都对克拉雷·德·弗莱里起草的指令提出了建议和补充。当时的博物馆馆长是安托万－洛朗·德·朱西厄。[②] 参与制定指令的还有几位享誉欧洲的科学家：比较解剖学创始人乔治·居维叶及其合作者杰弗里·圣希拉尔（Geoffroy Saint Hilaire），进化论先驱让－巴普蒂斯特·拉马克（Jean-Baptiste Lamarck）。这三位都是巴黎植物园的教授，当时植物园扩大了面积，增加了拿破仑征战获取的自然史收藏。它是欧洲最大的、装备最精良的自然史中心，有全新的博物馆楼和演讲厅，还有十二位教授和数十名助理及技术人员。园中的居维叶博物馆收藏有 16000 多种动物标本，为他取代巨大存在链分层体系的理论提供了基本依据。居维叶将动物世界划分为四个界：脊椎动物、节肢动物、软体动物和海洋生物（如海蜇和海葵）。他后来发表的骨骼化石研究明显倾向于达尔文的理论。[③] 当探险队准备起航时，约瑟夫－玛

---

① ‘Plan of Itinerary for Citizen Baudin’, Nicolas Baudin, *The Journal of Post Captain Nicolas Baudin*, trans., pp.5, 8.

② 对于自然史考察的建议（采用提问形式）惊人地简短：四个关于地理学的问题，五个关于植物学。见 Bonnemains et al., eds., *Baudin journal personnel*, p.50。

③ 有关居维叶的重要性的概括，见 Philippe Taquet, ‘Georges Cuvier: Extinction and the Animal Kingdom’, in Robert Huxley ed., *The Great Naturalists*, 2007, pp.202-211。

丽·德格兰多（Joseph-Marie Dégerando）提出了关于人类学考察的一系列建议。他是新成立的人类学协会（Société des Observateurs de l'Homme）的年轻成员。[①] 鉴于鲍丁探险的具体情况，德格兰多的大多数建议虽未能付诸实施，却成为19世纪人类学家的许多标准实践的先驱。

尼古拉斯·鲍丁似乎是这次探险指挥官的合适人选。在奥地利哈布斯堡为约瑟夫二世（Joseph Ⅱ）服务时，他曾指挥搜集植物的航海之旅，为壮丽的美泉宫（Schönbrunn Palace）花园带回许多奇花异草。那次远航的四艘船中有三艘都叫作园丁号，这是再贴切不过的了。1798年返航路过法国时，他从加勒比海带回的大量自然史标本曾在巴黎举行的庆典中展示，恭贺拿破仑·波拿巴在意大利取得的胜利。鲍丁对自然史的所有分支领域都很有兴趣。参加澳大利亚远航的一位动物学家回忆，船长的个人日记"有厚厚的一大卷……其中有大量栩栩如生的绘画，包括软体动物、鱼类和其他自然史物体"，尽管他对缺乏解剖学细节感到遗憾。[②] 鲍丁个人日记中的绘画作者是尼古拉斯·佩蒂特（Nicolas Petit）和查尔斯·亚历山大·莱索（Charles Alexandre Lesueur），鲍丁将他们列入船上"助理射击手"的名单，非正式地交给他们绘画任务。船长对自然史的热爱并没有延伸为对其他大多数专业人士的善意，地理学家号远航的一个突出标志即鲍丁和科学家们之间发生了很多争执。值得

---

① Joseph-Marie Dégerando, *The Observation of Savage Peoples*, tran. F.C.T. Moore, 1969.

② Jacqueline Bonnemains, 'The Artists of the Baudin Expedition', in Sarah Thomas ed., *The Encounter, 1802. Art of the Flinders and Baudin Voyages*, Adelaide, 2002, p.130. 据推测，鲍丁打算将这本附有插图的日记作为出版远航记录的基础，但日记在1801年底探险队第一次访问东帝汶后就终止了。Margaret Sankey, 'Writing the Voyage of Scientific Exploration: The Logbooks, Journals and Notes of the Baudin Expedition (1800-1804)', *Intellectual History Review*, 20 , 2010, p.407. 鲍丁的日记手稿终于在2001年出版。

注意的是，和蔼可亲的埃曼纽尔·哈梅林（Emmanuel Hamelin）指挥的僚舰博物学家号上出现的问题较少。尽管鲍丁这次被正式任命为海军舰长，但他早年的航海经验都是在商船上，而且他的著名业绩不是跟法国海军相关，而是外国的船舰，这也成为不利因素之一。出发前最后一分钟接到的命令没有让他的心情得到改善——除了为国家研究院搜集标本外，还要带回特殊的收藏——“各色各样的动物……尤其是羽毛美丽的禽鸟”，奉送给第一执政官的夫人波拿巴太太。

1800年11月，出航不到两个星期，摩擦迹象就显露出来。鲍丁在航海日志中抱怨，“从下锚的那一刻起，科学家们就一直纠缠着我，我被迫允许他们上岸以便摆脱他们”①。博物学家号的行驶速度非常缓慢，不断迫使地理学家号上的鲍丁缩短航程。探险队花了五个月才抵达法兰西岛。在过度拥挤的船上，生活十分无聊，打破平静的是人际矛盾，植物学家和水文学家，艺术家和动物学家，以及船上的“专业”博物学家和以外科医生为代表的“业余”博物学家，各类人士之间时常发生争吵。② 当他们持续逆风而行时，鲍丁写道，“大多数人都变得非常沮丧、暴躁，为鸡毛蒜皮的事大发脾气”③。在法兰西岛停留期间，20名军官和科学家离开了探险队，40名水手当了逃兵。一些下级军官反对鲍丁的专制作风；有些学者的健康状况不佳，或者谎称有病（鲍丁去医院探望时，发现病床空空如也，他们“外出游玩了或在别处就餐”）；资深植物学家打算写一本马达加斯加的自然史，也离队了；许多水手因较高薪水的诱惑而

① Cornell trans., *Baudin Journal*, p.21; Bonnemains et al., eds., *Baudin journal personnel*, p.154.

② Ralph Kingston, ‘A Not So Pacific Voyage: The “Floating Laboratory” of Nicolas Baudin’, *Endeavour*, XXXI, 2007, pp.145-151.

③ Cornell trans., *Baudin Journal*, p.107.

留在了殖民地，另外有些人则被一艘海盗船慷慨地接收了。[1] 继续留在探险队的人中有一位博物学家——博里·德·圣文森特（Bory de Saint Vincent），他在1804年发表了航行第一阶段的记录，指责鲍丁“对我们不予理睬，仿佛（科学家）不存在似的”[2]。三名正式的艺术家全部离队，将绘画记录工作留给了佩蒂特和莱索。虽然他们在当地补充了一些海员，但在1801年4月离开法兰西岛前往新荷兰时，船只仍处于人手不足的状态。不过对于鲍丁来说，并非全是损失。探险队的首席天文学家弗雷德里克·比西（Frédéric Bissy）留在了法兰西岛，由博物学家号上的皮埃尔－弗兰·伯尼尔（Pierre-François Bernier）取而代之，这从“各方面讲都要强上百倍”[3]。

根据指令，鲍丁应当访问范迪门斯地，回头沿新荷兰南部海岸（大部分尚无海图）航行，然后抵达最西端的卢因角（Cape Leeuwin）。但是，由于第一阶段航程的延误，鲍丁改变了既定航线，先前往卢因角，然后沿澳大利亚西海岸航行，那是丹皮尔和荷兰人已经到访过的地区。据探险队的动物学家助理弗朗索瓦·佩隆（François Péron）的航行记录，这项决定“招致了大麻烦”[4]，尽管当时法国人并不知道弗林德斯将开始勘测该大陆的南部海岸。佩隆作为乔治·居维叶的门徒，能力和抱负远高于他的卑微地位。出航前他向国家科学院提交的一份备忘录表明，他抱有“考察人类学和自然史”的雄心。传记作者评价他是“一位坚定而自信的博物学

① 有关探险队在法兰西岛的不愉快停留，见 Cornell trans., *Baudin Journal*, pp.121-136。
② Kingston, ‘A Not So Pacific Voyage’, p.148.
③ Cornell trans., *Baudin Journal*, p.158.
④ François Péron, *Voyage of Discovery to the Southern Lands*, Books I-III, 2nd edition, Paris, 1824, trans. Christine Cornell, Adelaide, 2006, p.56.

家"[1]，对人类学、海洋学、矿物学和动物学都感兴趣。佩隆的个性令人讨厌和难以忍受，他在自我剖析中坦承："不负责任、散漫、善辩、轻率、固执，不能出于任何权宜之计而让步。我会制造敌人，疏远最好的朋友。"[2]他和鲍丁的关系从航行开始就很冷淡。船长认为四名动物学家的负担已经过重了，不欢迎佩隆这个后来增补的人。佩隆在革命战争中失去了一只眼睛，不太可能对多年为法国的宿敌奥地利效劳的船长有什么好感。探索远航归来后，当佩隆受托撰写官方航海报告时，二人的敌意公开化了。在航行中，鲍丁几次拒绝了佩隆采集标本的要求，将其视为不负责任的鲁莽行为。有件事让人联想起克劳德·里奇在德·恩特雷斯塔克斯远航中犯的错误。佩隆在鲨鱼湾的一个小岛上迷了路，在密林里摸索了一整天才幸运地返回。鲍丁对此大为光火："我斩钉截铁地对他说，当他下次上岸的时候，我肯定要派一个人跟随，免得他再度迷失方向。"[3]尽管鲍丁对佩隆的冒失感到恼怒，但他在航海日志中收入了佩隆的完整报告——记录探险队早期在地理湾（Geographe Bay）登陆的自然史考察，共118个段落。同个人分歧相比，更大的损失是失去了长舟，它是近海工作不可或缺的。没有长舟，他们便无法在荒芜的海岸线登陆。不过，博物学家从船上观察到了大量的鲨鱼、海蛇、大水母和海龟。莱索是一位杰出的海洋生物艺术家，他成功地描绘了微小的植虫动物（图29）。

从地理湾到鲨鱼湾向北航行，可看到的陆地都是"令人扫兴

---

① Edward Duyker, *François Péron: An Impetuous Life*, Melbourne, 2006, pp.52, 105.

② Jacqueline Bonnemains, Elliott Forsyth and Bernard Smith, *Baudin in Australian Waters: The Artwork of the French Voyage of Discovery to the Southern Lands 1800-1804*, Melbourne, 1988, p.31.

③ Cornell trans., *Baudin Journal*, p.209.

和沮丧的”。鲍丁在日志中写道：“因为这个海岸似乎没有勘测的意义，自然史方面更不会有什么收获，所以我不认为有必要停留。”他继续跟几名军官发生矛盾，在鲨鱼湾，他不禁注意到，“有几个人在执行任务时声称有病，却有足够的力气顶着烈日奔跑狩猎”。安托万·皮克特（Antoine Picquet）中尉尤其令人恼火，鲍丁忍无可忍，终于把他除名了：“你无数次的鲁莽举动，你不尽职守的行为，以及每次我提醒时，你做出的无礼反应，这一切，最终彻底耗尽了我的耐心。”[①]

佩隆从未低估自己要经受的艰难困苦。在鲨鱼湾的伯尼尔岛（Bernier Island）搜集贝类动物时，他描述了惊险的一幕：

> 那一刻，我全神贯注地把它们从岩石中分离出来，一股汹涌的巨浪扑上礁岩，它的千钧之力裹挟着我，先撞到了旁边的巨石，又滚过可怕的岩石表面。我的衣服瞬间就被撕成了碎片，全身伤口累累，鲜血淋漓。我必须从巨浪中脱身，否则当它退却时，就会把我甩上巨大的礁岩，让我粉身碎骨。我拼尽全力，紧紧地抓住一块岩石的顶端，设法逃脱了最后的厄运，捡回了一条性命。

佩隆一瘸一拐地返回营地。他回忆道，同事们目睹他的惨状，不禁流下了眼泪，甚至鲍丁也“对我的不幸遭遇有所触动”[②]。其他博物学家较为幸运。动物学家雷内·梅格（René Maugé）在伯尼尔岛搜集了10种鸟类；园艺师安塞勒姆·里埃迪（Anselm Riédlé）

---

① 此段中引言见 Cornell trans., *Baudin Journal*, pp.200, 217, 239。

② Péron, *Voyage*, Books I-III, p.102. 对这一事件更中肯的评论，见 Duyker, *Péron*, pp.91-93。

发现了 70 种植物，他认为绝大多数都是以往未知的。

在这几个星期的勘测过程中，地理学家号上有几名船员患上了坏血病，而在帝汶岛西南角的荷兰港口古邦（Kupang）逗留近三个月期间，又有许多人染上了“血流病”（痢疾）和疟疾，鲍丁也未能幸免。在鲨鱼湾附近，地理学家号同博物学家号失联了，当埃曼纽尔·哈梅林率领后者抵达古邦港时，鲍丁深感欣慰，热情地迎接。这相当于传递了一个信息：一旦他亡故，哈梅林将负责指挥这次远航。1801 年 11 月，鲍丁终于离开帝汶，驶向范迪门斯地。随行者中少了两名官员：一个在决斗中受伤；另一个一味傲慢的皮克特被除名，交予荷兰监护。与皮克特的关系是鲍丁私人日记中的一个令他难以释怀的主题，他用各种语言描述跟这名执拗军官之间的冲突：“粗鄙不堪的场面”，“令人震惊的情景”，等等。[①] 不知出于什么原因，鲍丁在帝汶岛逗留后就不再写私人日记了，而把观察仅局限于航海日志。相比同个体军官的关系，更令人担忧的是船员们的伤病，返回大海后，几个星期内就有十几名船员死于痢疾。正如鲍丁所描述的，“这种疾病的症状是如此可怖，乃至于一个人被它击倒时，就已感觉濒临死亡了”[②]。

行驶了两个月，又有 11 人不幸亡故，船只于 1802 年 1 月中旬抵达范迪门斯地的德·恩特雷斯塔克斯海峡。德·恩特雷斯塔克斯探险队的波坦普斯 - 波普早先已经精心绘制了这条海岸线的海图，因而鲍丁能够集中精力处理同当地塔斯马尼亚人的关系，博物学家们则专心搜集标本。这两个月的内陆考察是整个航行中最有价值的。然而，下属军官们的行为仍然令鲍丁困惑和恼火。此时，探险

① Bonnemains et al., eds, *Baudin journal personnel*, pp.324-325, 328-330, 338-339, 345, 349.

② Cornell trans., *Baudin Journal*, p.270.

队已经有了一只新的长舟，被派往岸上装运水箱，当鲍丁前去检查时，看见船员们正在从事一项更吸引人的娱乐活动——射击天鹅。他们在一个小岛上建了一座天文台，但鲍丁发现它更像个酒馆，有好几个厨房，“就在前一天，两个厨房发生火灾，火焰串联起来，草也被点燃了，所有的人几乎同帐篷和仪器一起被大火埋葬”①。鲍丁和同僚指挥官哈梅林的关系也不很和谐，批评他未通报关于一个军官违令的问题。博物学家号上的动物学家助理之死引发了进一步的疑问：人们知道他搜集了大量的贝壳，回国后保证能从收藏家那里卖得高价，但打开他的箱子后，发现里面没有任何有价值的东西。调查后才知道许多物品已被卖掉了，尽管鲍丁提醒哈梅林它们是政府的财产。鲍丁航海日志的有些内容不像是船长的报告，更像外科医生在汇报军官和博物学家们的病情。他尤其关心资深动物学家雷内·梅格，差不多每两小时就去看望他一次。梅格在2月初病故，鲍丁悲叹道：“他的离世是这次探险无可挽回的损失……他一个人做的事比其他所有科学家加起来的还要多。”② 紧随梅格之后，在古邦港，园艺师里埃迪也撒手人寰，这对鲍丁是沉重的打击，因为他们两人是“探险队中最有价值的人，并且是我最好的朋友”③。

当船只离开德·恩特雷斯塔克斯海峡时，鲍丁描述了该地区的土著人：最大的一群有55人，包括妇女和儿童；几乎每个人都长着细长的腿和干瘦的手臂，但是看上去强壮有力；他们的栖息所是所能想象到的最可悲的；他们的船极小，“仿佛是水上的浮标”；他们对来访者基本上是友好的，除了偶尔投掷石块，更具敌意的攻击是使用长矛。佩隆偶然发现了两座殡葬结构，里面有骨灰，表明当

---

① Cornell trans., *Baudin Journal*, pp.313, 315.

② Ibid., p.340.

③ Horner, *French Reconnaissance*, p.230n.

地存在某种火化仪式（图 28），除此之外的绝大多数信息，德·恩特雷斯塔克斯探险队的拉比亚迪埃早已报道过了。佩隆和探险队的其他成员在海滩跟当地人接触的时间很短，不可能像德格兰多要求的那样——搜集关于“语言、服装、亲属关系、家庭关系、性、婚姻、离婚、法律、教育、政治、战争、食人和疾病”等详细的信息。[1] 法国探险队既没有给博物学家机会深入内陆，也没有去土著人正常居住的地方进行观察。佩隆设法说服了 17 名不大情愿的土著男子，用测力计对他们进行力量测试，得出的结果是土著不如法国船员的力气大。这令佩隆感到满意。他还搜集了当地人的词汇，补充进拉比亚迪埃先生收集的澳大利亚土著词汇表，可惜原始记录和他的许多手稿全都遗失了。双方交流主要依靠打手势，法国人仅有一次使用了土著人的词汇。那是在玛丽亚岛（Maria Island），佩隆感觉受到塔斯马尼亚人的长矛威胁，他指着同伴身上的枪，高喊“马塔！马塔！”（*mata*，意思是“死”），以此表示“我们会开枪把你们打死”[2]。尼古拉斯·佩蒂特补充了文字描述的不足，他的绘画不仅包括个体土著人的肖像，还有他们的手工艺品，以及有关社交或仪式聚会的一系列速写，其中澳大利亚土著舞蹈仪式，又称狂欢集会，是历史上已知最早的有关图像记录。[3]

当两艘船继续进行勘测工作时，它们再次分离了。哈梅林带领博物学家号探索大陆海岸，直到 4 月中旬。由于食物匮乏，许多船员生了病，他改变航向，前往杰克逊港。与此同时，鲍丁正沿着大

① Cornell trans., *Baudin Journal*, pp.344-347, 349; Duyker, *Péron*, p.108.

② Péron, *Voyage*, Books I-III, p.224. 关于这次遭遇，见 N.J.B. Plomley, *The Baudin Expedition and the Tasmanian Aborigines*, Hobart, 1983, p.195；关于鲍丁在那里停留的概况，见 Jean Fornasiero, Peter Monteath and John West-Sooby, *Encountering Terra Australis: The Australian Voyages of Nicolas Baudin and Matthew Flinders*, Kent Town, South Australia, 2010, chs.4, 18。

③ Fornasiero et al., *Encountering Terra Australis*, pp.321-324.

陆往西驶向菲利普港（Port Phillip），想象自己是勘测那片海岸的第一人。1802 年 4 月 8 日，他们在巴斯海峡附近发现了一艘帆船，起初以为是博物学家号，直到看见了飘扬的不列颠国旗："对方首先发问，这是什么船？我回答说是法国船。然后他们问，鲍丁船长是指挥官吗？我十分惊讶，不仅对这个问题，而且因为听到了自己的名字。我回答'是'，英国船就驶过来了。"[①] 它就是弗林德斯的调查者号，从西到东航行，已经勘测了澳大利亚南部的大部海岸。两位船长彬彬有礼地会面，交换了水文地理信息。鲍丁肯定对英国人先行一步感到失落，但在航海日志中并没有流露。不过，当这两艘船在杰克逊港再次相逢时，弗林德斯觉察到地理学家号上法国人的忧虑氛围。年轻军官亨利・德・弗雷辛纳特（Henri de Freycinet）对他说："船长先生，倘若我们没有在范迪门斯地耽搁那么久，捡贝壳呀，捕蝴蝶呀，您就不会抢在我们之前发现南海岸了。"[②]

鲍丁日志继续详述执行纪律不力的问题。由于身体健康的海员短缺，当他命令军校学员轮流掌舵时，只有一人服从命令，别人都拒绝了，理由是"有失身份"[③]。在食物短缺和坏血病员不断增加的情况下，鲍丁决定放弃"吃力不讨好地在新荷兰海岸"勘测，直接前往杰克逊港。当他们经过范迪门斯地的海岸时，佩隆声称发现了一条前所未知的河，鲍丁忍不住嘲讽说："他有一些新发现，或者说他总是自认为有新发现。"6 月初，能在甲板上工作的健康船员很少，每个轮班只剩下四个人了。6 月 20 日，当地理学家号抵达杰克逊港时，竟然需要求助一些英国海员来帮助他们下锚。

---

① Cornell trans., *Baudin Journal*,p.379.

② Flinders,*Voyage to Terra Australis*, I, p.103.

③ Cornell trans., *Baudin Journal*, p.393.

探险队在杰克逊港停留了五个月，在此期间整修了船只，船员们的身体开始恢复元气。鲍丁购买了一艘小型纵桅帆船——铁木号（*Casuarina*）用于近海工作。随着英法签订《亚眠条约》，鲍丁与新南威尔士总督菲利普·吉德利·金（Philip Gidley King）建立了友善关系，甚至约好在欧洲再会。鲍丁同意哈梅林的建议——应当让博物学家号载着搜集的自然史标本返回法国。此时地理学家号上唯一尚存的动物学家佩隆在殖民地自由地旅行，搜集了更多的标本，同时也花了很多时间整理包装早期获得的标本。博物学家号带回法国的共有 33 大箱动物标本和 70 桶存活植物，还有袋鼠、黑天鹅、鸸鹋等珍奇动物。鲍丁在航行中保持中立，但佩隆显然进行了一些业余间谍活动，搜集了新殖民地的资源和防御信息。他的侦查结果在随后一年被送到法兰西岛，但似乎并未引起有关方面的兴趣。①

这个法国船队于 1802 年 11 月 18 日从杰克逊港起航；三个星期后，博物学家号与地理学家号在巴斯海峡的国王岛（King Island）分道扬镳，开始了漫长的回归之旅。在由路易斯·德·弗雷辛纳特（Louis de Freycinet，亨利·德·弗雷辛纳特的弟弟）指挥的铁木号和一艘新长舟的协助下，鲍丁在大陆的南海岸进行了有成效的勘测工作。弗雷辛纳特乘坐小型帆船，深入斯宾塞湾（Spencer Gulf）和圣文森特湾（Gulf St Vincent）进行勘测。弗林德斯已考察过那里。然而一旦回到海上，常见的问题又出现了。11 月 24 日晚上，在弗罗尼奥岛（Furneaux Island）附近，一股危险的水流把地理学家号推到了海岸附近。鲍丁写道：“我准备好了锚，所有的船员都

① 有关信息和法国人设计的杰克逊港，见 Anthony J. Brown, *Ill-Starred Captains: Flinders and Baudin*, 2001, pp.262-268, 274-278。

上了岗，除了那些军官依照他们的惯例在床上睡觉。”[1] 12 月，在勘测国王岛时，一只大敞篷船上了岸，“载着科学家们的书籍和行李，这些绅士出动时总是行头华丽，阵容壮观。厨师们带着各种锅碗瓢盆，堆满了船舱，连船员都没地方待了”。鲍丁绝望地退避到自己的舱室里，“十分懊悔没让这些家伙跟着博物学家号回老家”[2]。对奢侈生活方式的批评不适于针对佩隆，他是个工作狂，在莱索的帮助下，废寝忘食地采集植物，还用分配给自己的酒来保存动物标本。在国王岛上，佩隆惊愕地看到英国的海豹猎人大批地杀死象海豹，哀叹道，“贪婪的商人仿佛发誓要灭绝这个物种。它们现在无处可逃了”[3]。他的传记作者认为这段话是澳大利亚生态写作的里程碑。在圣文森特湾的袋鼠岛（Kangaroo Island），他们捕捉了几只巨型袋鼠和侏儒鸸鹋，但由于大雨灌进了甲板上的动物笼，几天之内，死了两只袋鼠。为了保护剩下的五只袋鼠，鲍丁让植物学家和一名船员把他们的小屋腾出来，结果遭到了抗议，鲍丁不得不道歉，因为没有意识到他们更关心“自己的舒适和暂时的好处，而不在乎探险队获得更大成功和给国家带来利益”。在 1791 年温哥华造访时命名的乔治国王湾西部，植物学家们搜集了大量的活植物，包括捕虫猪笼草，而佩隆发现了 160 种贝类，其中大部分是未知的。这些植物分别存放在船的各处，包括鲍丁本人的船舱，这样做是为了先发制人，“避免人们叫苦和抵制。当绝对必要的时候，剩下的一些船舱也可能被占用，以容纳在余下航程中可能搜集到的自然史标本”。

在军官中，经常惹鲍丁发火的是铁木号的指挥路易斯·德·弗

---

① Cornell trans., *Baudin Journal*, p.430.

② Ibid., p.442.

③ Duyker, *Péron*, p.156.

雷辛纳特，因为他“总是将快乐……凌驾于职责”，而且“不讲规则”。最让鲍丁感到愤怒和挫败的还是佩隆，他是“船上最轻率莽撞和最缺乏预见的人”。举例说，在鲨鱼湾，他们乘长舟上岸勘测，探险队1801年首次访问时没有去过那一带。佩隆只顾一门心思地搜集贝壳，再次迷了路，长达48小时断了食物和水。他和两个同伴一度浮在海里，让水淹没到胸部以躲避灼热的太阳光。长舟终于返回时，带回了大量的贝壳。这位博物学家不顾鲍丁的禁令，用朗姆酒来奖赏水手们，“结果，那天晚上，16个醉汉在船上疯狂嬉闹，我不得不三番五次地喝令他们安静，然而任何禁令对这帮科学家都无济于事”①。由于贝壳备受收藏家青睐，博物学家号搜集的大部分贝壳都被杰克逊港的英国人买走了，佩隆为此深感痛心。② 我们之前提到，威廉·丹皮尔曾报告说，在1699年造访鲨鱼湾时，他在一只鲨鱼肚子里发现了一只河马的头，而且满口牙齿齐全。此事真假难辨。③ 这回，佩隆在海滩上偶然看见了一个部分腐烂的海牛尸体，他意识到，海牛的牙齿和同为食草动物河马的相似，尽管牙床结构不同。这就解开了丹皮尔故事的小谜团，他看到的有可能是海牛。④

从鲨鱼湾向北航行，他们好几次险些撞上暗礁或搁浅，鲍丁对前辈们制作的海图失去了信心：“那些试图描绘海岸走向的地理学家所做的一切都是错的，甚至一些细节……哪怕没有他们的指南，也比误导航线或让船只陷入某些危险境地要好些。”⑤ 鲍丁不信任军

① 上述引语见 Cornell trans., *Baudin Journal*, pp.473, 492, 491, 499, 509-511。
② Péron, *Voyage*, Books I-III, p.85.
③ Ibid., p.27.
④ Ibid., Book Ⅳ pp.151-153.
⑤ Cornell trans., *Baudin Journal*, p.525.

官们，每天亲自待在甲板上很长时间，直到4月12日，他在日记里写道，“我实在精疲力竭，几乎无法站立了”。5月7日，地理学家号到达帝汶岛，在那里获得了新鲜食品，但以痢疾暴发为代价。在该岛休整了一个月后，鲍丁决定恢复勘测，目标是澳大利亚西北海岸。出发不久，天文学家伯尼尔就死了，这对鲍丁个人和探险队的勘测工作来说都是沉重的打击。鲍丁写道，这个23岁的人，具备了一名成功科学家在远航中所需的全部素质，除了身体不够强壮。病号数目与日俱增，一些人患有性病；鲍丁也一直咳嗽、吐血。船上的鸸鹋由人工喂食大米粒，鲍丁用配给自己的葡萄酒和糖来饲养袋鼠。7月7日，鲍丁终于决定放弃勘测澳大利亚西北海岸，改为前往法兰西岛。这艘船只有一个月的干粮和两个月的水，20个人列在病号名单上。终止勘测的消息令人们普遍感到欣慰，但也有些质疑，鲍丁在日志中写道：“在整个航程中，人们从不知道我要去哪里，或我想做什么。在甲板上守夜的人中有几个频繁地查看指南针，唯恐没听清楚我的命令。”① 在去法兰西岛的四个星期航程中，又累又病的鲍丁一直独自待在舱里，“充其量是一艘幽灵船上的影子船长”②。

1803年8月7日，地理学家号抵达法兰西岛。9月16日，鲍丁死于肺结核。探险队为他举行了葬礼。假如一名军校学员后来的评论是准确的，那只不过是个形式。鲍丁在最后的日子里表现出了“巨大的精神力量”，但“人们都厌恶他，他的葬礼阴郁凄凉”③。由于鲍丁和其他人的离世，只剩下一半的军官和学者来完成这次探

---

① Cornell trans., *Baudin Journal*, p.560.

② 出自勒内·布维尔（René Bouvier）和迈尼亚尔（E. Maynial）的对话，引自 Brown, *Ill-Starred Captains*, p.365。

③ Ibid., p.369.

险。返程途中，博物学家号在英吉利海峡被捕，但经求助于约瑟夫·班克斯，获准继续航行到勒阿弗尔（Le Havre），于1803年6月抵达，据称装载着20箱珍贵的活动物和鸟类，以及133箱植物和其他标本。地理学家号更是满载而归，在1804年3月到达布列塔尼（Brittany）的洛里昂（Lorient），带回了一批非凡的自然史标本，正如佩隆航行记中记载的："除了大量的矿物、干燥植物、贝壳、鱼类、爬行动物外，还有保存在酒精中的植物形动物，填充或解剖的四足动物和鸟类；另外有70只大箱子，里面装满了植物，保持着自然状态（包括近200种不同的有用物种），大约有600种植物的种子分装在数千个小袋子里。"① 莱索尽管没有进行植物类标本的绘画，但是带回法国的动物学绘画也近一千幅。这些杰出的水彩画精细入微，栩栩如生，展现了惊人的海洋生物种类。② 特别有价值的是软体动物和植物形动物的图像，它们长期以来被博物学家忽视了，因为"形状怪异，难以描述、绘制和保存。它们的颜色通常沉闷灰暗、不讨人喜欢；它们的躯体柔软、黏稠，而且散发出令人厌恶的腐臭味，（一旦暴露在空气中）几乎立刻就腐烂了"③。

佩隆有两个优势，一是他在乔治·居维叶的指导下研习过四年；二是有莱索的合作："我们所有的工作和观察都是在活动物身上进行的。我尽可能准确地用文字描述，他则精确地用艺术将其再现，技巧相当精湛，得到高度赞赏。"④

地理学家号简直就是一座漂浮的动物园，载着72只"稀有的

---

① Péron and Freycinet, *Voyage of Discovery*, Book Ⅳ, p.14.

② Fornasiero et al., *Encountering Terra Australis*, p.326.

③ François Péron, *Voyage of Discovery to the Southern Lands*, 2nd edn., Paris, 1824, *Dissertations on Various Subjects*, trans. Christine Cornell, Adelaide, 2007.

④ Ibid., p.4.

或绝对新奇的”动物。其中包括两只袋鼠，还有一只豹子和一只老虎——是法兰西岛总督送给很快成为皇后的波拿巴夫人约瑟芬的。在好望角，探险队也接受了同样招惹麻烦的礼物，包括两只猩猩和两只鸵鸟。从洛里昂，火车将动物和收藏品运到巴黎，国家自然博物馆接收了装在300只桶里的植物和树木。据安托万－洛朗·朱西厄判断，这是法国有史以来获得的最大一批且最有价值的自然史物件，还有的教授声称佩隆和莱索搜集的“未知生物比近期所有博物学家的收获总数还多”①。可想而知，各方面都期望尽早出版此次远航记录，但时值欧洲战争，1805年发生了特拉法尔加（Trafalgar）和奥斯特里茨（Austerlitz）两大战役②，法国政府无暇关注出版事宜，不太可能将之列入优先日程。佩隆和莱索花了很多时间编目和撰述，均未得到官方支持或资助。而且，有关此次远航中发生纷争的报告给整个探险蒙上了一层阴影。据说拿破仑如此评论鲍丁：“死了是好事，若是他回来，我会把他绞死。”③当然，这句话可能是捏造的，但在很大程度上代表了官方意见。

1806年，地理学家号返回两年后，皇帝终于批准由政府资助出版远航记录，由佩隆和路易斯·德·弗雷辛纳特执笔，莱索负责编排插图。佩蒂特在探险队回来后不久死于一次事故。帝国研究院（Institut Impérial，前身为国家研究院）的科学家们高度评价该探险队取得的成果，皇帝大概有所触动，或许亦受到了枕边风的影响——探险队给皇后约瑟芬带回了一些珍奇动物和花草，养

① Péron, *Voyage of Discovery*, Books I-III, p.xxiv.

② 特拉法尔加和奥斯特里茨是1805年两次重要战役的发生地。特拉法尔加战役的胜利确立了不列颠在海上的统治地位。奥斯特里茨战役是法国与俄国和奥地利之间的战争。——译者注

③ Brown, *Ill-Starred Captains*, p.421.

在巴黎市郊马尔梅森（Malmaison）城堡的花园里（图 31）。她命法国最著名的花卉艺术家绘制了来自澳大利亚的植物，这在某种程度上弥补了此次远航欠缺的植物图画。远航官方记录名为《南方大陆探索远航记》（*Voyage de découvertes aux Terres Australes*），佩隆在世时只出版了第一卷，内容截至 1802 年访问杰克逊港。佩隆没有计划单独列出动物学部分。它附有一个图册，其中没有地图，而是莱索精心制作的一系列关于澳大利亚土著、动物和海岸线的版画。

1809 年，《南方大陆探索远航记》英译本出版。路易斯·德·弗雷辛纳特在 1811 年出版了一部图册，包括 26 张海图和示意图。它惹怒了不列颠的官僚们，因为它丝毫未提及弗林德斯的勘测活动，并且用“波拿巴”命名了澳大利亚东南沿海的一系列地点。辱上加辱的是，在弗雷辛纳特制作的海图上，澳大利亚东南沿海被标为“拿破仑大陆”（Terre Napoléon）。《评论季刊》（*Quarterly Review*）刊登了一篇文章，作者很可能是英国海军部有影响力的常务秘书长约翰·巴罗（John Barrow），文章指出：“人们产生了一种强烈的怀疑，即整个行为是一种预谋，试图通过攫取合法拥有者的发现功绩，在未来某个时刻宣称［法国］对新荷兰这部分地区的所有权。”[1] 由于弗林德斯连同他的日记和海图都被扣留在了法兰西岛，佩隆和弗雷辛纳特得以宣称澳大利亚南部海岸探险的优先权。然而，别说对弗林德斯的成就予以肯定了，法国人甚至都不愿承认自己船长鲍丁的功绩。鲍丁选择的绝大多数命名具有沿海特色，有些反映了地理形貌和当地生物，有些是纪念杰出的海军军官，但这些命名被佩隆和弗雷辛纳特粗鲁地弃若敝屣，全部改成了向无所不包

① Geoffrey C. Ingleton, *Matthew Flinders: Navigator and Chartmaker*, Sydney, 1986, p.291.

的拿破仑政权致敬的名称。[①]

从许多方面来看，佩隆的远航记是一部令人印象深刻的著作，自然史和人类学观察同生动有趣的叙述融为一体，但由于作者对鲍丁的病态仇恨心理导致了某种扭曲。弗雷辛纳特似乎也抱有同样的偏见，在新近发现的 1806 年 10 月的一封信中，他谈到即将出版的记录时说："那个卑劣指挥官将不在其中。尽管他存在过，但他的回忆和他的名字将被永远抹去，不至于让此次辉煌的远航蒙羞。"[②] 鲍丁的名字在整本书里仅出现了一次，就是他在 1803 年 9 月 16 日去世，语气充满轻蔑不屑："鲍丁先生已不复存在。"[③] 文中凡涉"指挥官"之处，无一例外采用批评的口吻，这对鲍丁身后的名声非常不利。不过这也反映了鲍丁对佩隆的感情镜像。尽管鲍丁本人的日志和说法一直未能公诸于世，但佩隆已清楚地意识到鲍丁对自己的贬评。1810 年，佩隆跟鲍丁一样，死于肺结核，年仅 35 岁（图 30）。他从未发表关于新荷兰动物学的全面研究成果。人们打算为他建造一座墓碑，碑文是这样的："他宛如一株硕果累累的大树，因施肥过度而枯萎了。"[④] 然而纪念碑最终并没有建成。

佩隆去世后，《南方大陆探索远航记》第二卷由路易斯·德·弗雷辛纳特完成，直到 1816 年才出版。试图将科学家和探险队其他成员的各种观察结果综合起来并非易事，正如弗雷辛纳特所说，

---

① 关于这个问题的近期研究概述，见 Jean Fornasiero and John West-Sooby, 'Naming and Shaming: The Baudin Expedition and the Politics of Nomenclature in the Terres Australes', in Anne M. Scott et al., *European Perceptions of Terra Australis*, Farnham, Surrey, 2011, pp.165-184。

② Ibid., p.178n.

③ Péron, *Voyage*, Books I-III, p.251.

④ Anthony J. Brown, 'Introduction', in ibid., p.xxxvi.

“我们每个人都依照自己的观点行事”①。有关成员去世、出版延迟和缺少官方赞助等因素，阻碍了鲍丁探险的科学成果获得应有的正确评价。由于没有一位资深植物学家随船返回，植物标本委托给雅克－朱利安·胡图·德·拉比亚迪埃管理。这一决定似乎是合乎逻辑的，因为这位植物学家正在准备出版《新荷兰植物标本》（*Novae Hollandiae plantarum specimen*）一书，其中包括他在德·恩特雷斯塔克斯探险中取得的成果。遗憾的是，他并没有区分鲍丁探险队搜集的标本和他自己的标本，而是将两者混合存放在他个人的标本馆里。他死后，标本被迁至意大利（今天收藏在佛罗伦萨的植物研究所）。就动物学而言，几十年间，佩隆的标本、笔记和莱索的精美画作在巴黎自然历史博物馆的储藏室里无人问津，直到 19 世纪末叶才迁入较好的环境——勒阿弗尔的自然历史博物馆。时至今日，该馆一直在做认定和发表鲍丁探险搜集的标本的工作。②更令人沮丧的是民族志文物的命运。地理学家号返航后，将 206 件土著人及其他文物送给了约瑟芬皇后，但在她死后，全部收藏都失踪了，从此石沉大海。

鲍丁作为一支重要探险队的指挥官，一方面，他无疑具有性格缺陷。他承认自己深藏不露，对人极其严苛，当发生争端时，很少能听得进不同的观点。从他的日记可以发现，他预料到军官和科学天才会产生分歧，却竟然从中获得一种近乎反常的快感；另一方面，很显然，许多军官从一开始就对鲍丁抱有偏见。当代一位英国观察家指出，“军官队伍普遍缺乏纪律”，他将这一问题归咎于受到“当时在法国占主导地位的平等主义影响”。最近的一位评论家则认

① Kingston, ‘A Not So Pacific Voyage’, p.150.

② Fornasiero et al., *Encountering Terra Australis*, p.348.

为，鲍丁和下属官员的紧张关系“不是由革命的平等主义思想导致的，而是源于早先时代的家族和社会等级的高傲感”[1]。鲍丁健康状况的恶化无助于改进他的判断力，不过，他在病入膏肓时表现出非凡的坚忍精神，直到最后一刻才放弃了远航的某些目标。无论根据什么标准来衡量，他的工作成就都是相当可观的。虽然弗林德斯先于法国人在南海岸进行了大量的勘测，这令鲍丁感到意外且极度失望，但他在勘测维多利亚海岸方面成果巨大，功不可没。[2] 在漫长的航程中，鲍丁的船员损失惨重，但两艘船均得以幸存，带回了无与伦比的自然史标本收藏。最后需要指出的是，他严格控制船员使用枪支，确保了在发生冲突时没有造成当地居民的伤亡。可是“历史是由幸存者写的”，澳大利亚海岸线的重要地点都没有跟鲍丁的名字联系起来。[3] 鲍丁也是那个时代被遗忘的探险家，就这一点来说，他的结局或许比马拉斯皮纳更为可悲。

* * *

1801 年 12 月，在鲍丁登陆六个月后，马修 · 弗林德斯的调查者号从开普敦顺利驶达卢因角，尽管船只状况不佳。官方命令他航行到东经 130°（今天西澳大利亚和南澳大利亚的边界附近），再向东直达巴斯海峡，开始勘测。但弗林德斯违背了指令，立即在卢因角南岸展开了长达五个月的勘测活动。这一“微小的调整”，如弗

---

① Horner, *The French Reconnaissance*, p.324.

② Lipscombe, ‘Two Continents or One? ’, p.38.

③ Péron, *Voyage*, Books I-III, ‘Introduction’, p.xxix. 在南澳大利亚的罗布（Robe）海岸有由弗林德斯命名的“鲍丁岩礁”（Baudin Rocks），在袋鼠岛有“鲍丁海滩”（Baudin Beach）。

林德斯所说，导致了不可预料的后果。尽管鲍丁比弗林德斯提前十个月离开欧洲，但他穿越大西洋时不紧不慢，决定首先绘制新荷兰西海岸的海图，并在法兰西岛上停了三个月，从而使得弗林德斯先行一步，勘测了德·恩特雷斯塔克斯和温哥华均未涉足的南部漫长海岸线，绘制了海图。1802 年 1 月，鲍丁到达塔斯马尼亚水域，在那里待到 3 月，此时弗林德斯已完成勘测并命名了“澳大利亚大海湾”（Great Australian Bight），并从斯宾塞湾驶达袋鼠岛。他停留时间最长的地点是乔治国王湾，在那里，他们与澳大利亚土著的关系融洽，布朗和船上的外科医生测量了其中一人的身体部位，并收集了他们的语言词汇。尽管探险队的天文学家早已从好望角返回了英国，但在澳大利亚绵延海岸的一些人迹罕至的地区，弗林德斯绘制的地图相当精确，直到第二次世界大战还在使用。[①]

在德·恩特雷斯塔克斯命名的洛切切群岛，弗林德斯停泊了五天，让植物学家们搜集植物。彼得·古德自认为不单纯是一名园艺师。在出发之前他就向班克斯明确表示，“我若成为未知植物和种子的第一位介绍者，将感到非常荣幸”[②]。有时古德上岸采集，布朗留在船上整理植物和编目。布朗不是一个容易取悦的人，但他显然对古德评价很高，并写信给班克斯说：“很难相信他的部门里还有比他工作更勤奋的人了，可惜没有足够的设备来保存这么多的植物。”[③] 显然，布朗对调查者号没有在上层后甲板安装温室感到遗憾。

同鲍丁探险航程中的情况类似，进行搜集活动的博物学家和艺术家仿佛缺少起码的方向感。1801 年圣诞夜在托贝湾（Torbay

① Brown, *Ill-Starred Captains*, p.159.

② Edwards, ‘Peter Good Journal’, p.21.

③ Ibid., p.24.

Inlet)，布朗的团队迷路了。天气极其炎热，几乎断了饮水，“鲍尔先生精疲力竭地躺了下来，似乎无法继续前行了……每次停步，他都感到无法对抗睡意，而且几乎每走四十来步就要停一次”。这几个人花了四五个小时才返回海滩，不得不在那里度过一夜。[①] 几个星期后，布朗自己又跟其他人走散了：

> 无法忍受的酷热……我终于走到了海滩上，一瘸一拐地钻进岩石中的一个小洞里，以躲避阳光的直射，但是空气闷热不堪。既看不到船只停泊的小岛，更没有船的影子。此时，或许是由于身体过于虚弱，或许是由于走了无数之字形的路，我已经完全迷失了方向……走了大约半英里后，我又回到同一个洞里，休息了片刻，然后朝相反的方向走。当我从海滩爬上岩石，很快就看到了我们的船。[②]

一个半小时后，大船派出的一只小艇营救了布朗。东海岸是无法接近和危险的，在一次悲惨的事件中，他们丧失了一只小艇，连同艇上的指挥、一名军校学员和六名水手。北部海岸有两个大缺口，他们希望从这里能通向一条海峡，进入内陆海，甚至到达遥远的卡特彼利亚湾（Gulf of Carpentaria），结果发现它们是斯宾塞湾和圣文森特湾的纵深入口。在这座名副其实的袋鼠岛上，他们猎杀了数十只有袋类动物，弗林德斯和船员们享受了“一场愉快的盛宴……他们几乎已有四个月没吃到任何新鲜食物了”[③]。

---

① T.G. Vallance, D.T. Moore and E.W. Groves eds., *Nature's Investigator: The Diary of Robert Brown in Australia, 1801-1805*, Canberra, 2001, p.102.

② Ibid., p.127.

③ Flinders,*Voyage to Terra Australis*, Ⅰ, p.122.

1802年4月8日，在墨累河（Murray River）河口附近，弗林德斯看到了鲍丁的地理学家号，它在塔斯马尼亚水域停留后，正向西航行。两位船长都没有观察到澳大利亚这条最大河流的河口。直到第二天再次见面，鲍丁得知弗林德斯的名字，才意识到他便是访问巴斯海峡的探险家。弗林德斯恰当地总结了这位法国佬的反应："他露出了一丝惊讶之色，并向我表示祝贺。但我不认为，此刻我出现在这个地方，沿着这片未知的海岸航行，能带给他什么快乐。"①罗伯特·布朗随同弗林德斯登上了地理学家号，他对自己在澳大利亚炎夏采集植物的成果感到失望，所以很想知道法国的植物学家表现如何："鲍丁船长告诉我们，他们搜集了很多珍奇的自然史物件，如果没弄错的话，船上总共有一百箱。[可是]我在他的船上没看到任何活植物。他自己的小舱室里摆着一排装满泥土的花盆，但似乎没有植物。"②秋风席卷巴斯海峡时，调查者号的勘测和采集活动均告结束，于5月9日到达杰克逊港，船员们的"健康状况比我们离开斯皮特黑德的时候要好些"③。弗林德斯松了一口气。布朗写信给班克斯的图书管理员乔纳斯·德兰德（Jonas Dryander），总结了他在澳大利亚南部海岸的植物学考察情况："我不能断定的绝对未知物种超过300个。观察到的750种中，有120种是约瑟夫爵士曾在这一带或东海岸发现的，140多种是孟希斯在乔治国王湾发现的。我估计拉比亚迪埃发现的大概也有140多种。"④

弗林德斯停留在杰克逊港期间，地理学家号抵达了。弗林德斯报道说，它的"状况惨不忍睹……据指挥官说，170个人中只有12

---

① Brown, *Ill-Starred Captains*, p.183.

② Brown, *Nature's Investigator*, p.179.

③ Flinders, *Voyage to Terra Australis*, I, p.220.

④ Brown, *Nature's Investigator*, p.206.

人尚能履行自己的职责”[1]。此刻，英法签订《亚眠条约》的消息刚刚传来，双方的关系比当初在海上会面时轻松一些。弗林德斯向鲍丁展示了南海岸的一张海图，并强调了法国人考察发现的局限性。后来在发表的报告中，他直言不讳地提到展示海图时佩隆也在场，因而这位法国人没有理由为他后来的声明辩解。亨利·德·弗雷辛纳特抱怨法国博物学家上岸的时间不够多，这也是对不列颠优先权的一种默认。弗林德斯在给妻子的一封信中写道："假如我们找到一个能进入新荷兰内陆的入口，我会更高兴，它或许不存在，或许我们尚未找到；不过，我们在岛上、海湾和入口都有几项重要的发现。"[2]早在整修改装调查者号时，弗林德斯还负责监督在后甲板上安装温室的工程，他发现，当温室里放满装泥土的箱子时，船的薄弱上部承受不了它们的重量，于是将温室的高度降低了三分之一。在航行中，采集的鲜活植物被暂时存放在殖民地总督的花园里。布朗写信给班克斯说，由于推迟安装温室，存放活植物出现了严重的问题，因而"70多种植物，大多数最初的状态良好，最后只有不到十种存活下来，被运回了欧洲，还都是不太有价值的品种"[3]。古德精心储藏的种子获得了很好的回报，他通过一艘捕鲸船将种子运回英国，12个月后成功在邱园生根发芽。弗林德斯写给班克斯的信热情洋溢："挑选了像布朗先生和鲍尔先生这样刻苦和能干的人[参加探险队]，是科学事业之幸，他们专心致志的工作态度远远超出了我通常所见。"[4]

弗林德斯于1802年7月22日从杰克逊港向北航行，一艘60

① Brown, *Nature's Investigator*, p.230.

② Rigby et al., *Pioneers of the Pacific*, p.125.

③ Brown, *Nature's Investigator*, p.205.

④ Brunton ed., *Flinders Letters*, p.82.

吨小帆船纳尔逊夫人号（*Lady Nelson*）随行，用于近海勘测。探险队增加了一位成员，名叫邦加里（Bongaree），是个老土著人，大家希望他能担当译员和调解人。当他们到达大堡礁时，弗林德斯去海岸上搜寻拉佩鲁塞探险队的遗迹，但没有发现任何船舶失事的迹象。植物学家搜集了500余个新物种。珊瑚礁令弗林德斯感到既迷惑又惊愕："在水下熠熠闪光，五彩斑斓，有绿色、紫色、棕色和白色，绚丽多姿，胜过世上最迷人的花圃……但是，我们在被丰富多彩的景象吸引之时，务必切记它潜藏着毁灭［船只］的危险。"事实证明纳尔逊夫人号行驶笨拙迟缓，后来它的龙骨坏了，弗林德斯便把它送回了杰克逊港。驶过危险的珊瑚礁迷宫，调查者号于10月底穿越托雷斯海峡，进入卡特彼利亚湾。可是，接下来的坏消息玷污了已有的成就感——航行计时表两次骤停，弗林德斯的船失去了准确的经度，而且船的外壳开始以每小时超过25厘米的速度进水。航海官和木匠报告说，它朽烂得太厉害了，"不出12个月，船身几乎不会剩下一根完好的木材"。即将到来的季风迫使他们至少要等三个月才能离开卡特彼利亚湾，弗林德斯决定勘测该海湾的一道鲜为人知的海岸线。勘测工作繁琐而危险，调查者号的状况也令人担忧："在巨大的风浪中难免翻沉，因而我们认为它完全不能适应恶劣的天气。"据弗林德斯记载，"绅士植物学家们"布朗和古德，很可能还有鲍尔和韦斯托尔，频繁地上岸。在一次短途旅行中，布朗采集了大约200株植物，其中26株他认为是未知的。弗林德斯在离岸不远的岛上发现了土著人的几十幅洞穴壁画，十分兴奋。其中一些被韦斯托尔复制了下来。最有趣的是一只袋鼠的表演，有32个土著人跟在它后面。（图33）队伍里第三个人的身高是其他人的近两倍，他手里拿着类似杰克逊港土著用的木棍，很可能扮演了一位酋长。因为土著人不穿衣服，无法像我们一样用服饰来显示优越地位，所以手握类似古代的武器似乎成为掌握较高权力之人的重要徽章。[①]

几天后，一艘小船的成员同一群澳大利亚土著发生了冲突，一名船员受伤，一个土著被杀死。另有一名船员中暑而死。他们处理死尸的方式显然是有区别的：按照通常的荣誉仪式将船员葬入了大海，而将土著的尸体解剖了，把他的头颅泡在酒精里带回英国做科学研究。

到 1803 年 3 月，调查者号上有 20 多人患了坏血病，弗林德斯决定前往帝汶岛获取新鲜食物。船停泊了一个多星期，痢疾又在船员中传染开来。鲍尔从那里给他的弟弟弗兰兹（Franz）寄了一封信，描述了艺术家在探索航行中面临的一些问题。譬如，“由于船舱里既潮湿又闷热”，他带来的纸张“都发霉了，上面布满霉斑，无法用来绘画了”[②]。这种困难是帕金森和其他艺术家见惯不惊的。返回杰克逊港的航线是沿着澳大利亚西海岸，因而弗林德斯第一次得以环绕这个大陆。对于一艘腐烂不堪的船来说，这是一段痛苦的航程，倘若遇到任何强风，“它定会像一只鸡蛋那样被打碎而沉没”[③]。在澳大利亚西北海岸，他们试图找到臭名昭著的特里亚尔岩礁（Trial Rocks）[④] 并绘制海图，但没有成功。船员的严重病情迫使弗林德斯放弃了进一步详细勘测的计划。五名船员在海上死去，

---

① Flinders, *Voyage to Terra Australis*, Ⅱ, pp.88 (23 November 1802), 189.

② Janette Gathe and Ellen Hickman, ‘Ferdinand Bauer: Natural History Artist’, in Wege et al., *Flinders and his Scientific Gentlemen*, p.70.

③ Brunton ed., *Flinders Letters*, p.100.

④ 位于澳大利亚西北海岸外印度洋的一片岩礁，在蒙特贝洛（Montebello）群岛外缘西北 14 公里处。它的名字源于特里亚尔号（*Tryall*）——澳大利亚水域中已知的第一艘沉船，在 1622 年撞击了当时未知的一片岩礁后沉没。这场神秘和阴森的海难令“每一个前往东部岛屿的航海者都感到恐惧”，人们寻找了三个多世纪，终于在 1969 年确定了那片岩礁的位置。——译者注

1803 年 6 月初到达杰克逊港后又有四人亡故，其中包括“无价之宝”彼得 · 古德。在那里，调查者号接受了全面检查，它已完全不适于继续航行，船板腐朽不堪，弗林德斯用一根木棍就可将它戳通。虽然有一艘替代船海豚号（*Porpoise*），状况也强不了多少。弗林德斯最后做出了决定，乘海豚号带着海图返回英国，寄希望于海军部再派一艘船让他继续完成考察。他们在海豚号的甲板上安装了一个温室，存放在过去 12 个月里搜集的植物。

然而，这一决定成为弗林德斯一连串不幸的开始。在杰克逊港北边 700 英里处，海豚号和随行船加图号（*Cato*）碰到一片未知礁石而撞成了碎片。面临绝境，弗林德斯和加图号船长设法驾驶一艘小艇返回了杰克逊港，以组织营救队伍。他们来到总督的住宅，菲利普 · 吉德利 · 金正与家人共进晚餐：“自从发生海难，我们一直没刮过胡子，而最令总督惊讶的是，眼前这两个蓬头垢面的人应当距此几百里格，在返回英国的路上！”[①] 当他从震惊中反应过来后，迅速组织了三艘船去营救遇难者。弗林德斯在后来发表的记录中讲述了有关他弟弟塞缪尔的一件逸事，塞缪尔当时被留在沉船礁（Wreck Reef）负责救援。当有人望见营救者的船帆时，他“正在帐篷里计算月球的距离，一位年轻绅士跑来报告说：‘先生！先生！来了一艘舰艇和两只双桅帆船！’稍思片刻后，弗林德斯先生［塞缪尔］认为是他的哥哥回来了，便问船是否很近了？回答是还不很近；于是他说，待船到达锚地时再通知他吧，转而非常冷静地又埋头于计算了”[②]。当时，马修 · 弗林德斯在坎伯兰号（*Cumberland*）上，它是一艘 29 吨的双桅帆船，据说比泰晤士河上

---

① Flinders, *Voyage to Terra Australis*, Ⅱ, p.322.

② Ibid., p.328.

的渡船还小，但他仍然决定在救援完成后，驾驶它返回英国。这是一个鲁莽的决定，给弗林德斯带来了灾难性的后果。

穿越印度洋时，坎伯兰号的状况非常糟糕，弗林德斯便决定到法兰西岛去寻求帮助。他并不知道，英国和法国又爆发了战争。岛上的总督、拿破仑的将军迪肯（Decaen）[①] 把弗林德斯视为可疑的间谍。弗林德斯的傲慢态度更是雪上加霜，而且，因为坎伯兰号不像调查者号那样受到官方的保护，所以弗林德斯在法国的岛屿上没有法律地位。尽管他竭尽全力地争取获释，仍被拘禁在岛上达六年之久。[②] 当弗林德斯于 1810 年返回英国时，佩隆编撰的鲍丁远航记第一卷的法文本和英译本已经出版，而世人对弗林德斯远航的报道没有多少反响。尤其令人不安的是，尽管他在 1804 年——在法兰西岛上身陷囹圄期间，绘制了澳大利亚的总海图（图 34），但直到 1814 年才出版，而路易斯·德·弗雷辛纳特绘制的海图已在 1809 年发行——采用了法文地名和对抗性的地名："拿破仑大陆"。对于任何海军军官来说，为新发现的地理特征命名是他最珍视的特权之一，而弗林德斯命名的地名被更改的情况尤其令人伤感。他在 1809 年听说这个消息后给班克斯写信道："他们在巴黎试图剥夺我在科学界可能得到的些微荣誉，那是我付出的劳动挣得的。"[③]

当弗林德斯乘坐小坎伯兰号离开杰克逊港时，罗伯特·布朗带着他搜集的部分藏品留在了岛上。他写信向班克斯哀叹，遇难船上所有的植物都毁了，这是"无法弥补的损失，尽管几乎所有标本

---

① 全名查尔斯·马蒂厄·伊西多尔·迪肯（Charles Mathieu Isidore Decaen），1769—1832。——译者注

② 有关弗林德斯被拘留的详情，见 Anthony J. Brown and Gillian Dooley eds., *Matthew Flinders: Private Journal*, Adelaide, 2005；又见 Huguette Ly-Tio-Fane Pineo, *In the Grip of the Eagle: Matthew Flinders at Ile de France 1803-1810*, Moka, Mauritius, 1988。

③ Brown, *Ill-Starred Captains*, p.405.

我都留有副本，而且那些已经寄给你的算是其中最好的”[①]。幸运的是，他搜集的几箱种子都保存了下来。

布朗和弗林德斯的关系似乎不错，但在1803年8月的一封信中，这位植物学家十分气恼地讲述了一个情节，是关于船上紧张局势的老生常谈，尽管不清楚弗林德斯在多大程度上明了这一点：“我彻底失望了……我们的远足无法延伸到海岸几英里之外。因而目前对新荷兰的内陆仍是一无所知……无论船停泊在哪里，我都至少有着陆的机会，然而由于时间常常十分有限，所能完成的工作甚少。”特别令他恼火的是，船上缺少存放标本的密封防水箱。在殖民地的工人制作了几个，但做工非常拙劣，被吊运到调查者号上时，一个箱子甚至摔成了碎片。布朗觉得弗林德斯很不重视这些问题，建议班克斯“劝诫他几句”，或许会有帮助。然而事与愿违，他收到了班克斯的尖刻回复，称赞弗林德斯给布朗提供了“各种登陆和植物考察的机会”，比库克在奋进号航程中做得好多了。[②]

令人震惊的是，从调查者号上截取的废木料又被用来建造海船。拆掉上甲板后，它的吨位减少了一半，被重新装配成一艘双桅帆船（有两个桅杆而不是原有的三个），仍叫调查者号。布朗怀着极大的疑虑乘坐这艘船返回英国，带上他的“最不易毁坏的那部分标本”，不让它们“在殖民地的仓库里腐烂”。活植物留在了帕拉马塔，由乔治·凯利（George Caley）照管，他是班克斯在世界各地的许多搜集帮手之一。绕合恩角的航行扣人心弦，布朗率领调查者号，一路上未再访问任何港口，于1805年10月抵达利物浦。布

① Brown, *Nature's Investigator*, p.438.

② Ibid., pp.418, 420, 423. 有关布朗的不满，见‘The Politics and Pragmatics of Seaborne Plant Transportation 1769-1805’, in Margarette Lincoln ed., *Science and Exploration in the Pacific*, pp.88, 96-97。

朗写道：“这一漫长的航程总共四个月零十六天。驾着被截掉一半的调查者号，它或许是全世界最凄惨的一艘船了。”① 一位目击者描述，当这艘船驶进利物浦港时，“它的两侧覆满了藤壶和海藻，帆、桅杆和索具破烂不堪，看上去像是一只被遗弃的船……更令人惊诧的景象是，船上装满了我们从未见过的植物，还有黑天鹅等奇特的鸟类和四足动物，把我们团团围住”②。费迪南·鲍尔也在这艘船上，带回了2000多幅自然史素描图。4000件干燥植物（其中1700种是科学界未知的）从利物浦通过陆路运到伦敦，收入班克斯标本馆，把所有可用空间都塞满了。布朗和鲍尔抵达伦敦的时间是1805年11月5日，那是特拉法尔加战役获胜和纳尔逊阵亡③ 的消息传到海军部的前一天，因而毫不奇怪，他们未受到任何关注。布朗回国后，继续从事研究标本的工作，于1810年出版了《新荷兰植物史初论》（*Prodromus florae Novae Hollandiae*）④，描述了澳大利亚植物464个属和1000个种。它没有索引和插图，价格昂贵，仅售出了26本，不过班克斯仍在1859年称赞它为“有史以来最伟大的植物学著作”⑤。布朗在此书中采用了朱西厄的“自然”分类系统，而不是林奈的“人工”或按照性器官分类的系统，为未来的植物学出版物建立了一种模式。这一改变借助了鲍尔的才华，他通过绘画揭示植物的完整形态结构。佩隆承诺对鲍丁远航作出总体的描

---

① Brown, *Nature's Investigator*, pp.589-590.

② Brown, *Ill-Starred Captains*, pp.437-438.

③ 霍雷肖·纳尔逊（Horatio Nelson，1758—1805）是英国风帆战列舰时代最著名的海军将领和军事家，他在1805年10月的特拉法尔加海战中击溃法国与西班牙组成的联合舰队，迫使拿破仑彻底放弃了从海上进攻英国本土的计划，但他自己在战事结束前半小时负重伤身亡。——译者注

④ 该书全名为《新荷兰和范迪门斯地植物志：植物特征展示》（*Prodromus florae Novae Hollandiae et Insulae Van-Diemen, exhibens characteres plantarum*）。——译者注

⑤ 'Robert Brown', in *Oxford Dictionary of National Biography*, 8, 2004, p.108.

述，这使得他不能充分注重探险队科学研究的方面；布朗则不同，他撰写的澳大利亚植物学研究著作具有重要的开创意义。[①] 海军部提供的帮助很少，最终的出版物未能按照布朗设想的方式完成。该时期布朗和其他植物学家搜集的大量异域标本，似乎反常地导致公众降低了对他们所付努力的兴趣。1808 年，班克斯在帕拉马塔写信给凯利："我不能说植物学仍像从前那样时髦。每年积聚的大量新植物似乎阻碍了人们的收藏热情，因为他们觉得没有希望完整无缺地收藏任何一个种属。"[②] 1820 年班克斯去世后，布朗监督将该批收藏迁至大英博物馆，在他的指导下，它们成为第一批免费向公众展示的国家植物学收藏。直到 1858 年去世，布朗一直在整理调查者号远航带回的标本，包括打算移交给国家博物馆的标本，其中许多存在苏荷广场 32 号的标本馆中，长期被捆扎在原始的包裹里。[③]

调查者号返航后，费迪南·鲍尔根据他带回的植物和动物草图，制作出一系列精美的绘画。这些水彩画中有 236 幅是植物学的，52 幅是动物学的。将这部分绘画的比例同布朗的出版物结合起来可以看出，在弗林德斯探险队里，博物学家的首要任务是研究植物学，而地理学家号上的佩隆和莱索集中研究动物学和人类学。为了克服在野外停留时间短暂的问题，鲍尔在现场只绘制铅笔草图，过后再通过参引一个复杂的代码系统来为它们着色。这些字码代表上千种不同的颜色变化，能够确定最细微的阴暗层次（图

---

① D. J. Mabberley, *Jupiter Botanicus: Robert Brown of the British Museum*, 1985; Ann Moyal, 'The Scientific Legacy', in Thomas, *Encounter, 1802*, pp.186-197.

② Smith, *European Vision and the South Pacific*, p.217.

③ Eric W. Groves, 'Procrastination or Unpredictable Circumstances? The Handling of Robert Brown's Australian Plant Collection(s) in London', in Wege et al., *Flinders and his Scientific Gentlemen*, pp.129-141.

32）。这是汉克在马拉斯皮纳远航中运用过的一种技法，毋庸置疑，他们两人都是荷兰植物学家尼古拉·冯·杰奎因（Nikolaus J. von Jacquin）在维也纳的学生。① 由于未能找到出版商，鲍尔于1814年返回奥地利。他的《新荷兰植物区系图集》（*Illustrationes florae Novae Hollandiae*，1813—1817）中收入了另外15幅版画。但直到20世纪下半叶，这位艺术家的绘画成就才得以彻底展现。艺术史学家伯纳德·史密斯（Bernard Smith）将鲍尔称为“自然史插图领域的达·芬奇”②。

1810年10月，弗林德斯回到英国，尽管享受了与安妮团聚的喜悦（他的女儿于1812年出生），但在生命的最后四年里生活依然十分艰辛，困难接踵而来，不仅要完成航海记录，争取海军部的支持出版，还要应付个人财政窘况和慢性疾病。他期盼自己有朝一日比“不朽的库克”更加名垂青史，但那一天似乎遥遥无期。③ 当弗林德斯被提升为高级舰长时，他希望能从1804年在法兰西岛被拘留时开始生效，但海军大臣认为顶多只能将晋升日期提前几个月。而且，海军部拒绝报销出版远航记的全部费用。这部航海记很难撰写，也不易读。正如弗林德斯在序言中坦承的，“没有追求……完美无缺的风格。我关注的是事实而不是形式”④。弗林德斯渴望确立自己绘制澳大利亚海图的优先权，在书中收入了大量水文数据；并在两卷本的后半部，用了大量篇幅对迪肯将军在法兰西岛上给他的待遇发泄怨恨。该书有四个技术方面的大附件，包括布朗的80页论

---

① Victoria Ibáñez and H.W. Lac, ‘The Early Colour Code of the Bauer Brothers’, *Curtis Botanical Magazine*, 1995; M.J. Norst, *Ferdinand Bauer: The Australian Natural History Drawings*, Melboune, 1989.

② Gathe and Hickman, ‘Ferdinand Bauer’, in ibid., p.74.

③ Brunton ed., *Flinders Letters*, p.116.

④ Flinders,*Voyage to Terra Australis*, I, p.ix.

文：《南方大陆植物学总论》（*General Remarks on the Botany of Terra Australis*），是用英文撰写的，与他的前一部著作不同；所附图集包括鲍尔的自然史绘图和威廉·韦斯托尔的风景画。弗林德斯花了很多时间和精力审阅和重新绘制海图，尤其是壮观的“南方大陆或称澳大利亚总海图”（General Chart of Terra Australis or Australia），标题反映了欧洲人对这块大陆的旧概念和新认识。

1814年初，弗林德斯的病情日益加重，已无法走出家门。7月19日，在他临终前几个小时，远航记的样书送到了他床边，但他已失去了意识。这本书出版的时间不巧，英法和美国激战正酣，只印刷了1150本，售出不到一半。在生命的最后数月里，弗林德斯接到了一个令他失望的消息：班克斯将书名定为《调查者号南方大陆远航记》，而弗林德斯更愿意把整个大陆称作“澳大利亚”[1]。弗林德斯去世后，过了几年，新南威尔士州州长拉克兰·麦夸里（Lachlan Macquarie）决定在通信中采用他青睐的地名“澳大利亚”，祈愿它成为“这个国家未来的名字”，以表达对这位探险家的恰当纪念。直到弗林德斯去世许多年之后，他的成就和贡献才被世人充分承认。

① Flinders, *Voyage to Terra Australis*, I, p.iii. Flinders to Banks, 17 August 1813, in Brunton ed., *Flinders Letters*, pp.233-235. 乔治·肖（George Shaw）在《新荷兰动物学》（*Zoology of New Holland*）的“This vast Island or rather Continent of Australasia, or New Holland”这篇文章中，使用了“Australasia”，似乎是第一个使用现代名称的人。

第十章
“仿佛盲人获得了明亮的双眼”

——小猎犬号上的查尔斯·达尔文

在拿破仑战争后的几年里，英国皇家海军统治着全球的海域。和平时期由于没有与之抗衡的敌军舰队，海军职责缩减了，主要是维持法律和秩序、反贩奴巡逻和勘测。对于许多年轻军官来说，缺少了通过参战获得晋升的机会，他们便将视线转向另一种途径：参加常规且乏味的航行，致力于自然史、地质学、地磁学和气象学等领域的科学研究。[①] 在约翰·巴罗（战时 1845 年任海军部常务秘书长）和弗朗西斯·博福特（Francis Beaufort，1829—1855 年任海军水文学家）的鼓励下，许多军官表现出同其专业职责不直接相关的科研兴趣。1804—1855 年，约有 400 名海军军官和海军外科医生加入了科学团体，其中 136 人发表了有关科学主题的论文。许多外科医生被指定参加特定的航行，主要目的是考察植物学、动物学或地质学。官方没有要求海军船舰配备博物学家的政策，但大多数

① 此段中的大部分信息源于 Randolph Cock, ‘Scientific Sailors and Sailing Scientists: The Pursuit of a Scientific Career in the Royal Navy, 1815-1855’, in *International Commission for Maritime History*, King’s College, London, 4 May 2000; ‘Sir Francis Beaufort and the Co-ordination of British Scientific Activity, 1829-1855’, Cambridge PhD thesis, 2002。

航行到偏远地域的船舰均携带至少一位对搜集自然标本感兴趣的军官或外科医生。这并未完全取代平民博物学家，但数量远远超过他们。当时，植物学作为一门学科尚缺乏广泛的理论基础，英国的大学或其他机构中很少雇用领薪水的博物学家。长期以来，由于鼓捣植物主要是做一些搜集和分类之类的平凡小事，一直“被认为是女性花卉画家、自学工匠和小神职人员等业余爱好者的活动”[①]。1818年，剑桥大学的钦定希腊文学教授[②]称研究自然史为“几乎不需要高智力的工作”[③]。在这种缺乏资金和学术兴趣的大环境下，海军发挥了积极的作用，组织去一些难以企及的地域搜集数据和标本；在弗朗西斯·博福特爵士的领导下，海军部成为这类信息的交换所。亚历山大·冯·洪堡曾写信向博福特索要马尾藻（Sargasso weed）分布的信息，博福特回答，他检索了航行日志，几乎没有什么发现，但“假如我早知道你对这个问题有兴趣，我会指示我们的海员特别留意”[④]。这个有趣的例子反映了英国海军部在这方面建立起的国际声誉。

在拿破仑战争后的那段时间，法国人向太平洋派出的探险队比英国人多，但他们也很少携带平民科学家登船。战后第一次远航是由弗雷辛纳特指挥的，船名为天王星号（*Uranie*）。弗雷辛纳特曾参加鲍丁探险队，那段经历警醒他要注意妥善处理非海军人员的问题。船上的外科医生和药剂师都对自然史很感兴趣，他们是船上仅有的博物学家。1820年，在返航途中，天王星号在福克兰群岛失事，许多自然历史标本被毁，但尚有数量惊人的

---

① Iain McCalman, *Darwin's Armada*, 2009, p.93.

② 詹姆斯·亨利·蒙克（James Henry Monk），1784—1856。——译者注

③ Drayton, *Nature's Government*, p.143.

④ Cited by Cock—Hydrographic Office LB13, pp.72-74, 25 June 1845.

标本幸存，包括3000种植物，1300种昆虫，近450种哺乳动物、鸟类、爬行动物和鱼类。虽然此次探险在地理上没有新的发现，但在自然史和人类学方面具有特殊价值，弗雷辛纳特在航海记录中肯定了博物学家们的贡献。航海志最终出版了五卷。[①] 弗雷辛纳特为后来的大多数探索远航建立了模式。接下来，在杜蒙特·德维尔（Dumont d'Urville）的三次太平洋远航中，兼任博物学家的外科医生的人数加倍，带回了大量植物和动物标本，被送往国家自然博物馆（Muséum National d'Histoire naturelle），甚至超出了博物馆的处理和收藏能力。1826—1829年，星盘号远航是最重要的，因为除了修正已有的海图外，德维尔还证实了拉佩鲁塞的船舰在皮特岛遇难的地点。随着时间的推移，越来越多前往太平洋的法国航船带有政治和商业动机。在造访之地悬挂国旗，保护贸易商和传教士，并注意发现具有潜在优势的未来占领地，等等，均是远航指令的重要内容，尽管有时强调得不够。[②] 可是还存在另一个问题。在第二次远航记录中，德维尔写道，自己被库克的"幽灵"缠住了。库克之后的航海家们，无论是哪个国籍的，都面临着一个事实：库克的三次远航已经搞清楚了太平洋的主要地理特征。当然，还有许多有待确认的细节和有待修正的图表，一些鲜为人知的海岸线有待勘测，数十个小岛需要定位，以及更多关于人种和动植物的研究要做，但是太平洋探险的英雄时代已经过去了。搜寻重大发现的探险航行越来越多地驶向海洋的末端，进入北极，以期寻找西北通道；或向南航行，探索冰层覆盖的广阔南极洲。德维尔说，库克的噩梦"总是把我

---

① Louis de Freycinet, *Voyage autour dumonde*, 5 vols, Paris,1827-1839; John Dunmore, *French Explorers in the Pacific: The Nineteenth Century*, Oxford, 1969, pp.63-108.

② J.P. Faivre, *L'Expansion française dans le Pacifique de 1800 à 1842*, Paris, 1953.

带往南极”[1]，这是不奇怪的。19 世纪中叶的重要探索航行集中在南冰洋（Southern Ocean）和南极，最有代表性的是以下几次：德维尔的第三次远航，詹姆斯·克拉克·罗斯（James Clark Ross）在早期航行确定北磁极后的南极探险，以及查尔斯·威尔克斯（Charles Wilkes）指挥的雄心勃勃的美国探索远航。

在太平洋的另一端，进入后库克时代，最令人瞩目的科学探险远航是俄国人组织的。库克的第三次远航后，俄国政府对北太平洋的第一次重要考察由约瑟夫·比林斯（Joseph Billings）[2]指挥，他曾作为一名出色的普通海员和“天文学家的助手”，随库克的发现号远航。从形式上看，比林斯探险几乎是复刻了白令“伟大的北方远征”，先从陆路跋涉到堪察加半岛，然后采用在当地建造的船只航行到美洲海岸。而比林斯来到俄国的真正目的，是最后完成库克（以及詹姆斯·克拉克·罗斯在东海[3]）的地理发现事业，尽管俄国政府的首要任务是控制西伯利亚和阿拉斯加之间的皮毛贸易。[4]总而言之，1785—1792 年，各种形式的探险活动带回了大量的信息，包括水文、植物学和民族学方面的，但它的实际意义主要是确立和维护俄国对该地区的主权。

更著名的是 1803—1806 年由亚当·约翰·冯·克鲁森斯特恩（Adam Johann von Krusenstern）率领的希望号（*Nadezhda*）探险，它是俄国首次环球航行，是俄国太平洋远航的先驱。克鲁森斯特恩来自俄国一个与众不同的群体——波罗的海的日耳曼

① Dunmore, *French Explorers*, p.341.

② 约瑟夫·比林斯（1758—1806），英国航海家和探险家，长期在俄国任职。——译者注

③ 约指北冰洋的东西伯利亚海（East Siberian Sea）。——译者注

④ Simon Werrett, ‘Russian Responses to the Voyages of Captain Cook’, in Glyn Williams ed., *Captain Cook: Explorations and Reassessments*, Woodbridge, Suffolk, 2004, pp.184-185.

贵族。船上另外两位军官法比安·冯·贝林斯豪森（Fabian von Bellingshausen）和奥托·冯·科茨布（Otto von Kotzebue）也是同样的出身，后来这两个人分别单独率领探险队远航太平洋。克鲁森斯特恩和另一位指挥官尤里·利斯安斯基（Yuri Lisianski）都曾在英国皇家海军服役，他们的舰艇都是英国制造的，装备了英国的航海仪器。与比林斯不同的是，他们沿循库克在太平洋行驶的航线，经常造访库克涉足之地，向这位伟大的探险家致敬。用西蒙·韦雷特（Simon Werrett）的话说，“库克就像拿破仑，探索远航如同战场”，克鲁森斯特恩和其他人也可以建造战绩，树立自己的声誉。[①]

与克鲁森斯特恩同行的是日耳曼博物学家乔治·海因里希·冯·兰格斯多夫（Georg Heinrich von Langsdorff）和威廉·戈特利布·蒂莱修（Wilhelm Gottlieb Tilesius），但他们在航行中执行科学任务很不顺利，一开始的局面就令人困惑，接着发生了激烈的争吵。原因是克鲁森斯特恩要跟尼古拉斯·彼得罗维奇·雷萨诺夫（Nicolas Petrovich Resanoff）分担领导责任，后者是一位帝国官员，既不懂科学，也没有航海经验。对于兰格斯多夫和蒂莱修在航行中经历的这类挫折，参加探索远航的博物学家们都是很熟悉的。在巴西海岸的圣卡塔琳娜，兰格斯多夫注意到，他们获得的“支持微乎其微”，尽管那里的动物和植物“丰富多样”，足够数百名自然科学家忙碌好多年。在旧金山，他诉苦说，搜集的海豹皮和鸟皮被人扔到了船外；稍不留神，有人就将动物放走了。上岸考察的请求被拒绝，“好像总有更重要的事情要做，只有我们探索研究自然史是无

① Simon Werrett, 'Russian Responses to the Voyages of Captain Cook', in Glyn Williams ed., *Captain Cook: Explorations and Reassessments*, p.195.

关紧要的”[①]。此外，兰格斯多夫和蒂莱修也经常争执不休。在著作序言中，兰格斯多夫赞扬了他这位朋友和旅伴的艺术和科研能力，但最近出版的一部日记透露了两位博物学家的矛盾和竞争。作者是希望号上的第四号人物，军官赫尔曼·路德维希·冯·洛温斯特恩（Hermann Ludwig von Löwenstern）。他们的微妙关系只是这艘船上的诸多矛盾之一，就像洛温斯特恩指出的：“没有其他地方比在海船上更易让人变得如此隔膜。先是滋生出小烦恼，然后越积越大；不得不与他人打交道的现实，使你开始巴望周围的人全都消失不见。”[②]

自克鲁森斯特恩的航海之旅开始，到查尔斯·达尔文于1831年乘小猎犬号离开英国，其间俄国人组织了大约30次远航，离开波罗的海前往太平洋，大约一半由俄国海军派出，其他的是俄国美洲公司（Russian American Company）发起的。大多数航行主要是为美洲西北海岸的俄国贸易站运输货物，也有一些在太平洋水文学和自然史方面做出了杰出贡献。拿破仑战争结束后，俄国海军的年轻军官科茨布被任命为新的北太平洋探险队指挥官。他曾参加克鲁森斯特恩的希望号远航。这次的资助者是俄国美洲公司的董事尼科莱·鲁米安塞夫伯爵（Count Nicolai Rumiantsev），当时这家公司掌控了从阿拉斯加到加利福尼亚的所有贸易站。它的主要目的是保护公司的利益，并试图搞清楚白令海峡是否存在一条西北通道，也有

---

① Georg Heinrich von Langsdorff, *Remarks and Observations on a Voyage around the World from 1803 to 1807*, tran. Victoria Joan Moessner ed. Richard A. Pierce, 2 vols, Fairbanks, AK, 1993, Ⅰ, p.47, Ⅱ, p.126. 文中提到“有更重要的事情要做”表明，如同那个时期参加远航的博物学家，兰格斯多夫和蒂莱修均具有医学专业的训练。

② *The First Russian Voyage around the World: The Journal of Hermann Ludwig von Löwenstern, 1803-1806*, tran. Victoria Joan Moessner, Fairbanks, AK, 2003, pp.39, 90, 13, 28.

更广泛的科学目标。克鲁森斯特恩在为科茨布的拉尔克号（*Ryurk*）远航记撰写的序言中说："从不同的方向两次穿越南海，肯定有助于扩大我们对这片大洋的认识，也将有助于我们了解许多散落岛屿上的居民，预示着自然史研究的巨大收获。"为此，两位博物学家参加了拉尔克号远航。[①] 一位是阿德尔贝特·冯·沙米索（Adelbert von Chamisso），他出生于法国，在德国接受教育；另一位是外科医生兼动物学家约翰·弗里德里希·埃斯科尔茨（Johann Friedrich Escholtz）。探险队考察了阿拉斯加、加利福尼亚和太平洋岛屿，带回了丰富的搜集品和自然史观察资料。沙米索将带回的约 2500 种植物赠给柏林植物园，成为该园监管人。他还是一名杰出的观察者，对珊瑚的透彻了解和对水母生命周期的观察，均对后来的海洋生物学家赫胥黎（T. H. Huxley）产生了影响。他还了解各地居民的文化和语言，进行民族学研究。

科茨布在拉尔克号远航和后来的普里普里亚蒂号（*Predpriyatie*）远航中，进行了有价值的水文勘测，成果大部分收入克鲁森斯特恩编纂的南太平洋大图册。格林恩·巴拉特（Glynn Barratt）说，在土阿莫土群岛，"俄国人就像剥掉船底的藤壶一样，努力消除欧洲人对该群岛的认识"，这一评论普遍适用于俄国人在太平洋的水文学活动，那里的岛屿"繁多，名称不一，海图标识粗劣，是世界上的危险航海区"[②]。另一个值得注意的探险项目是 1819—1821 年俄国的首次南极考察，由法比安·冯·贝林斯豪森指挥，他也访问了塔希提和新南威尔士。贝林斯豪森带回了自然史标本和绘画，但成果远非理想，因为两位被派到东方号（*Vostok*）的日耳曼外科医生

---

① Glynn Barratt, *Russia in Pacific Waters 1715-1825*, Vancouver, 1981, p.177.

② Glynn Barratt, *Russia and the South Pacific 1696-1840*, Ⅳ, *The Tuamotu Islands and Tahiti*, Vancouver, 1992, pp.3, 5.

兼博物学家错过了在哥本哈根的登船时间。其中一位，卡尔－海因里希·默滕斯（Karl-Heinrich Mertens），为了弥补，于1826—1829年参加了弗雷德里克·彼得罗维奇·利特克（Frederic Petrovich Litke）的谢尼亚文号（*Seniavin*）远航，这是俄国人去美洲西北海岸的最后一次科学考察。此行的博物学家们带回了大量的动物和植物标本，包括700件鸟类标本，全都保存在圣彼得堡科学院（St Petersburg Academy of Sciences）。相比大多数船长，利特克对船上的科学家及其工作具有较多的同情心，不过仍然竭力强调他设立的各种限制："指挥官们未被剥夺参与科学研究的权利，但只能在不影响主要航海任务的情况下捎带地进行。"①

阿德尔贝特·冯·沙米索提供了这些远航船的底舱视图，他的自然史观察被收入科茨布1821年出版的拉尔克号远航官方记录，但是沙米索不满意："里面有好多排印错误，歪曲了我所要表达的意思。"② 他在1836年出版了自己的航行录，记载了遇到的困难。沙米索此前没有航海经验，他报到时未接到任何有关权利和义务的指示，除了来自科茨布的警告。"作为一艘军舰上的乘客，我不能提任何要求，而且也没有一个可以实现。"③ 他对居住条件的牢骚仿佛是福斯特在库克第二次远航中的回声。和别人共用的小屋只有一小部分是属于他的，"我的卧铺和下面的二个抽屉是船上唯一的私人空间……在这个蜗居里，有四人睡觉，六人居住，七人吃饭。"舱内的桌子优先归艺术家路易斯·科利斯（Louis Choris）使用，其

---

① Frederic Litke, *A Voyage around the World 1826-1829*, Ⅰ, *To Russian America and Siberia* ed. Richard A. Pierce, Kingston, Ont., 1987, p.i.

② Adelbert von Chamisso, *A Voyage around the World With the Romanzov Exploring Expedition in the Years 1815-1818 in the Brig Rurik, Captain Otto Von Kotzebue*, tran. and ed. Henry Kratz, Honolulu, 1986, p.8.

③ Ibid., p.23.

他人纷纷抢着用，所以留给沙米索的空当“稍纵即逝”①。

起初科茨布是“和蔼可亲的”，但沙米索很快便意识到，一船之长是“比沙皇更拥有无限权力的君主”。随着航程的继续，科茨布越来越被沙米索不断提出的疑问激怒，“所以我，船上最年长的一个，被指责为头脑和心理最幼稚的人”。沙米索不熟悉船上的生活，日复一日“单调空虚，就像无边无际的水面和头顶的蓝天：没有故事，没有事件，没有新闻。每天晚上到了10点，灯光全熄，一片漆黑”②。

沙米索的搜集工作碰到了其他博物学家在长途航行中遇到的同样问题：有时因粗心大意造成损失，有时则是有人蓄意破坏。在巴西海岸上，船友们睡在沙米索的帐篷里，用他采集的植物当枕头。暴风雨刮倒了帐篷，植物都被毁了。在合恩角附近，沙米索被允许把标本放在乌鸦窝里晾干——或许这是一个奇怪的地方，人们清理船舱的时候，“二话不说就把我的宝贝扔到了船外”。在夏威夷，一些岛民利用宗教禁忌来帮助沙米索保护采集的植物，可是运上船后不出四天，它们就不翼而飞了。返航途中，拉尔克号在开普敦碰上了路易斯·德·弗雷辛纳特的天王星号，后者正打算前往太平洋。沙米索注意到，法国探险队里是由军官兼任科学家的角色，他感叹道：“在法国和英国，不再有挂学者头衔的人参加探索远航了。”③后来，他在修订航海记时表示，平民科学家参加探索远航的时代已经结束。

沙米索并不知道，事实上有一个例外，恰在他悲戚哀叹的那

---

① Adelbert von Chamisso, *A Voyage around the World With the Romanzov Exploring Expedition in the Years 1815-1818 in the Brig Rurik, Captain Otto Von Kotzebue*, p.21.

② Ibid., pp.34, 35, 113. 这艘船的船员格外年轻，出发时科茨布只有28岁。30多岁的沙米索的确是年长者之一。

③ Ibid., pp.221, 23.

年，一艘考察船返回英国，船上有一位高级文职船员。海军部有一项宽松的政策：舰艇上的非服役博物学家和其他人员可以参加探索远航，条件是指挥官允许，并且船上有足够的空间。这种主动性有时候来自指挥官本人，正如 1842 年 3 月博福特致威廉·胡克爵士的一封信提道："我的朋友维特（Vidal）船长将要去勘测阿佐尔（Azore）群岛。他足够友善地为每一名希望前去探索的植物学家或地质学家提供一个小舱。"[①] 此时，特立独行的植物学家胡克刚被任命为皇家植物园园长。

正是在这一背景下，几年前在英国皇家海军小猎犬号的航程中，海军军官和博物学家之间建立了著名的伙伴关系。1831 年，罗伯特·菲茨罗伊（Robert Fitzroy）舰长被任命指挥小猎犬号前往南美洲，目的是完成同一艘船早先对该沿海地区未完成的勘测任务。他欢迎专业人员和博物学家同行。牧师和剑桥大学植物学教授约翰·史蒂文斯·亨斯洛（John Stevens Henslow）解释说，菲茨罗伊希望任用的人"不仅是搜集者，更是远航同伴；而且必须是一位'绅士'，否则无论多么优秀的博物学家也不能接受"。菲茨罗伊提出这一要求无疑是部分地受到早先一场悲剧的影响：小猎犬号上次航行到同一海域时，船长普林格尔·斯托克斯（Pringle Stokes）在风暴席卷的巴塔哥尼亚海岸自杀了。这件事表明，在海上航行的拥挤狭小环境中，人与人的冲突对精神的打击有时是致命的。经过短暂的考虑，亨斯洛否定了自己出航的可能性，于是写信给 22 岁的剑桥毕业生查尔斯·达尔文，他当时在教会任职，但对宗教工作热情不高，却对自然史日益感兴趣。亨斯洛敦促达尔文珍惜此次远航机会，"这倒不是说你已是功成名就的博物学家，但对于搜集、观

① Cock, 'Scientific Sailors and Sailing Scientists', p.14.

察和记录值得注意的自然史事物，你是完全能够胜任的”[①]。

二人会面十分顺利，菲茨罗伊没有隐瞒海上生活的艰难困苦。正如达尔文记载的，菲茨罗伊建议每天一起用餐，不过，“他有责任从最坏的角度来陈述每件事……我必须生活得非常简朴，没有酒，吃不上最简单的晚饭”[②]。对达尔文来说，海军部给这支探险队制订的航程计划是很吸引人的：菲茨罗伊在勘测巴塔哥尼亚之后，小猎犬号将驶入太平洋，返航途中路过好望角，将会完成一次环球航行。他在给亨斯洛的信中激动地写道，在很大程度上，在什罗普郡（Shropshire）住宅附近猎狐的念头变成在南美追逐美洲驼的欲望。[③] 从实际操作的层次上来说，上次随小猎犬号航行的船员将再一次参加，约占船员总数的三分之二，这个信息更加鼓励了达尔文同行。

这一远航预计持续三年，甚至长达四年。1831 年秋天，达尔文一直忙着做准备。菲茨罗伊是皇家海军中最能干的技术官员之一，他拥有大量的仪器和书籍，大部分是自费购置的。船上的仪器包括 22 个天文钟，其中六个是菲茨罗伊私人购买的。达尔文又搬来了自己的藏书和一些仪器，从简单的雨量计到便携式显微镜（图 39），尽可能完备齐全。这笔开销来自父亲罗伯特·韦林·达尔文（Robert Waring Darwin）——一位成功的医生和精明的投资者，为即将参加远航的儿子提供了很多资助。达尔文的藏书中包括洪堡的《新大陆赤道地区航行见闻》（*Personal Narrative of Travels to the Equinoctial Regions of the New Continent*），他第一次读到这本

---

① Frederick Burkhardt ed., *Charles Darwin: The Beagle Letters*, Cambridge, 2008, p.19, Henslow to Darwin, 24 August 1831.

② Ibid., p.30, Darwin to Susan Darwin, 5 September 1831.

③ Ibid., p.32, Darwin to Henslow, 5 September 1831.

书是在剑桥。毋庸置疑，有机会去南美洲，目睹洪堡揭示的非凡大自然，是达尔文决定和菲茨罗伊航行的重要原因之一。达尔文于9月中旬抵达普利茅斯，发现改装小猎犬号的工作仍在进行中。好不容易等到改装完成，因天气恶劣，出航的日子推迟到了12月下旬。小猎犬号原本是一艘配有十座火炮的双帆战舰，安全记录较差，为了此次考察行动，被装备成三桅帆船，将上甲板升高，增大了船员们的舱室，增强了适航性。它的长度仅27米多，将载有74人，其中包括三名要返回家园的火地岛人和一位年轻的传教士。为了工作的目的，达尔文与同伴暨助理勘测员约翰·洛特·斯多克斯（John Lort Stokes）共用船尾舱，而在至少一段航程中，年轻的中尉菲利普·吉德利·金（Philip Gidley King）也在这个舱里睡觉。就像沙米索在拉尔克号上一样，狭小的蜗居对达尔文来说是一件恼火的事。一张海图桌占据了大部空间，在这间大约3米×3.4米的小屋里，离门最远的拐角处是属于他的，但“小得可怜，仅够我转身”[①]。他很快就被“空间逼仄的老问题搞得头昏脑涨”，幸亏有菲茨罗伊这个救星，“每当和蔼可亲并卓有成果的发明者出现，斗室似乎顿时就变大了”[②]。

对达尔文来说，船上的一切都是新奇古怪的。第一晚是个悲惨的不眠之夜，因为他不熟悉吊床，试图先把腿往里放。小猎犬号在德文港（Devonport）停泊了好几个星期。达尔文感觉，在轻轻摇

① Frederick Burkhardt ed., *Charles Darwin: The Beagle Letters*, p.66, Darwin to Henslow, 30 October 1831.

② Darwin's Diary, p.8. 这是日记手稿，收藏在位于肯特郡（Kent）的达尔文故居（Down House）并已上线：www.darwin-online.org.uk。虽然它对了解达尔文在远航中的思想和行为极有价值，但内容表明，它并不总是即时的记录，有些部分是事过一两个月之后才写的。达尔文回到英格兰后，以这部日记为基础，编辑出版了《日记与评论，1832—1836》（*Journal and Remarks*，*1832 to 1836*）。

晃的船上，即使轻微活动都需要付出超出平常的努力和时间，无论是从书架上取一本书，还是从盥洗台上拿一块肥皂。尽管如此，他决心充分利用闲暇时间，“尽我的努力搜集、观察和阅读自然史的各个分支。观测气象，学习法语、西班牙语、数学和古典文学。在星期日，或许读点希腊文的《新约》……如果不集中精力在远航中坚持勤奋工作，那么我将浪费一个伟大非凡的自我完善机会。——我要时刻牢记这一点”①。回想起在爱丁堡学医的失败体验，以及在剑桥读神学的枯燥日子，此刻，达尔文仿佛听见了命运的召唤。

1831年12月27日，小猎犬号终于起航了。航行平静无虞，但达尔文晕船，这个毛病自始至终困扰着他。斯多克斯后来回忆，这一病症经常打断达尔文使用图表，“工作大约一个小时后，他就会对我说：‘老兄，我必须把它放平。’……于是把图展开在桌子上。这样可以继续工作一段时间，但是过一会儿他会再次产生不舒服的感觉”②。在通往佛得角群岛的颠簸航程中，达尔文不顾晕船，奋力在水面上拖拉用浮标制成的浮游生物网，这是使用这种装置的第二个已知例子。他在日记中提到了浮游生物：“它们在自然界生物链的地位非常之低，但形状和颜色却是最精致美妙的。这让人产生一种奇特的感觉，多姿多彩显然是为了如此微小的目的而创造出来的。”③达尔文很快就习惯了封闭的蜗居，甚至发现了它的优势。正如他对父亲所说：“一切都近在咫尺，聚集在一起，让人变得更有条理。最终我获胜了。”④更重要的是，达尔文跟舰艇上的军官关系很近，他们做勘测和观察记录，每天写航海日志，这些条理清

---

① Darwin's Diary, p.13.

② James Taylo, *The Voyage of the Beagle: Darwin's Extraordinary Adventure aboard Fitzroy's Famous Survey Ship*, 2008, p.29.

③ Ibid., p.22.

④ Burkhardt ed., *Beagle Letters*, p.92.

晰的记录在达尔文的日记中都有所对应，大部分是按日期保存的，共 770 页。达尔文返回英国后作了修订，首先以《日记与评论，1832—1836》（*Journal and Remarks*, *1832 to 1836*）为名出版；1839 年，又以菲茨罗伊的名义，作为探险队官方记录的第三卷出版。[①] 此外，达尔文还保存了详细的地质和动物观察记录，频繁地给家人和朋友写信。在他发表的日记末尾，达尔文提示收藏家们“一定不要信任任何记忆”——承认他在航海中的一些记录并不完美。他建议，所有的标本都应编号，标明发现的日期和地点，标本本身和容器上均应有标签。他甚至关注到最微小的细节：“数字从 0 到 5000 应该写得清晰工整；可以倒转的数字，如 699 或 86[②]，后面必须加句号[③]。”

《日记与评论》的书名虽不醒目，但可读性很强。它风格生动，极具个人特色，适于各类读者。在日记中，达尔文透露了热带世界的繁茂景象给他带来的心灵震撼，在佛得角群岛的圣吉戈岛（St. Jago）首次登陆时：“对我来说这是光辉灿烂的一天，仿佛盲人获得了明亮的双眼。”[④] 在海岸上的观察显示他对章鱼非常着迷：

> 它们经常出现在退潮时留下的水坑中，但不容易捕捉。因为它们会用长臂和吸盘将身体拽到很狭窄的缝隙中去，当它们牢牢地固定在一处时，需要费很大的力气才能移除……这些动

---

① 此后又出版了单行本《小猎犬号访问各国的地质和自然史研究日志》（*Journal of Researches into the Geology and Natural History of the Various Countries Visited by H.M.S. Beagle*），简称《小猎犬号远航记》（*Voyage of the Beagle*）。

② *Narrative of the Surveying Voyages of His Majesty's Ships Adventure and Beagle*, Ⅲ, *Journal and Remarks*, p.599.

③ 699 和 86 倒转可读为 669 和 98，因此要加句号来标明。——译者注

④ Darwin's Diary, p.23.

物还具有一种非常特殊的能力，像变色龙一样改变身体的颜色来隐藏自己……其中有一只似乎完全能够意识到我在盯着它看，玩着各种藏猫猫的把戏，逗得我乐不可支。在一段时间里，它纹丝不动，然后稳步地向前挪动一两英寸，就像猫跟踪老鼠那样，并时而变换颜色；它继续前行，直到占据了更深处的一块阵地，便箭一般的消失不见了，留下一串黑乎乎的汁液来掩盖它钻进去的洞口。

关于章鱼的描述以这句话结尾："我观察到，我保存在舱里的一只章鱼在黑暗中发出微弱的磷光。"[①] 这无意中透露了他同斯多克斯和金分享的蜗居生活。

在小猎犬号上，达尔文的身份不很明确，这体现在菲茨罗伊和其他军官赋予他的亲热头衔，有时叫他"菲洛斯"（Philos 意为哲学家），在某些场合又称他"捕蝇器"（Fly-catcher）。1832 年 4 月 1 日的一段日记从多方面反映了他在船上的可笑角色：

所有雇员都像是在过愚人节。午夜时分，值夜班的全被唤上了甲板，仅穿衬衣；木匠们被惊醒，因为船漏了；一根桅杆断了，舵手忙个不停；军校学生们得爬上顶帆……诱饵极容易被吃掉，却连一条鱼也没钓到。沙利文（Sullivan）大喊："达尔文，你见识过鲸鱼吗？快来帮把手！"我激动地冲了出去，结果招来了全体船员的哄堂大笑。[②]

---

① *Journal and Remarks*, pp.6-7. 达尔文搜集的这只章鱼的标本至今仍保存在剑桥大学动物博物馆（Cambridge Zoology Museum）。Rebecca Stott, *Darwin and the Barnacle*, 2003, pp.255-257.

② Darwin's Diary, p.49. 巴塞洛缪·沙利文是小猎犬号上的少尉。

在小猎犬号远航中，舰务官约翰·克莱门斯·威克姆（John Clements Wickham）负责船只的日常运行，达尔文同他友好相处，获益不小。威克姆的女儿记得达尔文这样描述父亲："一个极其整洁的人，喜欢把甲板打扫得非常干净，这样就可以在上面吃晚餐了。他曾说，假如依照我的方式，我会把你那些乱七八糟的东西统统仍到船外去，连你这个'捕蝇器'一道！"[①] 甚至有一次达尔文登陆去做采集工作，把标本胡乱地扔在一尘不染的甲板上，也没有影响他们的关系。达尔文似乎跟船上所有人的关系都不错，除了外科医生罗伯特·麦考密克（Robert McCormick）。麦考密克认为自己是博物学家，还认为他的搜集活动应该列在优先地位。达尔文这样一个平民小子闯入并受到恩宠，令他怒不可遏，于是在航行仅四个月后，就在里约热内卢离开了小猎犬号。接任他的助理外科医生本杰明·拜诺（Benjamin Bynoe）也是一名狂热的田野植物学家。

达尔文与菲茨罗伊每天在船上共进三餐，关系敬而不近。在一封信中，达尔文写道："他对所有人的支配优势是很古怪的，每个军官和其他人在见他之前，都会觉得几乎不可能受到哪怕是最轻微的斥责或表扬，这是难以理解的……作为同伴，他最大的缺点是沉默寡言，这源于他喜欢过度深思。他具备许多优秀品质，总之他是我所接触过的个性最鲜明的人物。"[②] 二人对地质学有着共同的兴趣，不过达尔文既不赞同船长的保守党政治观点，也不分享他的福音派信仰，有时他们的分歧很大。在巴西考察期间，达尔文挑战菲茨罗伊捍卫奴隶制的立场，导致了极大的冲突，险些断送他的远航生涯。他向船长道歉，总算挽回了局面。事实上，两个人并没有经

---

① Taylo, *The Voyage of the Beagle*, p.73.

② Burkhardt ed., *Beagle Letters*, pp.116-117, Darwin to Caroline Darwin, 25-26 April 1832.

常待在一起，这有助于保持和平关系。菲茨罗伊从事耗时费力的水文勘测，达尔文则经常在岸上搜集和观察，有时跋涉得很远。与之前大多数船上的博物学家不同，在近五年的航行期间，他待在陆地上的时间占五分之三。通常情况下，距离似乎暖化了关系。1833年8月达尔文在做一次内陆旅行，菲茨罗伊从小猎犬号写信给他，语气幽默而充满深情：

> 亲爱的菲洛斯：
>
> 相信你还没有完全耗尽，虽然半饥半渴，偶尔冻僵，有时半淹。祝你工作愉快……我敢说，无论何时船只颠簸不停（你知道这是经常发生的），我便非常恼怒地想到，你正在失去多少海上锻炼的机会！你在坚实的地面上一定很开心吧……你不用忙着返回——这里有足够的活儿让测量员们干，所以当你回来时，我们不会对你咆哮。

达尔文回信的惯常结尾是："回见，亲爱的菲茨罗伊 / 你忠实的菲洛斯 / 查·达。"[①]

达尔文的日记和家乡通信，特别是写给亨斯洛教授和三个未婚姐妹（卡洛琳、苏珊和凯瑟琳）的信，给我们提供了很多关于他日常活动和精神状态的信息，有些还表达了他的怀旧心绪。例如他对一个姐姐说："虽然我喜欢繁忙的工作，但我发现，我能想象非常平静的牧师职业的前景，我甚至能通过棕榈树看得见它。"[②]他更经常地试图分享每次新发现的兴奋之情。在写给剑桥友人和

---

① Richard Keynes, *Fossils, Finches and Fuegians*, 2002, pp.161, 245.

② Burkhardt ed., *Beagle Letters*, pp.116-117, Darwin to Caroline Darwin, 25-26 April 1832.

表兄威廉·达尔文·福克斯（William Darwin Fox）的信中，他说“自从离开英格兰，我的心一直处于充满喜悦和惊奇的飓风之中”。对亨斯洛他称“你会认为我是博物学家中的蒙乔森男爵（Baron Munchausen）[①]……今天我出去了，回来时仿佛驾着诺亚方舟，装满了形形色色的动物”。他告诉姐姐卡洛琳，他正期待从英格兰寄来的一包自然史书籍，“任何一个打开李子蛋糕盒的男生都没我这么急不可耐”。他给妹妹凯瑟琳写道，“没有什么比地质学更有趣的了。初学射鹧鸪或狩猎的愉悦根本无法同发现一组很好的化石媲美”[②]。无论是上岸还是在海上漂浮，达尔文继续搜集每一种所能想象到的标本——鸟皮、甲虫、化石，并把它们装在板条箱和木桶里，及时寄回英格兰（一个板条箱里装有200只动物和鸟皮）。因为在船上长期储存标本非常困难，所以就这一点来说，他比18世纪远航的大多数博物学家要幸运多了。

用科学的语言来说，达尔文的兴趣越来越集中于研究他们造访地区的地质学。他从里约热内卢写信给福克斯说，虽然搜集了大量的陆地和海洋动物以及昆虫，“但这一天最有收获的是地质学。它就像有趣的打赌，首先猜测是什么岩石，我常在脑子里喊出‘三’，也就是第三纪，不是原生纪，而结果往往是后者”[③]。他后来告诉亨斯洛，他永远随身带着一把锤子和一本《洪堡远航记》，而且，“我

① 《蒙乔森男爵俄罗斯奇遇记》（*Baron Munchausen's Narrative of his Marvellous Travels and Campaigns in Russia*）中的一名德国贵族。作者为鲁道夫·埃里希·拉斯普（Rudolf Erich Raspe），1785年出版。——译者注

② Burkhardt ed., *Beagle Letters*, p.122, Darwin to Fox, May 1832; p.142, Darwin yo Henslow, July-August 1832; p.169, Darwin to Caroline Darwin, October-November 1832; p.271, Darwin to Catherine Darwin, 6 April 1834.

③ Ibid., p.122, Darwin to Fox, May 1832.

以前钦佩洪堡，现在对他几乎是崇拜了”[①]。对达尔文来说，洪堡的远见卓识既是榜样，又是挑战。我们不清楚他是否了解洪堡对同时代博物学家的某些严厉批评。1806 年，洪堡对柏林科学院抱怨，“旅行博物学家只关心描述性的科学和搜集标本，而忽略了探寻伟大而永恒的自然法则”。一年后，他再次指出：“博物学家研究理解的对象通常局限于植物学的很小一部分。他们几乎把全部精力用于发现新物种，描述它们的外部形态和特征，以便将之归入不同的纲或科。”[②]洪堡还对海上博物学家提出了批评，他们虽然“给出各国海岸、海洋和岛屿自然史的精确概念，但在深入内陆考察时没有推进地质学和普通物理学的发展。他们所做的沿海调查对于‘揭示地球的历史’鲜有贡献”[③]。在很大程度上，长时间在岸上考察（有时骑马在内陆旅行几百英里）的达尔文正是洪堡批评的对象。

随着航程的继续，对达尔文产生更直接影响的是伦敦国王学院地质学教授查尔斯·莱尔（Charles Lyell）。菲茨罗伊将莱尔撰写的《地质学原理》（*Principles of Geology*）第一卷送给达尔文。莱尔认为，地球表面的变化是在很长一段时间内逐渐发生的，正如书的副标题“试图通过参考目前活动的起因来解释地球表面以前的变化”（An Attempt to Explain the Former Changes of the Earth’s Surface，by Reference to Causes Now in Operation）所示。船长菲茨罗伊不介意将这样一部激进的书送给达尔文，表明他在年轻时并不是（如某些支持达尔文的作者想象的）思想狭隘的信徒，对《圣经》断言的地球年龄坚信不疑。《地质学原理》第二卷和第三卷出版后，莱尔直

---

① Burkhardt ed., *Beagle Letters*, pp.128, 129, Darwin to Henslow, May-June 1832.

② ‘Global Physics and Aesthetic Empire’, in *Visions of Empire*, pp.260, 267.

③ Alexander von Humboldt, *Personal Narrative of a Journey to the Equinoctial Regions of the New Continent*, trans. Jason Wilson, 1995.

接寄给了达尔文。达尔文确认，在地质学方面受惠于莱尔“比有史以来其他任何人都多”。莱尔提出，陆地是在几百万年的过程中从海洋中缓慢升出的。这一压倒性的论点令达尔文印象深刻。他意识到这位地质学家从未去过美洲，因而，在沿着海岸和去智利内陆旅行时，达尔文试图寻找证据来证实或修正莱尔的理论，并始终坚持一点：“当一个人看到莱尔从未见过的现象时，他也是部分地通过莱尔的眼睛在观察。”[①]

在英国，亨斯洛教授不得不吃力地处理抵达剑桥的那些板条箱，有的状况很差。正如达尔文从布宜诺斯艾利斯寄出货物时坦言，“箱子到达时，你恐怕会痛苦地呻吟，讲堂的地板可能会吱吱作响——假如没有你，我将无计可施”[②]。在找到可运输标本的港口时，达尔文也面临了常见的困难，读过班克斯和福斯特日记的人都很熟悉。离开合恩角，小猎犬号遇到了大风暴，那是菲茨罗伊经历过的最糟糕的一次。达尔文哀叹道：“昨天的灾难使我遭受到无法弥补的损失，干燥纸和植物都被盐水弄湿了。——没有什么能够抵挡大洋的力量，它冲开舱门和天窗，所经之处摧毁了一切。”[③] 在这一阶段，上岸远足也没给达尔文带来多少补偿。提到半裸的火地岛人，他写道：“搜遍全世界，也不会发现更低级的人了。”[④]（图 35）菲茨罗伊为了向这位同伴致敬，将火地岛的两个显著的自然特征分别命名为“达尔文湾”（Darwin Sound）和“达尔文山”（Darwin Mount）。不过，达尔文在给姐妹们的信中写道，他对合恩角以东的区域已经“彻底厌倦”了。即使发现一只“活的巨型地獭，也不

① 对莱尔的两段评价引自 Janet Browne, *Charles Darwin: Voyaging*, 1995, p.189。

② Burkhardt, ed., *Beagle Letters*, p.172, Darwin to Henslow, October-November 1832.

③ Darwin's Diary, p.132.

④ Ibid., p.125.

足以支撑我的耐心”，但一想到即将到达“灿烂的太平洋”，他便“做好了迎接欢乐的准备”[①]。这些通信提醒我们，达尔文在远航的大部分时间里，通过南美港口的海军舰船和商船定期与英格兰的亲友进行交流，这是跟以往的航海者不同的。例如，1833 年 4 月在蒙得维的亚，他收到了 1832 年 9 月 12 日、10 月 14 日、11 月 12 日和 12 月 15 日从家乡寄出的信件。仅在小猎犬号返航横渡太平洋的那段时间里，信函往来多次中断，达尔文也找不到机会向英格兰寄送标本箱了。

1833 年，达尔文大部分时间在内陆考察，从里奥内格罗（Rio Negro）到布宜诺斯艾利斯，冒着风险穿越被革命和灭绝印第安民族的战争蹂躏的土地。面对混乱局势，他相当沉着，如果他的日记可信。造访蒙得维的亚后他写道：“我们在那里时一直很平静，除了发生过几次革命。”[②]在普拉特河北岸的马尔多纳多（Maldonado）停留时，达尔文向当地年轻人支付报酬，请他们协助搜集鸟类和哺乳动物标本，因而当他 1833 年 6 月底重返小猎犬号时，携带着“我的整个小动物园”。不幸的是，他发现自己已经“彻底还原成一个陆地人了，一感到船在晃动，头就会撞在船板上，哪怕船停泊在港口”[③]。此时，父亲的经济支持再次给予达尔文极大帮助，他付给船员西姆斯·卡温顿（Syms Covingto）60 英镑的年薪，做他的仆人。除了为达尔文服务外，卡温顿在搜集和保存标本方面也帮了很大忙。

达尔文充分利用了皇家海军舰艇的社会地位和特权，南美洲的

---

① Burkhardt ed., *Beagle Letters*, pp.202, 204, Darwin to Catherine Darwin, 22 May 1833; p.213, Darwin to Henslow, 18 July 1833.

② Darwin's Diary, p.152.

③ Ibid., p.168.

城镇和宅邸为他敞开了一扇扇的大门。作为一位英国绅士，他的行为举止或许有些古怪，但他出示的介绍信显示出颇有影响力的人脉关系。1833 年 12 月，他注意到在过去的四个月里，自己只在小猎犬号上睡了一个晚上。他期盼着考察安第斯山脉的地理，告诉亨斯洛："我对劈理、地层、隆起线没有丝毫清晰的概念，书本也不能告诉我答案，即使书上有，也不符合我所观察到的情况。于是我给出自己的结论，它们是最荒谬可笑的。"[1]

非茨罗伊经过一段延宕才完成了勘测和绘制海图。1834 年 6 月，小猎犬号通过了麦哲伦海峡。下个月，当这艘船到达太平洋海岸的瓦尔帕莱索（Valparaiso）时，达尔文感觉进入了一个新天地。跟云雾密布的火地岛不同，这里的"天空是那么晴朗、蔚蓝，空气非常干爽，阳光无比灿烂，整个大自然生机盎然"。甚至港口的不列颠商人也显得比其他地方的更胜一筹，跟达尔文聊起科学的话题，竟出人意料地询问"我对莱尔地质学的看法"[2]。此时，达尔文做的地质学和动物学小开本笔记已达 600 页，出于安全考虑，他将这些笔记连同私人日记一并寄回了家乡。8 月，达尔文去了坎帕纳（Campana）贝尔山（Bell Mountain）旅行，这是航行中最令人兴奋的经历之一：

> 我们在山顶上度过了一天，我从未如此彻底地享受过。地图显示智利被安第斯山脉和太平洋包围，如今身临其境，绝美的景色令人心旷神怡。最醒目的是高低起伏的山峦产生了有很多层次的倒影，中间是宽阔的基约塔（Quillota）山谷。大地隆起，形成

① Darwin's Diary, p.261.

② Ibid., pp.249-250.

高山峻岭；大地被冲破、移除和夷平，形成峡谷和平川。这必定经过了千百万年的演变，谁能不赞叹大自然的神奇力量呢？！[①]

1834年10月，整整一个月，达尔文躺在病榻上忍受折磨，在太平洋沿岸山坡上的欢乐心情被破坏了；更令他忧虑的是菲茨罗伊的精神状况。他写信对凯瑟琳说："船长担心自己的头脑变得错乱（意识到他可能有这类遗传基因）。"这是暗指菲茨罗伊的伯伯——著名的卡斯尔雷勋爵（Lord Castlereagh）在1822年自杀身亡。达尔文告诉凯瑟琳，菲茨罗伊一度辞去船长职务，经人劝说才重新担负起指挥责任。[②]

1835年，菲茨罗伊和达尔文必须将一切个人的烦恼置之度外，因为发生了以康塞普西翁为中心的强烈火山喷发和地震。这为他们提供了第一手信息来证明莱尔的理论（图36）。莱尔曾提出，火山活动和地震是由地壳提升导致的。菲茨罗伊在康塞普西翁港和两个离岸岛屿做了认真的测量，结果表明，陆地比地震前上升了2.5—3米。

从那时起，达尔文便开始兴趣十足地寻找地壳升高的证据。1835年4月，当他穿越乌斯帕拉塔（Uspallata）山脉时，戏剧性的时刻出现了：在海拔大约2100米处发现了近50根石化的针叶树树桩。这一景象把莱尔的理论提升到了另一个维度：

这一景观立即表明了一个奇妙的现象，几乎不需要地质学的训练来解释它。尽管我承认，我起初非常惊讶，不敢相信这个

① Darwin, *Journal and Remarks*, p.314.

② Ibid., p.309.

简单至极的证据。我眼前的那一片树木丛生的地方曾经是大西洋的海岸，当时那片海洋接近安第斯山脉的底部，现在被驱赶到了700英里之外……我现在看见，从那个大海里耸现出了高达2100米的连绵山脉。[①]

达尔文写信给亨斯洛称："我现在可以证明，安第斯山脉的两侧在最近一个时期里上升了相当的高度——在距海平面107米处发现了贝壳。"一个月后，他又报道了最近的一次登山旅行，"一些事实，我自己完全相信的事实，对你来说是非常荒谬和难以置信的"[②]。他对姐姐苏珊说，"因为不停地思考白天的工作，夜里真的很难入睡"，在山中，"最高尖峰的地层清晰可见，举目皆是，像破碎的馅饼皮一样"[③]。

航程已过去了四年多，达尔文日益期盼返回英格兰——这是一个诱人但依然遥远的愿景，他告诉此时住在怀特岛（Isle of Wight）的表兄福克斯："假如有一艘肮脏不堪的小船——它的旧索具已经磨烂了——于1836年9月驶进港口的话，你可能会意识到它是小猎犬号。你会发现我们是一群体面的老绅士，身上几乎没有一件完整的外套。"[④]达尔文继续在陆上轻装旅行。他告诉凯瑟琳，他只带上几件小炊具。没有床，他总是露天而睡，因为房子里全是跳蚤。[⑤]在利马，他怀着复杂的心情浏览小猎犬号横渡太平洋的下一段航程："我非常渴望访问加拉帕戈斯群岛——我想，在地质和动物学

① Darwin, *Journal and Remarks*, pp.406-407.

② Burkhardt ed., *Beagle Letters*, p.328, Darwin to Henslow, March 1835; p.331, Darwin to Henslow, 18 April 1835.

③ Ibid., Darwin to Susan Darwin, 23 April 1835.

④ Ibid., p.323, Darwin to Fox, March 1835.

⑤ Ibid., p.341, Darwin to Catherine Darwin, 31 May 1835.

方面都会非常有趣。至于塔希提，那个堕落的乐园，我不认为会有太多的东西可看。”[①]

1835年9月，小猎犬号抵达了加拉帕戈斯。这是个孤立的群岛，位于新近爆发火山的赤道地区。有关它的信息，最为人所知的是丹皮尔曾在1684年到访过。一些作者将达尔文在加拉帕戈斯群岛的逗留视为此次远航的高光阶段，但达尔文的日记却没有证明这一点，他在岛上写的信都遗失了。访问期间，达尔文观察了岛上的植物和动物，认为它们是从600英里之外的南美大陆传播过来的。很久之后他才意识到这一假设可能存在问题。离开这个群岛四个月后，他从悉尼写信给亨斯洛，但对加拉帕戈斯的报道很简短。他发现地质是“有益的和有趣的”，许多火山坑值得研究；对这些远离大陆的岛屿自然史，他写道：“我努力工作，尽可能搜集每一种植物。通过它们的花朵……我很想知道这些植物群是分布在整个美洲的，还是岛上特有的。我也非常关注鸟类，它们非常奇特。”[②] 他对此未加补充，只是简单地描述了阿尔比马尔岛上的雀鸟，它们成群地围着水塘飞翔——这一观察对后来他的理论发展有重要的意义。

这些岛上最引人注目、最有实用价值的“居民”是乌龟，它们巨大而笨拙，有些很重，需要六七个人才能抬得动。自掠夺西班牙殖民地的欧洲冒险者来到这个地区，加拉帕戈斯的乌龟肉是非常宝贵的食物资源。在达尔文访问期间，居住在查尔斯岛（Charles Island）上的不列颠人尼古拉斯·劳森（Nicholas Lawson）——曾担任厄瓜多尔代理总督——能立刻判断出某只乌龟来自哪个岛屿。

---

① Burkhardt ed., *Beagle Letters*, p.350, Darwin to Caroline Darwin, July 1835.

② Ibid, pp.376-377, Darwin to Henslow, January 1836.

他告诉达尔文："据说，生活在同一个岛上的乌龟，甲壳纹路的细微变化是一致的；而居住地不同的乌龟，平均个头也不一样。"[①] 然而，达尔文没有继续关注这个主题，作为一位勤奋的收藏家，他没有将龟甲带回欧洲。

达尔文对群岛上的鸟类描述比较多。六个月后，他在加拉帕戈斯写的一段笔记中说，已从四个岛屿搜集了标本，查塔姆岛和阿尔比马尔岛上的鸟标本看起来是相同的，但来自其他两个岛屿的标本不同。他对此感到疑惑，猜测这些鸟和乌龟是"唯一的变种"，但如果不是，那么"群岛的动物学将很值得深入探究，因为这些事实将可能动摇物种不变论的基础"[②]。他在加拉帕戈斯群岛采集的植物再次表明，特定岛屿上的某些植物物种的集中程度很高。[③]

人们后来认识到，加拉帕戈斯群岛的自然生态对达尔文思想的发展具有重要意义，因而倾向于忽略小猎犬号后来几个月探险的重要性，包括访问塔希提、新西兰、新南威尔士、范迪门斯地、乔治国王湾、基林群岛（Keeling Islands）、毛里求斯和开普敦。在澳大利亚，达尔文对许多动物的奇异生活习性感到困惑，并在日记中提出了一个疑问，假如深究下去，将产生重大影响："一个若不是出于自己的推理，对任何事物都不相信的人可能会感叹'必定有两个截然不同的造物主在工作……'。"[④] 太平洋和印度洋诸岛尤其令达尔文感兴趣，因为它们是孤立和封闭的栖息地，有很多珊瑚

---

① Keynes, *Fossils, Finches and Fuegians*, p.316.

② Ibid., p.372; Peter R. Grant, *Ecology and the Evolution of Darwin's Finches*, Princeton, NJ, 1986. "物种不变论"认为生物界的所有物种都是由上帝分别创造的，而且是一成不变的，或只能在种的范围内变化，但绝不能形成新种。——译者注

③ Stephen D. Hopper and Hans Lambers, 'Darwin as a Plant Scientist: A Southern Hemisphere Perspective', *Trends in Plant Science*, 14, 2008, p.427.

④ Darwin's Diary, p.694.

礁，显示出受到环境变化压力的证据。[①] 莱尔认为，只在浅水中才能发现珊瑚，因而礁体是在火山口的沉陷边缘形成的。达尔文观察了珊瑚礁后，不同意这种说法，相反，他认为礁体是建立在一个缓慢下沉的岛上，由微小的珊瑚虫不断生长积聚而形成，一直延伸到大海的表层。达尔文把珊瑚礁视为世界奇观之一，他在科科斯群岛（Cocos Islands）写道："我们对旅行者讲述的一些巨大古代遗迹感到惊讶，但同这里由各种小生物积累的物质相比，最伟大的遗迹都显得微不足道了……我们必须将环形珊瑚岛看作由无数微小建筑师筑造的纪念碑。"[②] 他反复告诉卡洛琳，自己否定了莱尔的观点："一个直径30英里的珊瑚岛是基于一个同样大小的海底陨石坑的想法，在我看来始终是个怪诞的假说。"在同一封信中，他预料到作为一名作者将面临的问题。他告诉姐姐，在海上，他一直兴致勃勃地忙着整理笔记，但是"我现在开始发现，将一个人的想法在纸上表达出来是多么地困难。仅仅描述，那很容易，但是当加进了推理的时候，为建立一个符合逻辑的连接，做出清晰和适度流畅的表述，对我来说……比较困难，我一无所知"[③]。

访问塔希提后，小猎犬号停泊在悉尼，比预计提前了一些，因而在从英格兰来的邮件到达之前就出发了。从范迪门斯地，达尔文向表兄福克斯表露的思乡之情已超越了个人的感受：

> 我对海洋中的每一股波浪都充满憎恶。你只看到岸边的绿色水波，永远无法理解我的意思。我认为，这并不是我一个人的感受。——我相信很少有感到舒服惬意的水手。他们在年轻力壮时，

① 相关简论见 'Islands on his Mind', in McCalman, *Darwin's Armada*, pp.60-81。

② Keynes, *Fossils, Finches and Fuegians*, p.361.

③ Burkhardt ed., *Beagle Letters*, pp.386, 387, Darwin to Caroline Darwin, 29 April 1836.

未经慎重考虑就干上了这一行。那些雇来的人，告别岸上的快乐时光，便开始悲叹；而那些留在岸上的人，抱怨自己被遗忘和忽视了……感谢我的幸运之星，我不是天生的水手。我会好好照顾自己，没有人再能说服我志愿成为海上“哲学家”（我听惯了的头衔）了，哪怕是登上一条战舰。①

1836年10月5日早餐时分，达尔文回到了什鲁斯伯里（Shrewsbury）的家中，这是一次历时四年零九个月的远航。他刚27岁，身体健康，身高1.8米，体重66公斤，远非维多利亚中叶人们所熟悉的那个灰髯飘拂的长者。翌日，他做的第一件事便是写信给菲茨罗伊。信文反映出此时两人之间的温暖友情。

我估计，这封信的开头会让你相信，我心态稳定，而且头脑清醒。但我发现，我正在写一些最珍贵的废话。昨天我们家的两三个仆人……借着欢迎主人查尔斯回家的名义喝得酩酊大醉。假如查尔斯选择做这种蠢事，谁会反对呢？再见——上帝保佑你——祝你同样快乐，但比你的最真诚且卑微的“哲学家”要明智一些。②

回到英格兰后，达尔文定居伦敦，会见科学界的一些领军人物：查尔斯·莱尔（必然有他啰），大英博物馆的罗伯特·布朗——曾参加弗林德斯调查者号远航，天文学家约翰·弗里德里希（John Herschel）——达尔文曾在开普敦跟他初次见面，动物

① Burkhardt ed., *Beagle Letters*, p.383, Darwin to Fox, 15 February 1836.

② Darwin's Diary, p.447.

学家理查德·欧文（Richard Owen），地质学家罗德里克·莫奇逊（Roderick Murchison），等等。后来他又结识了植物学家约瑟夫·道尔顿·胡克，他是威廉·胡克爵士的儿子，新近从詹姆斯·克拉克·罗斯（James Clark Ross）的南极探险队（1839—1843）返回，他逐渐接受了关于自然选择的理论，成为达尔文最亲密的朋友之一；还有生物学家赫胥黎——曾参加响尾蛇号（*Rattlesnake*）太平洋远航（1846—1850）。最后这两位从英格兰出发远航时都很年轻，后来曾共同担任海军外科医生助理，他们都不具有达尔文那样的特权和财政优势。达尔文作为进入伦敦科学圈子的新面孔，迫不及待地展示和分享他的藏品，热切地阐述自己的想法，很受人们欢迎。除了在远航初期运给亨斯洛的板条箱外，达尔文还带回了1500件保存在酒精中的标本，以及3000件干燥标本，其中就包括来自加拉帕戈斯群岛的雀鸟。他将鸟类和哺乳动物收藏赠给了伦敦动物学会（Zoological Society of London），他们"似乎认为有些未被描述过的生物是令人厌恶的"，达尔文发牢骚说。[①]至关重要的是他同鸟类学家和分类学家约翰·古尔德（John Gould）的合作。古尔德坚信，尽管由于粗心大意，达尔文做的标签造成了一些困惑，但他和菲茨罗伊搜集的加拉帕戈斯群岛的雀鸟代表了不同的物种，这可通过（适应日常饮食的）喙的形状和大小来辨别。古尔德说，加拉帕戈斯的乌龟和鬣蜥，以及两种美洲鸵（即鸵鸟），似乎也是不同的物种。

从1839年出版的《达尔文日记》中可看出古尔德对达尔文的影响，这是达尔文对物种不变论进行谨慎反思的思想演变阶段。我们已经看到，在小猎犬号上时，他很想知道加拉帕戈斯群岛的乌龟

① Browne, *Darwin: Voyaging*, p.358.

和雀鸟之间的差异是否会“动摇物种不变论的基础”，但是他尚未公开这一想法。在1893年出版的日记导言中，关于加拉帕戈斯群岛章节的概述或将紧紧地攫住读者的注意力：“群岛的自然史是非常了不起的，它本身就是一个小世界，它的植物和矿物种类繁多，在别的地方是找不到的。”[①] 在岛上发现的众多鸟类中，达尔文依照古尔德的分析，将雀鸟选为“这个群岛中最奇特的鸟”。它们在“许多方面”是相似的，除了“有一组，可根据喙的形式来追踪一种近乎完美的渐变，从超大喙的蜡嘴雀，到另一种小喙的鸣禽”[②]。然后，达尔文将话题转向了著名的加拉帕戈斯乌龟。十分遗憾的是，他承认在加拉帕戈斯的几个星期里，“从未想到，在仅隔几英里、自然地理条件相同的岛屿上的物产会是不一样的，因而我没有尝试从不同的岛上各采集一套标本。这是每一名远航者的命运，当他刚发现在某个地方有某件事物非常值得深究时，就得匆匆离开了”。对岛上的鸟类进行更多的观察后，似乎正在引出一个可能令人吃惊的结论，但达尔文有点突兀地就此打住了：“在此书中没有空间可以讨论这个怪诞的题目”[③]。对于大多数读者来说，最有看头的是一个年轻人去天涯海角探险的生动故事，正如它广受欢迎的名称“小猎犬号远航记”所彰显的。

私下里，达尔文写了将近230页的“简述”，阐明关于物种进化的激进观点，于1844年完成，但他仅对科学界的几位朋友透露了想法，使用了最犹疑和最迂回的语言。例如在给约瑟夫·胡克的信中，他说自己正在“致力于一件非常胆大肆意的工作”，其“光芒已经闪现，而我几乎确信（与我最初的观点相反），物种不是不

① Darwin, *Journal and Remarks*, pp.454-455.

② Ibid., pp.461-462.

③ Ibid., pp.474-475.

可改变的（这仿佛是承认自己犯了杀人罪）”[1]。同在 1844 年，有人匿名出版了《创世自然史的遗迹》（*Vestiges of the Natural History of Creation*）[2]，以生动的新闻体写成，预示了（达尔文正在思考的）进化论的诞生。该书无疑引起了一场巨大的争论。达尔文对于批评和不良的公众影响总是敏感的，在这种受到震惊和打击的情形下，他放弃了迅速发表进化论的打算，退回较安全的港湾——着手修订《日记和研究》（*Journal and Researches*）。在 1845 年第二版中，讲到进一步研究加拉帕戈斯雀喙的变异时，他小心翼翼地向前迈了一步：“看了这些体型小而密切相关的鸟类在构造上的级进和多样性之后，人们确实会推想，原来这个鸟屿缺少鸟类，后来由外边引进了一个物种，然后这个物种为了各种不同目的发生了变异。”[3]

然而，加拉帕戈斯雀对达尔文思想的影响是很容易被夸大的。他没有搜集齐全所有 13 个物种的标本，也没全部观察到它们（图 37）。“由于证据的复杂性，他在关于物种变异的四本笔记里，甚至在《物种起源》（*Origin of Species*）一书中都未提及雀鸟。”[4]除了他的日记和深受大众欢迎的《小猎犬号远航记》，他还为专家读者撰写了学术巨著，包括关于珊瑚礁（1842）、火山岛（1844）和南美洲地质（1846）的论著。不同于许多前辈，达尔文付出了艰

---

① Browne, *Darwin: Voyaging*, p.452.

② 真实作者为苏格兰出版家和地理学家罗伯特·钱伯斯（Robert Chambers，1802—1871）。此书最初很受开明的维多利亚社会欢迎，并成为国际畅销书，但它的非正统主题同当时流行的自然神学相矛盾，因而遭到神职人员的斥骂，随后又受到一些专业科学家的批评。书中的思想受激进分子的青睐，还受到普遍欢迎。1845 年，阿尔伯特亲王曾向维多利亚女王大声朗读该书章节。查尔斯·达尔文认为，这本书使人们的观念发生了转变，从而对接受自然选择进化的科学理论，以及 1859 年《物种起源》的出版有了思想准备。——译者注

③ Charles Darwin, *Journal and Researches*, 2nd edn., 1845, p.380.

④ Grant, *Ecology and the Evolution of Darwin's Finches*, p.8.

苦努力，以确保有关自然史不同主题的观察和论述能够顺利出版。尽管如此，他的动物学笔记直到最近才被编辑出版[1]，内容更为丰富的地质学笔记的学术版仍在等待之中。

1842年，达尔文的小家庭搬到了肯特郡的宁静乡村，距伦敦市中心仅16英里。一个重要的好处是，唐尼村有家邮局，达尔文充分利用了随铁路发展起来的新型高效的邮政服务。他居住在唐恩府（Down House），远离耗费时间和精力的伦敦社交圈子，依靠充足的经济收入，利用通信方式与国内外科学界建立了联系。这些人不仅包括功成名就的学者，还有地位低微的收藏家。达尔文说服他们寄送或交换标本。关于物种嬗变的论文，仍被藏在抽屉里，附了一封给妻子艾玛的信，请她在他死后安排发表。达尔文需要制订一个计划，就这一主题撰写一本专著，但他的注意力再次转向一个最微小的生物体。从小猎犬号回来已经过了十年多，达尔文打开带回的最后一瓶标本，开始研究一只布满小孔的海螺，那是在智利的乔诺斯群岛（Chonos Archipelago）海滩发现的。他用新型彩色显微镜观察到洞里有些微小的软体动物——以为是藤壶，却不具有粘附在礁石上藤壶的常见特征，当时称之为“未知无壳动物”。1846年再次查看时，他给它们起了个新名字：“节肢动物先生”[2]。他打算花一年时间揭开藤壶鲜为人知的生活方式，结果此项研究持续了八年多。他向海军军官们以及世界各地的收藏家和机构，索要和租借各种形状和大小的藤壶标本，包括有柄藤壶（也叫鹅颈藤壶）、橡子藤壶、雌性藤壶、雌雄同体藤壶、寄生藤壶、有腿和无腿藤壶，等

---

① Richard Keynes ed., *Charles Darwin's Zoology Notes and Specimen Lists from HMS Beagle*, Cambridge, 2000.

② 英文为arthrobalanus，arthro意为“连接的”，balanus意为“藤壶”。见Stott, *Darwin and the Barnacle*, p.72。

等。唐恩府的书房很快就积聚了几百件标本。工作是十分辛苦和困难的，因为这种微小的生物只能在显微镜下观察、绘制和解剖（图 38）。

1851—1854 年，达尔文出版了关于藤壶微观世界的研究成果，共四卷，两本较厚，两本较薄。他最后发现，“节肢动物先生”实际上是雌性的，这是研究过程中获得的许多惊喜和启示之一。这项工作推迟了他头脑中酝酿的划时代著作，他承认“藤壶将把我的物种书推迟相当长的时间”，但给他带来了学术上的广泛认可以及来自皇家学会的金质奖章。赫胥黎宣称，这一著作显示了达尔文“既能够大范围地考察自然，也有能力研究微观的自然”[①]。更重要的是，这一研究强化了达尔文的信念，他清楚地发现，完全出于有利生存的目的，“在延续的藤壶物种中存在适应变化的渐进序列”。尽管他在四卷本中一直谨慎地避免给物种不变论下一个总的结论，但他的研究已经表明，许多微不足道的变化可能会不知不觉地导致一个不同的和新的物种产生。时机终于成熟，他应该回过头去完成早在 1844 年承诺的综合性著述了，因为此时怀疑物种不变论的人已远不止达尔文一个。最直接的鞭策是，1858 年 6 月，他出乎意料地收到了一篇论文，寄自遥远的特尔纳特（Ternate），题为“论物种无限地偏离原始形态的倾向”，作者是鲜为人知的搜集者阿尔弗雷德·拉塞尔·华莱士（Alfred Russel Wallace）。令达尔文惊愕的是，华莱士在这篇短文中提出的突变理论似乎跟他自己的完全相同，是在 20 年艰苦努力和神秘工作的基础上得出的结果；然而华莱士不是唯一推进自然选择进化理论的人。在《物种起源》第一版前言中，达尔文提到了十位作者，他们发表的论文已在某种程度上

---

① Rebecca Stott, *Darwin's Ghosts: In Search of the First Evolutionists*, 2012, p.245.

质疑了物种固定不变论。1866 年,《物种起源》第四版问世时，据知至少有 34 人持同样的观点。[①]

1859 年 11 月《物种起源》[②] 出版，改变了达尔文的一生。在这本书带给他的欢呼声和批评声中，他对小猎犬号的远航一直记忆犹新。他经常生病，甚至成了半残疾，很少冒险离开家门。在艾玛的帮助下，达尔文仿照早年的远航生活来安排和布置他的家庭和学术环境。这似乎是十分恰当的，我们今天看到的唐恩府，一个突出特点是在二楼重建的小猎犬号舱室，达尔文在里面同斯多克斯和金共同度过了近五个春秋。远航用过的那架望远镜总是放在手边，达尔文用它通过书房的窗户观察花园里的野生动物。他又回过头去整理标本和航海日记，向伦敦动物园索要在佛得角群岛的圣吉戈岛发现的兔子的后代，或者检索关于火地岛人的民族学笔记——收入他的最后一部重要作品《人类起源》(*The Descent of Man*)。1862 年，小猎犬号的三位船员前来拜访，一同回忆了探索远航的岁月。

达尔文同菲茨罗伊的关系不那么融洽。麻烦的迹象早在 1837 年初就显现了，菲茨罗伊对达尔文为《小猎犬号远航记》第三卷撰写的序言做出了激烈的反应，他认为达尔文语气高傲，屈尊俯就，忽视了船长和其他军官给予的帮助。达尔文的道歉被接受，序言也改写了。但又出现了一个更为不祥的裂痕。1839 年菲茨罗伊署名出版的远航记中，最后一章是“关于大洪水的几句话”，他用了整整 25 页，坚定地阐明对《创世记》的信仰。在他看来，达尔文

---

① 若需全面了解达尔文的智识前辈，见 Rebecca Stott, *Darwin's Ghosts: In Search of the First Evolutionists*；亦见《物种起源》第四版 299—308 页“关于《物种起源》的观点最新进展的历史简述”(Historical Sketch of the Recent Progress of Opinion on *The Origin of Species*)。

② 书的全名是《论依据自然选择即在生存斗争中保存优良族的物种起源》(*On the Origin of Species by Means of Natural Selection, or The Preservation of Favoured Races in the Struggle for Life*)，达尔文最初选择的书名比这个还要长。

在安第斯山上发现的石化树，只不过是简单地证明了《圣经》中记载的大洪水灾难："万丈深渊被打破，天堂的窗户被打开。"[①] 达尔文没有试图劝诫菲茨罗伊，并努力跟他保持良好的关系。1840 年，他告诉菲茨罗伊："我认为一生中最幸运的机遇，就是成为你率领的探险队中的博物学家。"[②] 六年后，菲茨罗伊结束了短暂的新西兰总督任期，达尔文邀请他全家来唐恩府做客。在席间，达尔文说尽管自己的健康状况有所好转，却"跟在小猎犬号上时不可同日而语，我那时身体强壮，精力充沛，我可是你的'捕蝇器'啊"[③]。

随着《物种起源》的出版，两人的关系彻底破裂了。达尔文将此书签名本敬赠菲茨罗伊，收到了一封回信，以"我亲爱的老朋友"开头，接着便是抗议："起码我无法从'是古老猿类后代'的观点中发现任何'崇高'之处。"[④] 更糟糕的是，菲茨罗伊在一年后公开发表了反对意见。在牛津召开的英国科学促进会（British Association for the Advancement of Science）的年会上，与会者讨论了《物种起源》，（据有的说法）悲伤的菲茨罗伊当场挥舞着一本《圣经》，高声宣称他对《物种起源》的出版感到遗憾，并曾多次警告达尔文，他"鼓吹的观点与《创世记》第一章相悖"[⑤]。1865 年，菲茨罗伊自杀身亡。他对小猎犬号远航做出的贡献往往被人们忽略，不过当时的海军水文学家向他表达了敬意，悼词中强调："菲茨罗伊为航海和商业带来的实际利益，没有任何海军军官能够媲美……直到那时，麦哲伦海峡几乎不为人所知，主要是由于菲茨罗

① Fitzroy, *Narrative*, p.668.
② Taylo, *Voyage of the Beagle*, p.185.
③ Ibid., pp.177-178.
④ Janet Browne, *Charles Darwin: The Power of Place*, 2002, p.94.
⑤ Ibid., p.123.

伊的努力，方成为世界贸易的一条伟大的航道……他的业绩……即他的丰碑，必将流芳百世。”①

达尔文听到菲茨罗伊去世的消息后，写了一封信给巴塞洛缪·沙利文（Bartholomew Sullivan）——当初小猎犬号上的一名年轻的上尉，彼时已升为海军上将。达尔文悲伤地说：“我曾经真诚地爱过他，但他的脾气太坏，很容易被冒犯，于是我渐渐地失去了对他的爱，宁可敬而远之。”② 达尔文对小猎犬号的记忆则从未淡漠。1873 年，距离登上那艘船已有四十多年的时光，在回答一份人生问卷时，达尔文肯定地说，他从一开始就对自然史有一种“天生的爱好”，正是在小猎犬号远航的过程中，这种兴趣获得了有力的证实，并明确了发展的方向。三年后，在自传③ 中，他进一步强调说，那次远航是“我生命中迄今为止最重要的事件”④。

---

① Peter Nichols, *Evolution's Captain: The Tragic Fate of Robert Fitzroy, the Man Who Sailed Charles Darwin around the World*, 2003, p.328.

② Browne, *Darwin: Power of Place*, p.265.

③ 自传名为《我的思想和性格发展历程回顾》（*Recollections of the Development of My Mind and Character*）。——译者注

④ Browne, *Darwin: Power of Place*, p.399; Francis Darwin ed., *The Life and Letters of Charles Darwin*, 1887, I, p.61.

结 语

在为船友约翰·麦克吉尔维（John MacGillivray）发表的响尾蛇号探索远航记写的评论中，生物学家赫胥黎总结了历代海上博物学家的挫折体验。[1] 他写道，每个人开始人生的冒险时都抱着极高的期望，“我们一直是自己心中的哥伦布，当我们相信在已知世界之外，有一片云雾笼罩的南方大陆，充满奇观和冒险机遇，每个人都会产生无法形容的渴望和参加远航的念头。但是随着年龄的增长，我们变得比较明智了”。赫胥黎认为，海上旅行有一种常态。水手们承担艰苦的体力劳动，“与大自然无休止地搏斗，同科学人所必需的思辨敏锐性和抽象性有着天壤之别”；他坚称，陆地上的人不能理解海上“充满纷争的封闭小世界”。为了说明海上博物学家的命运，他并未引用英国同胞的著述，而是通过沙米索之口，回忆三十年前俄国海军部派出的科茨布远航队。沙米索抱怨船上的生活单调乏味；船长是个强权的压迫者，“无法解决或回避”。即使船

① 此段和下面沙米索的引言，见 Huxley, ‘Science at Sea’, *Westminster Review*, n.s., 61, 1854, pp.98-119。

长同情博物学家，下级军官们也不以为然，这些人从 13 岁就加入了海军，“非常不尊重”除海军日常事务之外的任何工作：

> 并不存在实质性的反对活动——恰恰相反，但事实上就是这么奇怪，假如你想要一艘船去做捕捞工作，十有八九，它实际上已经或可能要派作他用。如果你将拖曳网放进一片混浊的水域，寄希望于发现未知的生物，极为可能出现一个奇特的结果——那只网妨碍了船只的行进，你刚一转身，网就被拖了起来。或是你忙着去完成一项细致的解剖工作，回头发现捕获物都被当作“垃圾”扔掉了。

在赫胥黎看来，沙米索总结了博物学家在船上遇到的困扰：“一开始，他充满欢欣、期盼和工作的欲望；但过不了多久他就会明白，他的主要任务是给他人让路，少占用空间，并且尽可能让自己从人们的视线中消失。”

赫胥黎确认了沙米索的怨言，因为这亦是他自己在响尾蛇号上的亲身体验。他观察到一个普遍规律：“执行探险任务的船舰不可避免地是速度最慢和最笨拙的，而且无论从哪方面来说都是最不舒适的，甚至包括旗舰在内。”“它的下层舱始终没在水下，就在这么一种丢人现眼的状态下行驶”，而海军部拒绝赞助探险队的任何自然史考察工作。当然这只是赫胥黎的一面之词，许多载有博物学家的远航船只是经过精心挑选的，而且装备精良——但必须指出，通常由博物学家自己出资购置。比较合乎情理的牢骚是，他们的辛勤工作常常被船员们低估、忽略甚至蔑视。班克斯与库克、达尔文与菲茨罗伊的密切关系是非同寻常的。在本书记述的大部分远航中，海军官员和平民博物学家在优先次序上总是产生矛盾，没有任何一次远航的主要目的是探索自然史。大多数人关注的是地理发现及其分支问题——搞清楚未知或鲜为人知的海岸线，绘制海图。船上的博物学家只是附属角色。他们的雄心壮志可能是增进世界对未知的动植物的认识，但是对于部署探险队的政府机构来说，地理发现的实用价值更为重要。博物学家对住宿和待遇的诸多抱怨，反映出他们在船上不受重视。鉴于此，他们所取得的成就是非常值得称赞的。本书提到的所有博物学家在上船之前，很少或根本没有体验过海上生活，他们忍受身体的不适、疾病和危险，在窄小拥挤的船上度过了漫长的岁月。在《布干维尔远航的给养供应》（*Supplément au voyage de Bougainville*）一书中，问及航海家在海上的生活，第一个狄德罗式的问题是："他受了很多苦吗？"[①] 博物学家在远航中一直同无聊和沮丧做伴。沙米索写道，日复一日"单调而空虚，就像无边无际的水面和头顶上的蓝天：没有故事，没有事件，没有新闻"，这仿佛是六十年前约翰·莱因霍尔德·福斯特在库克第二次远航中的回声："已经绕了地球的一半，我们什么也没见到，唯有水、冰和天空。"

尽管存在这一切束缚手脚的问题和困难，博物学家们仍设法搜集了丰富多样的标本。许多在远航途中就损毁了，由于物理条件或学术上的疏忽，带回的收藏也遭遇了不同的命运。没有预告而突然到达的大量标本可能令欧洲的博物馆和植物园措手不及，设施有限无法适当存放，许多标本的出处不明或标签不完整也导致整理过程中的困惑和混淆。这令人联想起约瑟夫·班克斯在弗林德斯远航返回后的观察："每年积聚的大量新植物似乎阻碍了人们的收藏热情，

---

① Anthony Pagden, *European Encounters with the New World*, New Haven and London,1993, p.3.

因为他们觉得没有希望完整无缺地收藏任何一个种属。”或如达尔文抱怨的，对于他赠送的鸟类和哺乳动物标本，伦敦动物学会不仅没有感谢，有些成员反而表示“厌恶”。将探险队带回的标本数量同海岸搜集者寄来的标本数量进行精确比较是不可能的。海岸搜集者是指欧洲机构和博物学家在海外的代理人，班克斯大概是其中最活跃和最有财力的一位组织者，他雇用了一百多名分散在天涯海角的搜集者。然而，他只是众多此类组织者之一。19 世纪上半叶，各种标本如洪水般涌入欧洲的博物馆和植物园，对植物学、动物学和地质学的发展产生了深远的影响。继老福斯特和洪堡的开创性工作之后，布朗和达尔文这类博物学家越来越关注标本的地理分布。在这一点上，他们借助安托万－洛朗·德·朱西厄的“自然”分类系统，得以将自然生命更精确地划分为物种、属、亚、科、目、纲和门。达尔文指出了进一步开拓的方向，1845 年，他对约瑟夫·胡克提到，地理分布“几乎是创造法则的基石”[1]。

有关海上博物学家经历的艰难困苦，大多源于他们的自述和从自身角度出发的感慨，或许有些夸大其词。陆地博物学家遭遇的境况有所不同。洪堡描述了 1799—1804 年穿越西班牙美洲领土时遇到的“难以置信的困难”：“我们连续五六个月旅行，行进速度常常放慢，因为不得不带着 12—20 头驮重的骡子，每 8—10 天就要更换骡子，还要监督为这些大车队雇用的印第安人。通常为了添加新的地质标本，我们不得不忍痛扔掉很久以前搜集的其他东西。”[2] 今天，我们只需将阿尔弗雷德·拉塞尔·华莱士和同代人达尔文在考察中所处的情境做一比较，即可获得一定的感性认识。前者在亚马

① Darwin ed., *The Life and Letters of Charles Darwin*, I, p.336.

② Alexander von Humboldt, *Personal Narrative of a Journey to the Equinoctial Regions of the New Continent*, trans. Jason Wilson, p.8.

孙河流域和婆罗洲的丛林中忍受疟疾的折磨，后者待在小猎犬号的蜗居里制作标本。大多数博物学家发现，尽管苦难重重，但他们逐渐适应了船上的生活纪律和优先次序；博物学家在船上即使不舒适，至少是相对安全的。白令和拉佩鲁塞探险的悲剧命运提醒了航海者在未知水域面临的危险，但那些是例外事件。船，不仅为他们提供了工作场所和储藏空间，最重要的是提供了避难所。这些优势，是在陆地上穿越荒芜地带，远离援助的同行们无法获得的。通过海路，博物学家们在地球上漫游数千英里，收获甚丰，比他们有时愿意承认的更卓有成效。达尔文虽然经受了持续的晕船折磨和频繁的思乡之苦，但他在日记的最后一页中坦承，出海远航赋予了博物学家不可估量的优势："世界地图不再是一片空白，它变成了一幅充满生机、丰富多彩的图画。"[1]

---

① Darwin, *Journal and Remarks*, p.607.

铭　谢

20世纪50年代末期，我首先开始研究欧洲人进入太平洋和北极的历史时，对于一名学者来说，试图基于原始资料来撰写涵盖这一学科领域的书几乎是不可能的。年轻的同行们可能会感到吃惊，事实上，当我选择“詹姆斯·库克（James Cook）船长的第三次远航”作为博士研究课题时，任何主要的手稿来源，包括库克的日记，均未有像样的出版物。很多年之后，比格尔霍尔的巨作（内有长篇导言和翔实注释）方才问世。[①]比格尔霍尔还将约瑟夫·班克斯在奋进号上的日记收入库克日记的综合版本。如今，本书引用的大部分航海记录都已有学术版本问世了，对我的研究极有帮助。我首先要感谢那些文献的编辑和翻译者的辛勤工作，他们在学术界未能得到充分重视。除了无与伦比的比格尔霍尔，还有下列诸多人士：雷蒙德·H. 费希尔（Raymond H. Fisher）、O. W. 弗罗斯特（O.W. Frost）、马格瑞特·恩格尔（Margritt A. Engel）、

① 指他写的传记《詹姆斯·库克船长的一生》（*The Life of Captain James Cook*），1974年出版，共772页。——译者注

卡罗尔·厄尼斯（Carol Urness）、艾蒂纳·泰利米特（Etienne Taillemite）、约翰·邓莫尔（John Dunmore）、爱德华和玛丽斯·杜伊克（Edward and Maryse Duyker）、尼尔·查姆博斯（Neil Chambers）、迈克尔·E. 霍尔（Michael E. Hoare）、尼古拉斯·托马斯（Nicholas Thomas）、奥列弗·伯格（Oliver Bergh）、詹妮弗·纽厄尔（Jennifer Newell）、哈丽特·盖斯特（Harriet Guest）、迈克尔·德特巴赫（Michael Dettelbach）、艾奥尔·科马克（Eivor Cormack）、罗伯特·伽罗斯（Robert Galois）、W. 凯伊·兰博（W. Kaye Lamb）、保尔·布伦顿（Paul Brunton）、菲利斯·爱德华兹（Phyllis Edwards）、杰奎琳·博尼曼（Jacqueline Bonnemains）、让-马克·阿根廷（Jean-Marc Argentin）、马丁·马林（Martine Marin）、玛丽亚·维多利亚·伊芭涅兹·蒙托亚（Maria Victoria Ibañez Montoya）、多洛雷斯·伊格拉斯·罗德里格斯（Dolores Higueras Rodríguez）、罗伯特·金（Robert J. King）、克里斯蒂娜·康奈尔（Christine Cornell）、T. G. 瓦伦斯（T.G. Vallance）、D. T. 莫尔（D. T. Moore）、E. W. 格罗夫斯（E. W. Groves）、安东尼·J. 布朗（Anthony J. Brown）、吉莉安·杜利（Gillian Dooley）、理查德·皮尔斯（Richard A. Pierce）、维多利亚·琼·莫斯纳（Victoria Joan Moessner）、弗雷德里克·伯克哈德（Frederick Burkhard）、理查德·凯恩斯（Richard Keynes），以及我的《亚历杭德罗·马拉斯皮纳日记》（*Alejandro Malaspina's Diario*）英译第一版的联合编辑安德鲁·大卫（Andrew David）、费利佩·费尔南德斯·阿姆斯托（Felipe Fernández Armesto）和卡洛斯·诺维（Carlos Novi），连同唐纳德·C. 卡特尔（Donald C. Cutter）和西尔维亚·詹姆斯（Sylvia Jamieson），他们对我翻译和注释日记手稿的工作给予了许多指导，令我受益匪浅。

出版著述是学者研究工作的基本推动力。我必须向知识界和学术出版机构致敬，它们出版的探险家和博物学家日记及信件对我的工作来说是不可或缺的，现将它们的名称和出版的有关文献列举如下：

艾伦和恩温出版社（Allen & Unwin）：亚历杭德罗·马拉斯皮纳

澳大利亚生物资源研究所（Australia Biological Resources Study）：罗伯特·布朗

澳大利亚海洋博物馆（Australian Maritime Museum）与霍登出版社（Hordern House）：乔治·福斯特（George Forster）

大英自然博物馆（British Museum of Natural History）：彼得·古德

亚当和查尔斯·布莱克（Adam and Charles Black）：威廉·丹皮尔

剑桥大学出版社（Cambridge University Press）：查尔斯·达尔文

南澳大利亚州图书馆协会（Friends of the State Library of South Australia）：弗朗索瓦·佩隆

哈克鲁伊特学会（Hakluyt Society）：众多远航者的文献，包括布干维尔、约翰·拜伦、詹姆斯·库克、谢明·迭日涅夫（Semen Dezhnev）、约翰·莱因霍尔德·福斯特、拉佩鲁塞、亚历杭德罗·马拉斯皮纳、乔治·温哥华

IK 基金会（IK Foundation）：安德斯·斯帕尔曼

国家印刷局（Imprimerie Nationale）：布干维尔和尼古拉斯·鲍丁

南澳大利亚图书馆委员会（Libraries Board of South Australia）：尼古拉斯·鲍丁

石灰岩出版社（Limestone Press）：乔治·兰格斯多夫和弗雷德

里克·彼得罗维奇·利特克

墨尔本大学出版社（Melbourne University Press）：德·恩特雷斯塔克斯

米古尼亚出版社（Miegunyah Press）：雅克–朱利安·胡图·德·拉比亚迪埃

西班牙海军博物馆（Museo Naval）：安东尼奥·皮内达·拉米雷斯（Antonio Pineda Ramírez），塔德奥·汉克，亚历杭德罗·马拉斯皮纳

纽约美国地理学会（New York American Geographical Society）：维特斯·白令

企鹅出版社（Penguin Books）：亚历山大·冯·洪堡

皮克林和查托出版社（Pickering & Chatto）：约瑟夫·班克斯

新南威尔士公共图书馆（Public Library of New South Wales）：约瑟夫·班克斯

斯坦福大学出版社（Stanford University Press）：乔治·威廉·施特勒

新南威尔士州图书馆（State Library of New South Wales ）与霍登出版社：马修·弗林德斯

UBC 出版社（UBC Press）：詹姆斯·科尔内特

阿拉斯加大学出版社（University of Alaska Press）：赫尔曼·路德维希·冯·洛温斯特恩，格哈德·弗里德里希·米勒

夏威夷大学出版社（University of Hawaii Press）：阿德尔贝特·冯·沙米索，约翰·莱因霍尔德·福斯特，乔治·福斯特

明尼苏达大学出版社（University of Minnesota Press）：菲利贝尔·德·肯默生

韦克菲尔德出版社（Wakefield Press）：尼古拉斯·鲍丁，马

修·弗林德斯

威廉·霍吉公司（William Hodge & Co.）：斯文·瓦克塞尔

耶鲁大学出版社（Yale University Pres）：詹姆斯·库克

这些开明的出版商对学术研究的发展做出了重要贡献。

在撰写此书的过程中，我很幸运地生活在英国，大英图书馆、自然历史博物馆和国家海事博物馆近在咫尺，我充分利用它们收藏的印刷和手稿文献、信息资源和专业知识。最后，我必须向阅读和评论本书各个章节的同事们致谢：威廉·巴尔（William Barr）、安德鲁·大卫（Andrew David）、罗宾·英格利斯（Robin Inglis）、伊恩·麦卡尔曼（Iain McCalman）、奈杰尔·里格比（Nigel Rigby）、尼古拉斯·托马斯（Nicholas Thomas）和卡罗尔·乌尔讷斯（Carol Urness）。最令我感激不尽的是索菲亚·弗甘（Sophie Forgan）和艾伦·弗罗斯特（Alan Frost），他们阅读了打字稿全文，提出了许多建设性的意见，他们的鼓励一直是我写作的动力。我还要感谢罗伯特·肖尔（Robert Shore），他对手稿做了繁琐的编辑工作；耶鲁大学出版社的瑞秋·朗斯代尔（Rachael Lonsdale）在档案馆和图书馆检索了有关插图的出处，它们在这类图书中至关重要。

最后需要特别强调的是，尽管列出了一长串的铭谢名单（包括个人和机构），但倘若书中存在任何错误和遗漏，我将独自承担全部责任。

格林·威廉姆斯（Glyn Williams）

于肯特郡西莫灵（Kent，West Malling）

2012 年 12 月 31 日

插图来源

图 1 《天宁岛海岸风光》。根据佩希·布雷特上尉绘画制作的木刻，1748年。澳大利亚国家图书馆收藏（AN100982525）

图 2 在新荷兰和帝汶岛发现的植物。出自威廉·丹皮尔《新荷兰远航记》卷 I，1703 年。本书作者的收藏

图 3 斯图尔特沙漠豌豆（*Swainsona formosa*）。牛津大学植物学系标本室收藏

图 4 划皮筏的阿留申人，圣彼得号远航海图细部。斯文·瓦克塞尔绘，1742 年。彼得格勒海洋部档案

图 5 海豹、海狮和海牛。斯文·瓦克塞尔画在白令远航的海图上的海洋生物，1741 年。阿拉斯加州立图书馆收藏

图 6 林奈分类系统图示。乔治·狄俄尼索斯·埃赫雷特绘，1736 年。伦敦自然历史博物馆收藏

图 7 三角梅。悉尼·帕金森绘，1768 年。伦敦自然历史博物馆收藏

图 8 塔希提的面包果。悉尼·帕金森绘画，1768—1771 年。伦敦自然历史博物馆收藏

图 9 《袋鼠，奋进河》。悉尼·帕金森绘，1770 年。伦敦自然历史博物馆收藏

图 10 蓝腹鹦鹉。彼得·布朗绘，引自《动物新图解》（*Nouvelles*

illustrations de zoologie)，1776 年。大英图书馆委员会收藏（1255.k.9）

图 11 《捕蝇达人》(*The Fly-Catching Macaroni*)。M. 达利（M. Darly）出版，1772 年。澳大利亚国家图书馆收藏（AN9263268）

图 12 《拈花惹草的时髦英国佬》(*The Simpling Macaroni*)。M. 达利出版，1772 年。澳大利亚国家图书馆收藏（AN2983270）

图 13 帽带企鹅。乔治・福斯特绘，1772 年。伦敦自然历史博物馆收藏

图 14 约翰・莱因霍尔德・福斯特和乔治・福斯特在塔希提。约翰・弗朗西斯・里戈德绘，1780 年。私人收藏

图 15 魔鬼鲻。乔治・福斯特绘，1774 年。伦敦自然历史博物馆收藏

图 16 海獭（*Enhydra lutris*）。约翰・韦伯绘制和收藏，1784 年

图 17 一只装面包果树和其他植物的铁丝笼。引自《山竹和面包果》(*Description of the Mangostan and Bread-Fruit*)，图 IX，1775 年。约翰・埃利斯绘。大英图书馆委员会收藏（34. E.21）

图 18 拉佩鲁塞远航中各种盛装植物的容器。加斯帕德・德万西公爵（Gaspard Duche de Vancy）绘，18 世纪。法国巴黎马扎林图书馆（Bibliothèque Mazarine）/ 沙尔梅档案馆 / 布里奇曼艺术图书馆收藏

图 19 《大屠杀》(*Massacre of De Langles*)。尼古拉斯・奥扎尼绘，1797 年。伦敦格林威治国家海事博物馆收藏

图 20 约瑟夫・班克斯的标本馆和图书馆，苏荷广场 32 号。弗朗西斯・布特（Francis Boott）绘，1820 年。伦敦自然历史博物馆收藏

图 21 蓝桉。引自拉比亚迪埃《寻找拉佩鲁塞的远航地图集》(*Atlas pour server à la relation du voyage à le recherche de la Pérouse*)，1800 年。澳大利亚国家图书馆收藏（AN209404042）

图 22 《正在烹饪的迪门角野蛮人》。雅克・路易・科皮亚（Jacques Louis Copia）根据让・皮隆的绘画刻制，1793 年。澳大利亚国家图书馆收藏（AN2097338）

图 23 拿俄斯岛。何塞・卡德罗绘，1791 年。马德里海军博物馆收藏

图 24 木像和墓地，马尔格雷夫港。何塞・卡德罗绘，1790 年。马德里海军博物馆收藏

图 25 安东尼奥・皮内达之死。胡安・拉文内绘，1792 年。马德里海军

博物馆收藏

图 26　埃格蒙特港的重力实验。胡安・拉文内绘，1794 年。马德里海军博物馆收藏

图 27　调查者号的后甲板平面图。1802 年。伦敦格林威治国家海事博物馆收藏

图 28　佩隆挖掘澳大利亚土著的火葬墓。查尔斯・亚历山大・莱索绘，1817 年。引自路易斯・德・弗雷辛纳特：《南方大陆探索之旅地图集》（*Atlas accompanying Voyage de Découvertes aux Terres Australes*），图 XVI，澳大利亚国家图书馆收藏（AN773653）

图 29　软体动物和植虫动物。莱索绘，1807 年。引自《南方大陆探索之旅》，澳大利亚国家图书馆收藏（AN773695）

图 30　弗朗索瓦・佩隆。引自《弗朗索瓦・佩隆的遗产》（*Éloge Historique de François Péron*）卷首插图，莱索绘，1811 年。塔斯马尼亚的奥尔波特图书馆和美术博物馆（Allport Library and Museum of Fine Arts）收藏

图 31　最有用的新荷兰植物：法国引入的植物。引自《南方大陆探索之旅地图集》的标题页，1824 年。澳大利亚国家图书馆收藏（AN2023 1293-V）

图 32　沙棕（*Livistona humilis*）。费迪南・鲍尔绘，引自《澳大利亚植物绘画集》（*Botanical Drawings from Australia*），图 225，1801 年。伦敦自然历史博物馆收藏

图 33　鸿沟岛，土著洞穴绘画。威廉・韦斯托尔绘，1803 年。澳大利亚国家图书馆收藏（AN5661855）

图 34　澳大利亚（或南方大陆）总海图。马修・弗林德斯绘，第 3 幅。国家档案馆收藏（ADM22/436）

图 35　火地岛人。菲利普・吉德利・金绘，引自菲茨罗伊《皇家舰艇和小猎犬号远航考察记》（*Narrative of the Surveying Voyages of His Majesty's Ships Adventure and Beagle*）卷 II，标题页，1839 年。伦敦自然历史博物馆收藏

图 36　1835 年大地震中摧毁的康塞普西翁大教堂遗址。约翰・克莱门斯・威克姆绘，引自菲茨罗伊《皇家探险船和小猎犬号考察航行记述》，图 VI，1839 年。

图 37　四种不同喙的加拉帕戈斯雀鸟。引自查尔斯・达尔文《研究日

志》，1870年。伦敦自然历史博物馆收藏

图38　藤壶。乔治·索厄比绘，引自达尔文《专论蔓足亚纲，附所有种类的图像》（*A monograph on the sub-class Cirripedia*，*with figures of all the species*）卷II，1854年，图XVIII。经约翰·范·怀赫（John van Wyhe）许可复制，出自《达尔文全集在线》（*The Complete Work of Charles Darwin Online*，http://darwin-online.org.uk/）

图39　达尔文的显微镜。保存在唐恩府。海洋生物协会（Marine Biological Association）索思沃德（A.J. Southward）的收藏

新知
文库

01《证据：历史上最具争议的法医学案例》[美]科林·埃文斯 著　毕小青 译

02《香料传奇：一部由诱惑衍生的历史》[澳]杰克·特纳 著　周子平 译

03《查理曼大帝的桌布：一部开胃的宴会史》[英]尼科拉·弗莱彻 著　李响 译

04《改变西方世界的 26 个字母》[英]约翰·曼 著　江正文 译

05《破解古埃及：一场激烈的智力竞争》[英]莱斯利·罗伊·亚京斯 著　黄中宪 译

06《狗智慧：它们在想什么》[加]斯坦利·科伦 著　江天帆、马云霏 译

07《狗故事：人类历史上狗的爪印》[加]斯坦利·科伦 著　江天帆 译

08《血液的故事》[美]比尔·海斯 著　郎可华 译　张铁梅 校

09《君主制的历史》[美]布伦达·拉尔夫·刘易斯 著　荣予、方力维 译

10《人类基因的历史地图》[美]史蒂夫·奥尔森 著　霍达文 译

11《隐疾：名人与人格障碍》[德]博尔温·班德洛 著　麦湛雄 译

12《逼近的瘟疫》[美]劳里·加勒特 著　杨岐鸣、杨宁 译

13《颜色的故事》[英]维多利亚·芬利 著　姚芸竹 译

14《我不是杀人犯》[法]弗雷德里克·肖索依 著　孟晖 译

15《说谎：揭穿商业、政治与婚姻中的骗局》[美]保罗·埃克曼 著　邓伯宸 译　徐国强 校

16《蛛丝马迹：犯罪现场专家讲述的故事》[美]康妮·弗莱彻 著　毕小青 译

17《战争的果实：军事冲突如何加速科技创新》[美]迈克尔·怀特 著　卢欣渝 译

18《最早发现北美洲的中国移民》[加]保罗·夏亚松 著　暴永宁 译

19《私密的神话：梦之解析》[英]安东尼·史蒂文斯 著　薛绚 译

20《生物武器：从国家赞助的研制计划到当代生物恐怖活动》[美]珍妮·吉耶曼 著　周子平 译

21《疯狂实验史》[瑞士]雷托·U. 施奈德 著　许阳 译

22《智商测试：一段闪光的历史，一个失色的点子》[美]斯蒂芬·默多克 著　卢欣渝 译

23《第三帝国的艺术博物馆：希特勒与“林茨特别任务”》[德]哈恩斯 – 克里斯蒂安·罗尔 著　孙书柱、刘英兰 译

24《茶：嗜好、开拓与帝国》[英]罗伊·莫克塞姆 著　毕小青 译

25《路西法效应：好人是如何变成恶魔的》[美]菲利普·津巴多 著　孙佩妏、陈雅馨 译

26《阿司匹林传奇》[英]迪尔米德·杰弗里斯 著　暴永宁、王惠 译

27《美味欺诈：食品造假与打假的历史》[英]比·威尔逊 著　周继岚 译

28《英国人的言行潜规则》[英]凯特·福克斯 著　姚芸竹 译

29《战争的文化》[以]马丁·范克勒韦尔德 著　李阳 译

30《大背叛：科学中的欺诈》[美]霍勒斯·弗里兰·贾德森 著　张铁梅、徐国强 译

31《多重宇宙：一个世界太少了？》[德]托比阿斯·胡阿特、马克斯·劳讷 著　车云 译

32《现代医学的偶然发现》[美]默顿·迈耶斯 著　周子平 译

33《咖啡机中的间谍：个人隐私的终结》[英]吉隆·奥哈拉、奈杰尔·沙德博尔特 著　毕小青 译

34《洞穴奇案》[美]彼得·萨伯 著　陈福勇、张世泰 译

35《权力的餐桌：从古希腊宴会到爱丽舍宫》[法]让－马克·阿尔贝 著　刘可有、刘惠杰 译

36《致命元素：毒药的历史》[英]约翰·埃姆斯利 著　毕小青 译

37《神祇、陵墓与学者：考古学传奇》[德]C. W. 策拉姆 著　张芸、孟薇 译

38《谋杀手段：用刑侦科学破解致命罪案》[德]马克·贝内克 著　李响 译

39《为什么不杀光？种族大屠杀的反思》[美]丹尼尔·希罗、克拉克·麦考利 著　薛绚 译

40《伊索尔德的魔汤：春药的文化史》[德]克劳迪娅·米勒－埃贝林、克里斯蒂安·拉奇 著　王泰智、沈惠珠 译

41《错引耶稣：〈圣经〉传抄、更改的内幕》[美]巴特·埃尔曼 著　黄恩邻 译

42《百变小红帽：一则童话中的性、道德及演变》[美]凯瑟琳·奥兰丝汀 著　杨淑智 译

43《穆斯林发现欧洲：天下大国的视野转换》[英]伯纳德·刘易斯 著　李中文 译

44《烟火撩人：香烟的历史》[法]迪迪埃·努里松 著　陈睿、李欣 译

45《菜单中的秘密：爱丽舍宫的飨宴》[日]西川惠 著　尤可欣 译

46《气候创造历史》[瑞士]许靖华 著　甘锡安 译

47《特权：哈佛与统治阶层的教育》[美]罗斯·格雷戈里·多塞特 著　珍栎 译

48《死亡晚餐派对：真实医学探案故事集》[美]乔纳森·埃德罗 著　江孟蓉 译

49《重返人类演化现场》[美]奇普·沃尔特 著　蔡承志 译

50《破窗效应：失序世界的关键影响力》[美]乔治·凯林、凯瑟琳·科尔斯 著　陈智文 译

51《违童之愿：冷战时期美国儿童医学实验秘史》[美]艾伦·M. 霍恩布鲁姆、朱迪斯·L. 纽曼、格雷戈里·J. 多贝尔 著　丁立松 译

52《活着有多久：关于死亡的科学和哲学》[加]理查德·贝利沃、丹尼斯·金格拉斯 著　白紫阳 译

53 《疯狂实验史Ⅱ》[瑞士]雷托·U. 施奈德 著　郭鑫、姚敏多 译

54 《猿形毕露：从猩猩看人类的权力、暴力、爱与性》[美]弗朗斯·德瓦尔 著　陈信宏 译

55 《正常的另一面：美貌、信任与养育的生物学》[美]乔丹·斯莫勒 著　郑嬿 译

56 《奇妙的尘埃》[美]汉娜·霍姆斯 著　陈芝仪 译

57 《卡路里与束身衣：跨越两千年的节食史》[英]路易丝·福克斯克罗夫特 著　王以勤 译

58 《哈希的故事：世界上最具暴利的毒品业内幕》[英]温斯利·克拉克森 著　珍栎 译

59 《黑色盛宴：嗜血动物的奇异生活》[美]比尔·舒特 著　帕特里曼·J. 温 绘图　赵越 译

60 《城市的故事》[美]约翰·里德 著　郝笑丛 译

61 《树荫的温柔：亘古人类激情之源》[法]阿兰·科尔班 著　苜蓿 译

62 《水果猎人：关于自然、冒险、商业与痴迷的故事》[加]亚当·李斯·格尔纳 著　于是 译

63 《囚徒、情人与间谍：古今隐形墨水的故事》[美]克里斯蒂·马克拉奇斯 著　张哲、师小涵 译

64 《欧洲王室另类史》[美]迈克尔·法夸尔 著　康怡 译

65 《致命药瘾：让人沉迷的食品和药物》[美]辛西娅·库恩等 著　林慧珍、关莹 译

66 《拉丁文帝国》[法]弗朗索瓦·瓦克 著　陈绮文 译

67 《欲望之石：权力、谎言与爱情交织的钻石梦》[美]汤姆·佐尔纳 著　麦慧芬 译

68 《女人的起源》[英]伊莲·摩根 著　刘筠 译

69 《蒙娜丽莎传奇：新发现破解终极谜团》[美]让-皮埃尔·伊斯鲍茨、克里斯托弗·希斯·布朗 著　陈薇薇 译

70 《无人读过的书：哥白尼〈天体运行论〉追寻记》[美]欧文·金格里奇 著　王今、徐国强 译

71 《人类时代：被我们改变的世界》[美]黛安娜·阿克曼 著　伍秋玉、澄影、王丹 译

72 《人气：万物的起源》[英]加布里埃尔·沃克 著　蔡承志 译

73 《碳时代：文明与毁灭》[美]埃里克·罗斯顿 著　吴妍仪 译

74 《一念之差：关于风险的故事与数字》[英]迈克尔·布拉斯兰德、戴维·施皮格哈尔特 著　威治 译

75 《脂肪：文化与物质性》[美]克里斯托弗·E. 福思、艾莉森·利奇 编著　李黎、丁立松 译

76 《笑的科学：解开笑与幽默感背后的大脑谜团》[美]斯科特·威姆斯 著　刘书维 译

77 《黑丝路：从里海到伦敦的石油溯源之旅》[英]詹姆斯·马里奥特、米卡·米尼奥-帕卢埃洛 著　黄煜文 译

78 《通向世界尽头：跨西伯利亚大铁路的故事》[英]克里斯蒂安·沃尔玛 著　李阳 译

79 《生命的关键决定：从医生做主到患者赋权》[美] 彼得・于贝尔 著　张琼懿 译

80 《艺术侦探：找寻失踪艺术瑰宝的故事》[英] 菲利普・莫尔德 著　李欣 译

81 《共病时代：动物疾病与人类健康的惊人联系》[美] 芭芭拉・纳特森－霍洛威茨、凯瑟琳・鲍尔斯 著　陈筱婉 译

82 《巴黎浪漫吗？——关于法国人的传闻与真相》[英] 皮乌・玛丽・伊特韦尔 著　李阳 译

83 《时尚与恋物主义：紧身褡、束腰术及其他体形塑造法》[美] 戴维・孔兹 著　珍栎 译

84 《上穷碧落：热气球的故事》[英] 理查德・霍姆斯 著　暴永宁 译

85 《贵族：历史与传承》[法] 埃里克・芒雄－里高 著　彭禄娴 译

86 《纸影寻踪：旷世发明的传奇之旅》[英] 亚历山大・门罗 著　史先涛 译

87 《吃的大冒险：烹饪猎人笔记》[美] 罗布・沃乐什 著　薛绚 译

88 《南极洲：一片神秘的大陆》[英] 加布里埃尔・沃克 著　蒋功艳、岳玉庆 译

89 《民间传说与日本人的心灵》[日] 河合隼雄 著　范作申 译

90 《象牙维京人：刘易斯棋中的北欧历史与神话》[美] 南希・玛丽・布朗 著　赵越 译

91 《食物的心机：过敏的历史》[英] 马修・史密斯 著　伊玉岩 译

92 《当世界又老又穷：全球老龄化大冲击》[美] 泰德・菲什曼 著　黄煜文 译

93 《神话与日本人的心灵》[日] 河合隼雄 著　王华 译

94 《度量世界：探索绝对度量衡体系的历史》[美] 罗伯特・P. 克里斯 著　卢欣渝 译

95 《绿色宝藏：英国皇家植物园史话》[英] 凯茜・威利斯、卡罗琳・弗里 著　珍栎 译

96 《牛顿与伪币制造者：科学巨匠鲜为人知的侦探生涯》[美] 托马斯・利文森 著　周子平 译

97 《音乐如何可能？》[法] 弗朗西斯・沃尔夫 著　白紫阳 译

98 《改变世界的七种花》[英] 詹妮弗・波特 著　赵丽洁、刘佳 译

99 《伦敦的崛起：五个人重塑一座城》[英] 利奥・霍利斯 著　宋美莹 译

100 《来自中国的礼物：大熊猫与人类相遇的一百年》[英] 亨利・尼科尔斯 著　黄建强 译

101 《筷子：饮食与文化》[美] 王晴佳 著　汪精玲 译

102 《天生恶魔？：纽伦堡审判与罗夏墨迹测验》[美] 乔尔・迪姆斯代尔 著　史先涛 译

103 《告别伊甸园：多偶制怎样改变了我们的生活》[美] 戴维・巴拉什 著　吴宝沛 译

104 《第一口：饮食习惯的真相》[英] 比・威尔逊 著　唐海娇 译

105 《蜂房：蜜蜂与人类的故事》[英] 比・威尔逊 著　暴永宁 译

106 《过敏大流行：微生物的消失与免疫系统的永恒之战》[美] 莫伊塞斯・贝拉斯克斯－曼诺夫 著　李黎、丁立松 译

107 《饭局的起源：我们为什么喜欢分享食物》[英] 马丁·琼斯 著　陈雪香 译　方辉 审校

108 《金钱的智慧》[法] 帕斯卡尔·布吕克内 著　张叶、陈雪乔 译　张新木 校

109 《杀人执照：情报机构的暗杀行动》[德] 埃格蒙特·R. 科赫 著　张芸、孔令逊 译

110 《圣安布罗焦的修女们：一个真实的故事》[德] 胡贝特·沃尔夫 著　徐逸群 译

111 《细菌：我们的生命共同体》[德] 汉诺·夏里修斯、里夏德·弗里贝 著　许嫚红 译

112 《千丝万缕：头发的隐秘生活》[英] 爱玛·塔罗 著　郑嫣 译

113 《香水史诗》[法] 伊丽莎白·德·费多 著　彭禄娴 译

114 《微生物改变命运：人类超级有机体的健康革命》[美] 罗德尼·迪塔特 著　李秦川 译

115 《离开荒野：狗猫牛马的驯养史》[美] 加文·艾林格 著　赵越 译

116 《不生不熟：发酵食物的文明史》[法] 玛丽 – 克莱尔·弗雷德里克 著　冷碧莹 译

117 《好奇年代：英国科学浪漫史》[英] 理查德·霍姆斯 著　暴永宁 译

118 《极度深寒：地球最冷地域的极限冒险》[英] 雷纳夫·法恩斯 著　蒋功艳、岳玉庆 译

119 《时尚的精髓：法国路易十四时代的优雅品位及奢侈生活》[美] 琼·德让 著　杨冀 译

120 《地狱与良伴：西班牙内战及其造就的世界》[美] 理查德·罗兹 著　李阳 译

121 《骗局：历史上的骗子、赝品和诡计》[美] 迈克尔·法夸尔 著　康怡 译

122 《丛林：澳大利亚内陆文明之旅》[澳] 唐·沃森 著　李景艳 译

123 《书的大历史：六千年的演化与变迁》[英] 基思·休斯敦 著　伊玉岩、邵慧敏 译

124 《战疫：传染病能否根除？》[美] 南希·丽思·斯特潘 著　郭骏、赵谊 译

125 《伦敦的石头：十二座建筑塑名城》[英] 利奥·霍利斯 著　罗隽、何晓昕、鲍捷 译

126 《自愈之路：开创癌症免疫疗法的科学家们》[美] 尼尔·卡纳万 著　贾颋 译

127 《智能简史》[韩] 李大烈 著　张之昊 译

128 《家的起源：西方居所五百年》[英] 朱迪丝·弗兰德斯 著　珍栎 译

129 《深解地球》[英] 马丁·拉德威克 著　史先涛 译

130 《丘吉尔的原子弹：一部科学、战争与政治的秘史》[英] 格雷厄姆·法米罗 著　刘晓 译

131 《亲历纳粹：见证战争的孩子们》[英] 尼古拉斯·斯塔加特 著　卢欣渝 译

132 《尼罗河：穿越埃及古今的旅程》[英] 托比·威尔金森 著　罗静 译

133 《大侦探：福尔摩斯的惊人崛起和不朽生命》[美] 扎克·邓达斯 著　肖洁茹 译

134 《世界新奇迹：在 20 座建筑中穿越历史》[德] 贝恩德·英玛尔·古特贝勒特 著　孟薇、张芸 译

135 《毛奇家族：一部战争史》[德] 奥拉夫·耶森 著　蔡玳燕、孟薇、张芸 译

136《万有感官：听觉塑造心智》[美]塞思·霍罗威茨 著 蒋雨蒙 译 葛鉴桥 审校

137《教堂音乐的历史》[德]约翰·欣里希·克劳森 著 王泰智 译

138《世界七大奇迹：西方现代意象的流变》[英]约翰·罗谟、伊丽莎白·罗谟 著 徐剑梅 译

139《茶的真实历史》[美]梅维恒、[瑞典]郝也麟 著 高文海 译 徐文堪 校译

140《谁是德古拉：吸血鬼小说的人物原型》[英]吉姆·斯塔迈耶 著 刘芳 译

141《童话的心理分析》[瑞士]维蕾娜·卡斯特 著 林敏雅 译 陈瑛 修订

142《海洋全球史》[德]米夏埃尔·诺尔特 著 夏嫱、魏子扬 译

143《病毒：是敌人，更是朋友》[德]卡琳·莫林 著 孙薇娜、孙娜薇、游辛田 译

144《疫苗：医学史上最伟大的救星及其争议》[美]阿瑟·艾伦 著 徐宵寒、邹梦廉 译 刘火雄 审校

145《为什么人们轻信奇谈怪论》[美]迈克尔·舍默 著 卢明君 译

146《肤色的迷局：生物机制、健康影响与社会后果》[美]尼娜·雅布隆斯基 著 李欣 译

147《走私：七个世纪的非法携运》[挪]西蒙·哈维 著 李阳 译

148《雨林里的消亡：一种语言和生活方式在巴布亚新几内亚的终结》[瑞典]唐·库里克 著 沈河西 译

149《如果不得不离开：关于衰老、死亡与安宁》[美]萨缪尔·哈灵顿 著 丁立松 译

150《跑步大历史》[挪]托尔·戈塔斯 著 张翎 译

151《失落的书》[英]斯图尔特·凯利 著 卢葳、汪梅子 译

152《诺贝尔晚宴：一个世纪的美食历史（1901—2001）》[瑞典]乌利卡·索德琳德 著 张婍 译

153《探索亚马孙：华莱士、贝茨和斯普鲁斯在博物学乐园》[巴西]约翰·亨明 著 法磊 译

154《树懒是节能，不是懒！：出人意料的动物真相》[英]露西·库克 著 黄悦 译

155《本草：李时珍与近代早期中国博物学的转向》[加]卡拉·纳皮 著 刘黎琼 译

156《制造非遗：〈山鹰之歌〉与来自联合国的其他故事》[冰]瓦尔迪马·哈夫斯泰因 著 闾人 译 马莲 校

157《密码女孩：未被讲述的二战往事》[美]莉莎·芒迪 著 杨可 译

158《鲸鱼海豚有文化：探索海洋哺乳动物的社会与行为》[加]哈尔·怀特黑德 [英]卢克·伦德尔 著 葛鉴桥 译

159《从马奈到曼哈顿——现代艺术市场的崛起》[英]彼得·沃森 著 刘康宁 译

160《贫民窟：全球不公的历史》[英]艾伦·梅恩 著 尹宏毅 译

161《从丹皮尔到达尔文：博物学家的远航科学探索之旅》[英]格林·威廉姆斯 著 珍栎 译